BLV Bestimmungsbuch
mit Schnellbestimm-System

Prof. Dr. Walter Schumann

Mineralien aus aller Welt

Dritte, überarbeitete Auflage

BLV

Die Deutsche Bibliothek –
CIP-Einheitsaufnahme

Mineralien aus aller Welt /
Walter Schumann. – 3., überarb. Aufl. –
München; Wien; Zürich: BLV, 1995
(BLV Bestimmungsbuch
mit Schnellbestimm-System)
ISBN 3-405-14860-X
NE: Schumann, Walter

Bildnachweis

V. Betz: 151 ur
M. Claye/Jacana: 27 ol, 35 ul, 59 u, 75 ul, 79 ur, 85 Mr, 103 ol, 103 Mr, 103 ur, 109 o, 113 ul, 115 M, 121 or, 127 oM, 143 ur, 161 o, 163 Ml, 175 Mr, 195 Ml, 197 M, 207 Ml, 207 u
W. Eisenreich/Schumann: 17, 23, 24
H. Freese: 59 Ml, 81 o
K. Hartmann: 33 ol, 65 o, 75 ol, 79 ol darunter, 97 Mr, 99 ol, 101 ul, 101 uM, 101 ur, 105 ur, 113 ol, 115 ur, 119 MM, 119 Mr, 119 ur, 123 Ml, 125 ol, 125 or, 127 or, 181 o, 189 u
R. Hochleitner/Archiv LAPIS: 27 Ml, 27 Mr, 27 u, 29 o, 31 or, 31 Mr, 33 M, 37 Ml, 37 Mr, 49 ul, 51 Ml, 53 or, 55 Ml, 57 or, 59 Mr, 67 o, 67 Mr, 69 or, 71 Ml, 87 Ml, 87 u, 89 Mr, 91 ul, 93 Mr, 101 Ml, 105 M, 109 Mr, 115 ol, 129 ol, 129 u, 133 Mr, 133 u, 135 Mr, 137 ol, 139 o, 139 Ml, 139 Mr, 139 u, 141 or, 141 M, 149 M, 149 ur, 151 Mr, 151 ul, 153 ol, 153 or, 157 Ml, 159 ol, 159 ul, 161 Ml, 165 or, 165 Ml, 167 Mr, 169 ol, 169 ul, 173 Mr, 175 Ml, 177 ol, 179 Ml, 179 Mr, 185 ol, 185 Ml, 193 o, 193 Ml, 193 Mr, 197 ol, 201 ol, 201 or, 201 ur, 203 o, 203 Ml, 207 Mr, 211 Mr, 213 Mr
U. Medenbach: 29 Ml, 31 Ml, 31 u, 33 or, 35 ur, 39 or, 39 ul, 43 ol, 43 or, 43 ur, 45 Ml, 47 Mr, 49 ol, 49 Ml, 51 o, 51 Mr, 53 ol, 61 Mr, 69 ol, 73 ol, 77 Mr, 83 ol, 83 or, 83 ul, 85 Ml, 89 u, 93 Ml, 99 ul, 107 Mr, 111 o, 115 or, 115 ul, 121 Ml, 121 ur, 125 ur, 127 ul, 131 or, 131 ul, 135 o, 137 or, 141 ol, 145 Ml, 145 ul, 151 ol, 153 M, 153 ul, 163 o, 163 Mr, 173 ol, 175 o, 177 or, 181 u, 183 Mr, 185 u, 193 ur, 199 or, 199 Ml, 205 o, 205 u, 209 Mr, 211 Ml
W. Schumann: 15
M. Viard/Jacana: 125 Ml
Weise/Archiv LAPIS: 187 ul
Weiß/Archiv LAPIS: 33 ur, 37 u, 41 o, 67 u, 71 ol, 81 Ml, 83 ur, 87 Mr, 89 o, 91 Mr, 103 Ml, 105 or, 109 Ml, 133 Ml, 135 Ml, 137 M, 137 u, 151 Ml, 155 Ml, 161 u, 165 ol, 167 Ml, 167 ul, 189 ol, 197 or, 207 o, 209 Ml, 211 u, 213 o, 213 Ml

Alle anderen Fotos H. Eisenbeiss

Fotos auf dem Umschlag: M. Viard/Jacana (Vorderseite, Topas, siehe S. 124); U. Medenbach (Rückseite oben, Annabergit, siehe S. 44); R. Hochleitner/Archiv LAPIS (Rückseite unten, Kakoxen, siehe S. 192)

Fotos S. 2/3: oben linke Gipsrose, siehe S. 34; oben rechts Pektolith, siehe S. 66; unten links Euklas, siehe S. 114; unten Mitte Pyrolusit, siehe S. 172; unten rechts Hydrozinkit, siehe S. 46

Zeichnungen: Hellmut Hoffmann (außer S. 11, 12); S. 11, 12 aus: Walter Schumann, Knaurs Buch der Erde, Droemer Knaur, München

BLV Verlagsgesellschaft mbH
München Wien Zürich
80797 München

Gedruckt auf chlorfrei gebleichtem Papier

Lektorat: Dr. Friedrich Kögel
Herstellung: Ernst Großkopf

Satz und Druck: Appl, Wemding
Bindung: Ludwig Auer, Donauwörth

Printed in Germany · ISBN 3-405-14860-X

Inhaltsübersicht

Vorwort

Das vorliegende »BLV Bestimmungsbuch mit Schnellbestimm-System« ist in seiner Art etwas ganz Neues. Durch Gruppenbildung und eine instruktive Seitenrandleiste wird es möglich gemacht, Mineralien leichter zu bestimmen, d. h. zu identifizieren.
Eine Vielzahl von unbekannten Mineralien kann man auf diese Art direkt erkennen, andere bis zu einem gewissen Grad einkreisen.
Das Buch ist in drei Teile gegliedert. In der Einführung zunächst Hinweise, wie das Schnellbestimm-System zu handhaben ist. Danach werden Erscheinungsformen und Eigenschaften der Mineralien vorgestellt. Schließlich erfährt der Leser, wie er die Eigenschaften der Mineralien ermitteln kann.
Das Hauptkapitel des Buches, der Bestimmungsteil, ist durch die verschiedenfarbigen Seitenrandleisten deutlich herausgehoben. Hier ist das eigentliche Arbeitsfeld für den Mineraliensammler.
Im Anhang ermöglichen ein umfangreiches Glossar, Hinweise auf weiterführende Literatur und ein ausführliches Register, das vorliegende Buch auch als Nachschlagewerk zu verwenden.
Im Glossar werden nur jene Fachausdrücke definiert, die sonst im Text des Buches nicht erklärt sind. Alle anderen Begriffe und deren Erläuterungen lassen sich über das Register finden.

Viele, Freunde und Mitarbeiter, haben mit großem Engagement zum Gelingen dieses Bestimmungsbuches beigetragen. Wissenschaftler, Fotografen und Institute lieferten Bildvorlagen und Fotos. Ihnen allen meinen herzlichen Dank.

Walter Schumann

Hinweise zum Aufbau des Buches

Auswahl der Mineralien Von den etwa 3000 bekannten Mineralarten und einigen tausend Varietäten werden in diesem Buch etwa 500 Einzelobjekte behandelt.

Jede Auswahl ist nicht frei von subjektiver Beurteilung. Kriterium für die hier betriebene Mineralauswahl waren Häufigkeit der Vorkommen, Bekanntheitsgrad wie auch das Angebot auf internationalen Mineralienbörsen. Tatsächlich sind nur wenige hundert Mineralarten in der Natur weit verbreitet, in sammelnswerten Ausbildungen vorhanden und dementsprechend bei Steineliebhabern auf der Suchliste zu finden.

Text Der Text ist kurz gehalten, mitunter bis zum Telegrammstil. Die Ausführungen sollen den interessierten Sammler ansprechen. Eine Ergänzung dazu bietet das Glossar im Anhang mit Erklärung vieler Fachbegriffe. Der fachlich weiter Vorgebildete wird auf speziellere Literatur verwiesen. Siehe dazu Hinweise im Anhang.

Hilfen zum Bestimmen von Mineralien stehen im Vordergrund. Dazu gehören auch die Anmerkungen über Vorkommen der Mineralien, über Begleitmineralien und ähnliche Mineralien bei der Beschreibung der Einzelobjekte. Die Daten der Randleisten korrespondieren mit den Angaben der jeweiligen Textseite.

Der Text ist den Mineralabbildungen unmittelbar zugeordnet, so daß schriftliche Information und Bildbetrachtung gleichzeitig möglich sind.

Abbildungen Vorlagen für die Fotos sind keine einmaligen Museumsstücke, sondern Mineralien und Aggregate, wie sie der durchschnittliche Sammler finden oder erwerben kann. Die Objekte wurden so gewählt, daß der Betrachter mit bloßem Auge viele Einzelheiten am Mineral erkennen kann. Vergrößerungen dienen der besseren Information oder sind wegen der Buchausstattung technisch bedingt. Das Maß der Größenveränderung wird bei der Bildlegende durch eine Verhältniszahl angegeben. 1:3 z.B. bedeutet 3×Originalgröße, 1:½ heißt etwa die Hälfte des Originals. Diese Angaben wurden großzügig gehandhabt, so daß bei Größenveränderungen immer nur ganze Zahlenwerte erscheinen, also keine Dezimalen.

Liegt keine oder nur eine geringfügige Größenveränderung gegenüber dem Original vor, entfällt jeder Hinweis.

Kristallskizzen Die zum Text gestellten Kristallskizzen der Mineralien sind typische, allerdings idealisierte Vertreter. Sie sollen dem Betrachter einen allgemeinen Eindruck von möglichen Kristallgestalten vermitteln.

Die Vorlagen wurden wissenschaftlichen Werken entnommen.

Fundorte Die Angaben über Fundorte meinen Regionen oder Länder, wo das betreffende Mineral in der Natur gefunden werden kann. Hinweise auf wirkliche Fundstellen und Fundpunkte möge man der Spezialliteratur entnehmen.

Bei der Auswahl der Fundorte sollten möglichst verschiedene Länder bzw. Staaten berücksichtigt werden wie auch Fundstellen von historischer Berühmtheit oder wirtschaftlicher Bedeutung.

Wie findet man ein Mineral in diesem Buch?

Erläuterung des Schnellbestimm-Systems

Um ein Mineral zu bestimmen, d. h. gegenüber anderen zu identifizieren, müssen gewisse Entscheidungen in ganz bestimmter Reihenfolge getroffen werden.
Dazu gehören:

1. Feststellung der Strichfarbe,
2. Erkennen der Mohshärte,
3. Bestimmung der Dichte des betreffenden Minerals,

gegebenenfalls zusätzlich Berücksichtigung von Glanz, Transparenz, Spaltbarkeit u. a.
Nach Vollzug dieser Prüfungen kann man schließlich das unbekannte Objekt in einer Gruppe von Mineralien mit gleichen Daten als Foto erkennen. Ein zu allen Abbildungen beigestellter Text mit weiteren Informationen ermöglicht eine noch genauere Ansprache des gesuchten Minerals.
Die Gruppen der Mineralien mit gleichen Daten sind so klein gehalten, daß man gewöhnlich schon beim Betrachten von 1–2 Fotoseiten das unbekannte Mineral finden kann, selten muß man 3 und ausnahmsweise auch mal 4 Fotoseiten zu Rate ziehen.
Wenn ein Mineral mehrere Strichfarben zeigt oder mit seinen Härte- bzw. Dichtewerten in andere Gruppen hineinreicht, so wird bei jeder dieser anderen Gruppen in der Fußleiste der Textseite hingewiesen, wo das Mineral beschrieben und abgebildet ist.

1. Entscheidung: Welches ist die Strichfarbe?

Die Strichfarbe, auch Pulverfarbe oder kurz Strich genannt, ist ein einfaches Mittel zur Grobbestimmung von Mineralien. Während nämlich ein Mineral in vielen, ja, ganz verschiedenen Farben erscheinen kann, ist seine Strichfarbe immer gleichbleibend, denn sie zeigt die wirkliche Eigenfarbe des Minerals.

Wir unterscheiden im Bestimmungsbuch 6 Strichfarben-Gruppen:

weiß und farblos,	rot und orange,
grün,	gelb und braun,
grau und schwarz,	blau.

Die für eine Buchseite jeweils zutreffende Strichfarben-Skala begleitet als Randleiste die Ausführungen der Mineralbeschreibung.
Wenn ein Mineral zwei, vielleicht auch mehrere oder gar zweideutige Strichfarben zeigt, wird das Mineral auch bei jeder anderen möglichen Strichfarbe berücksichtigt. Hinweise in der Fußleiste der Textseiten führen uns zur Abbildung und der Beschreibung des Minerals. So wird beispielsweise ein Mineral mit der Strichfarbe grünblau sowohl in der grünen Gruppe (mit Foto und ausführlichen Bestim-

Strichfarbe	Strichfarbe	Strichfarbe	Strichfarbe	Strichfarbe	Strichfarbe
weiß und farblos	grün	grau und schwarz	rot und orange	gelb und braun	blau

mungsmerkmalen) als auch in der blauen (als Verweis in der Fußleiste) geführt.
Bestehen einmal Zweifel, ob eine Strichfarbe zu der einen oder anderen Gruppe gehört (z. B. bei grün oder blau), sollte man dennoch sicherheitshalber hier wie dort die weiteren Prüfungen vollziehen.
Um die Strichfarbe weiß bzw. farblos ebenso als Randleiste demonstrieren zu können, wurde für diese Gruppe ein helles Grau gewählt. Mineralien mit der tatsächlichen Strichfarbe grau dürfen also nicht hier, sondern müssen bei der dunkelgrauen Strichfarben-Randleiste „grau und schwarz" gesucht werden.
Schon beim einfachen Blättern im Buch findet man mit Hilfe der farbigen Randleiste die zutreffende Strichfarben-Gruppe.
Über den technischen Ablauf zur Ermittlung der Strichfarbe siehe S. 16.

2. Entscheidung: Wie groß ist die Mohshärte?

Die Mohshärte läßt sich durch Ritzen mit einem scharfkantigen Gegenstand ermitteln. Siehe dazu S. 18.

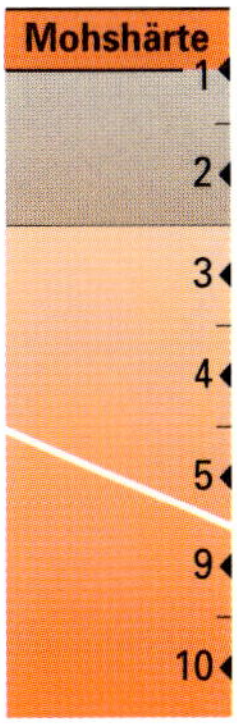

Gemäß dem Schnellbestimm-System erfolgt eine Gruppenbildung. Die zehnteilige Mohshärte-Skala wird in vier Gruppen gegliedert:
Mohshärte 1–2½,
Mohshärte 3–4½,
Mohshärte 5–6½,
Mohshärte 7–10.
Wenn in einer der Gruppen nur wenige Mineralien vorhanden sind, werden zwei Gruppen zusammengefaßt.

Im mittleren Teil der farbigen Randleiste ist die für die jeweilige Seite zutreffende Mohshärte-Gruppe durch einen überdeckenden Raster gekennzeichnet. So kann man schnell prüfen, ob die ermittelte Mohshärte des unbekannten Minerals der markierten Mohshärte-Gruppe auf einer beliebigen Seite (natürlich innerhalb der zuständigen Strichfarben-Gruppe) entspricht. Ist das nicht der Fall, bitte weiterblättern, bis sich das namenlose Mineral der richtigen Mohshärte-Gruppe zuordnen läßt. Die Anordnung der Mohshärte-Gruppen im Buch ist so gehalten, daß die Mohshärte mit steigender Seitenzahl ebenso zunimmt.

3. Entscheidung: Wie hoch ist die Dichte?

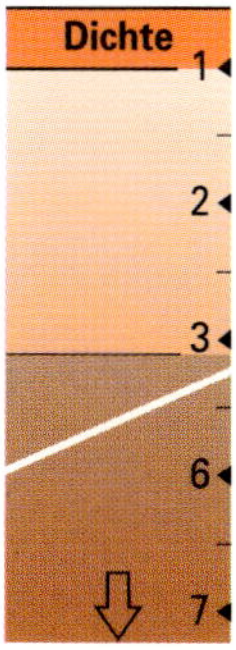

Die Dichte hilft uns, das unbekannte Mineral oftmals endgültig einzukreisen. Über die technische Abwicklung der Dichte-Bestimmung siehe S. 20.
Mehrere Dichte-Werte sind wiederum in Gruppen zusammengefaßt. Die Bandbreite dieser Gruppen wurde so gewählt, daß möglichst wenige Mineralien zu solch einem Kreis gehören.
Im unteren Teil der farbigen Randleiste ist die Dichte (gleichsam wie bei der Mohshärte) mit einem überdeckenden Raster kenntlich gemacht. In der angegebenen Spanne liegt auch die Dichte aller Mineralien dieser Seite.
Die Randleiste umfaßt Dichte-Werte bis höchstens 7,1. Die seltenen Werte darüber werden mit einem Pfeil am unteren Ende der Leiste angedeutet.

Weitere Entscheidungen (nur bei Bedarf)

Vielfach wird es gelingen, mit Hilfe der Strichfarbe, der Mohshärte und der Dichte gemeinsam mit den Fotos das unbekannte Mineral zu identifizieren. Andernfalls muß man weitere Eigenschaften der Mineralien, wie sie in der Beschreibung neben den Bildtafeln erwähnt werden, prüfen, besonders wenn irgendwelche typischen Merkmale auf dem Foto oder beim gesuchten Mineral fehlen. Vielleicht helfen Farbe, Glanz und Transparenz schon weiter, vielleicht auch die Kristallform oder eine Beschreibung der Aggregate.
Anregung für eine speziellere Betrachtung und Untersuchung von Mineralien bieten die Ausführungen ab S. 21 wie auch der Hinweis auf ähnliche Mineralien bei den Mineralbeschreibungen im Bestimmungsteil des Buches.

Beispiel

Rasche Bestimmung eines Minerals mit Hilfe der Symbole auf der Randleiste am Beispiel des Fluorit.

Entscheidung	Ergebnis	Symbol auf Randleiste	In Frage kommende Seiten
1. Welche Strichfarbe?	weiß	Strichfarbe weiß und farblos	S. 26–128 =52 Farbtafeln
2. Welche Mohshärte?	Mohshärte 4, gehört zur Gruppe Mohshärte 3–4½	Mohshärte 1 2 3 4	S. 52–76 =13 Farbtafeln
3. Welche Dichte?	Dichte 3,18, gehört zur Gruppe Dichte 3,1–4,0	Dichte 1 2 3 4	S. 68–72 =3 Farbtafeln

Beim Durchblättern der verbleibenden 3 Doppelseiten kann man das Mineral rasch finden. Zusätzliche Entscheidungshilfe bieten hierbei Farbe (in diesem Fall bräunlich), Transparenz (hier durchsichtig), Kristallform (hier würflig, aufgewachsen) und gegebenenfalls weitere im Text erwähnte Merkmale.

Erscheinungsformen der Mineralien

Aufbau der Mineralien

Mineralien sind in sich einheitliche, natürlich entstandene Teile der Erdkruste wie auch der festen Schale anderer Himmelskörper. Sie haben eine ganz bestimmte stoffliche Zusammensetzung, die sich durch eine chemische Formel ausdrücken läßt.
Nach diesem chemischen Aufbau wird das Reich der Mineralien in 9 Klassen gegliedert: Elemente; Sulfide und verwandte Verbindungen; Halogenide; Oxide und Hydroxide; Nitrate, Carbonate, Borate; Sulfate, Chromate, Molybdate, Wolframate; Phosphate, Arsenate, Vanadate; Silikate; organische Verbindungen.
Künstliche Produkte mit gleicher Zusammensetzung wie in der Natur zählen nicht zu den Mineralien.
Es gibt Mineralien, die mit anderen eine gleiche chemische Zusammensetzung aufweisen und doch eigenständig sind. Die Ursache hierfür liegt in einem verschiedenartigen Kristallgitter begründet. Diese Erscheinung, daß die gleiche chemische Substanz also in verschiedener Kristallgestalt auftritt und damit auch unterschiedliche Mineralien bildet, nennt man Polymorphie, die Einzelstrukturen Modifikationen. Kohlenstoff z. B. erscheint in den Modifikationen Graphit und Diamant. Die Mineralien Quarz, Cristobalit, Coesit, Stishovit und Tridymit sowie Opal sind Modifikationen der Kieselsäure.
Die allermeisten Mineralien zeigen eine oder mehrere für sie typische geometrische Figuren, sog. Kristalle. Maßgebend für die Erscheinung wie auch für die physikalischen Eigenschaften eines Kristalls und damit eines Minerals ist sein innerer Aufbau, d. h. die Anordnung der kleinsten Bauteilchen, der Atome, Ionen oder Moleküle. Ist die Packung dieser Bauteilchen gesetzmäßig geordnet, sprechen wir von einem Raum- oder Kristallgitter.
Mineralien mit einem Kristallgitter werden kristallin genannt, solche ohne Kristallstruktur, also ohne innere gesetzmäßige Ordnung der kleinsten Bauteilchen, sind amorph.
Bei einigen Mineralien können einzelne elementare Bauteilchen durch verwandte Stoffe ersetzt werden, ohne daß sich dadurch die Kristall- und die chemische Grundstruktur ändern. Da der Austausch in verschiedenem Umfang erfolgt, ergibt sich eine größere Zahl sog. Mischkristalle in einer Mischungsreihe. Die Plagioklase stellen beispielsweise solch eine Mischungsreihe dar.
Häufig gibt es innerhalb einer Mineralart Abarten, sog. Varietäten, mit typischen Merkmalen. Die chemische und kristalline Grundstruktur bleibt gemäß der normalen Mineralausbildung weitgehend erhalten. Farbvarietäten dienen als Schmuck- und Edelsteine. Kristalleinschlüsse, ungewöhnliche Kristall- und Aggregatausbildung können ebenso zu Varietäten führen, wenn diese Besonderheiten nicht einmalig auftreten, sondern bei einer größeren Anzahl von Mineral-Individuen vorhanden sind.

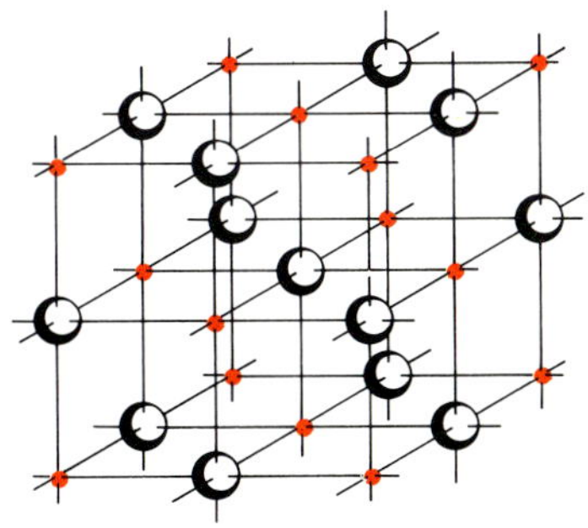

Kristallgitter von Halit (große Kugeln Chlor-Ionen, kleine Kugeln Natrium-Ionen)

Die Kristallsysteme

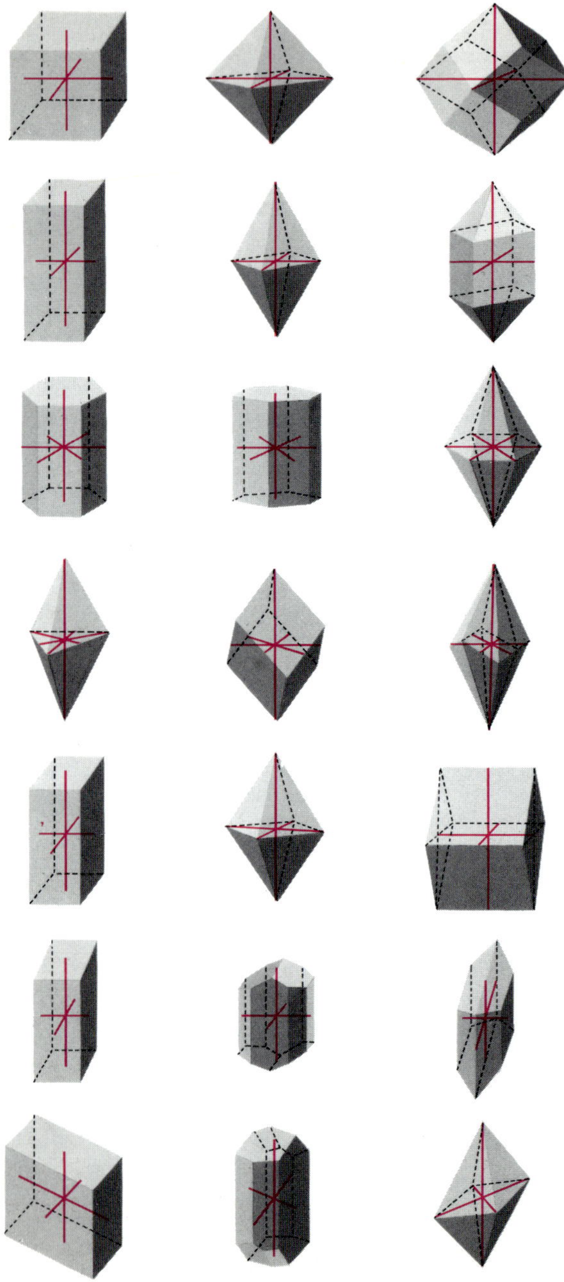

kubisch

tetragonal

hexagonal

trigonal

orthorhombisch

monoklin

triklin

Die Kristallsysteme

Die meisten Mineralien bilden bestimmte, für sie typische geometrische Körper, die Kristallformen. Alle Kristallformen lassen sich auf 7 Kristallsysteme zurückführen. Die Unterscheidung dieser Systeme erfolgt nach den Kristallachsen und den Winkeln, unter denen sich die Achsen schneiden. Auf nebenstehender Seite sind die Kristallsysteme mit typischen Kristallformen dargestellt.

Kubisches System (Reguläres System) Alle drei Achsen sind gleich lang und stehen senkrecht aufeinander. Typische Kristallformen sind Würfel, Oktaeder, Rhombendodekaeder, Pentagondodekaeder, Ikositetraeder, Hexakisoktaeder.

Tetragonales System Die drei Achsen stehen senkrecht aufeinander; zwei sind gleich lang und liegen in einer Ebene, die dritte (Hauptachse) ist länger oder kürzer. Typische Kristallformen sind vierseitige Prismen und Pyramiden, Trapezoeder und achtseitige Pyramiden wie auch Doppelpyramiden.

Hexagonales System Drei von vier Achsen liegen in einer Ebene, sind gleich lang und schneiden sich in Winkeln von 120°, die vierte, ungleichwertige Achse steht senkrecht dazu. Typische Kristallformen sind sechsseitige Prismen und Pyramiden sowie zwölfseitige Pyramiden und Doppelpyramiden.

Trigonales System (Rhomboedrisches System) Drei von vier Achsen liegen in einer Ebene, sind gleich lang und schneiden sich in Winkeln von 120°, die vierte, ungleichwertige Achse steht senkrecht dazu. Achsen und Winkel entsprechen denen des vorgenannten Systems, daher faßt man die beiden Kristallsysteme gelegentlich auch als hexagonal zusammen. Der Unterschied liegt in den Symmetrieelementen. Beim hexagonalen System ist der Querschnitt der prismatischen Grundform sechseckig, bei trigonalen dreieckig. Durch Abschrägen der Dreiecks-Enden entsteht die sechseckige hexagonale Form. Typische Kristallformen des trigonalen Systems sind dreiseitige Prismen und Pyramiden, Rhomboeder und Skalenoeder.

Orthorhombisches System (Rhombisches System) Drei verschieden lange Achsen stehen senkrecht zueinander. Typische Kristallformen sind Basispinakoide, rhombische Prismen und Pyramiden sowie rhombische Doppelpyramiden.

Monoklines System Von drei verschieden langen Achsen stehen zwei senkrecht zueinander, die dritte liegt schief dazu. Typische Kristallformen sind Basispinakoide und Prismen mit geneigten Endflächen.

Triklines System Alle drei Achsen sind ungleich lang und gegeneinander geneigt. Typische Kristallformen sind Flächenpaare.

Gesetz der Winkelkonstanz

Jeder Kristall, auch der gleichen Mineralart, sieht etwas anders aus. Es gibt große und kleine, schmale und dicke, gerade und schiefe Kristalle. Die Idealform (Idealkristall) wird fast nie erreicht. Der gewachsene Kristall ist in der Natur (als Realkristall) gewöhnlich etwas verunstaltet, d.h. verzerrt. Die Flächengrößen und Flächenverhältnisse zueinander sind bei jedem Kristall anders. Aber trotz des verschiedenen Aussehens bleiben die Kantenwinkel (das sind die Winkel, die von jeweils zwei Flächen gebildet werden) bei derselben Kristallart stets gleich. Diese Erkenntnis muß man berücksichtigen, wenn ein unbekanntes Mineral nach der Kristallform identifiziert werden soll. Man muß versuchen, sich aus dem vorliegenden Realkristall die Idealgestalt des Minerals vorzustellen.

Zwillingsbildungen

Gelegentlich können Kristalle der gleichen Art und der gleichen Form gesetzmäßig miteinander verwachsen. Wir sprechen dann von Zwillingsbildungen.

Je nach Lage der Kristalle zueinander unterscheiden wir Berührungszwillinge und Durchdringungszwillinge, nach Anzahl der Individuen Zwillinge, Drillinge, Vierlinge usw. Zwillingsvereinigungen von mehreren Individuen nennt man auch Viellinge.

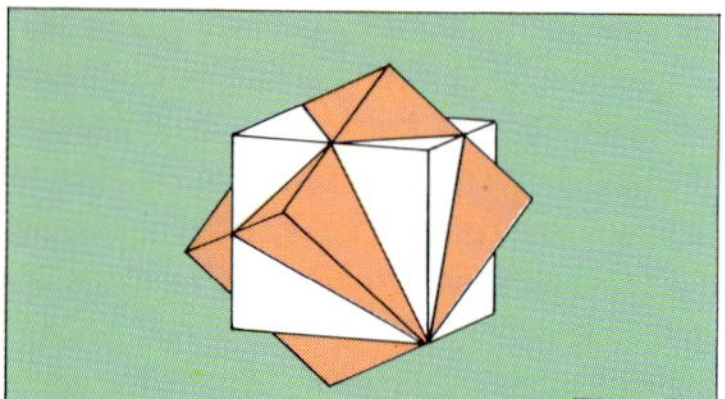
Fluorit

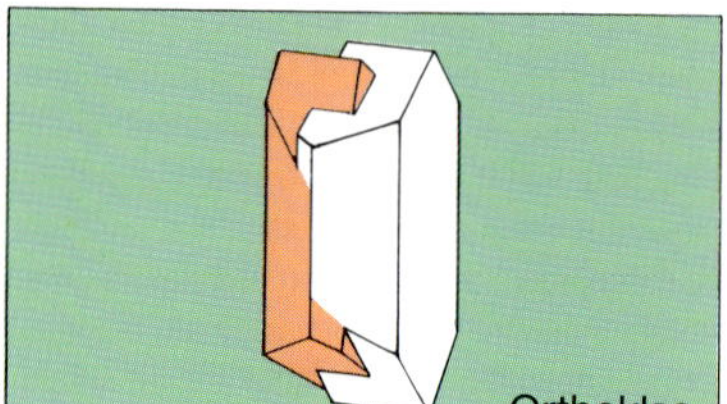
Orthoklas

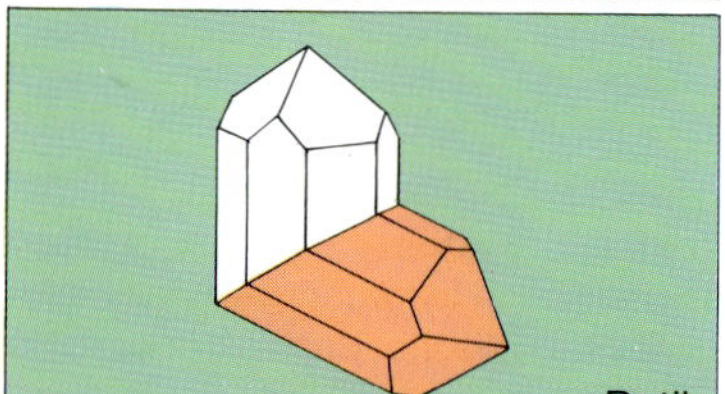
Rutil

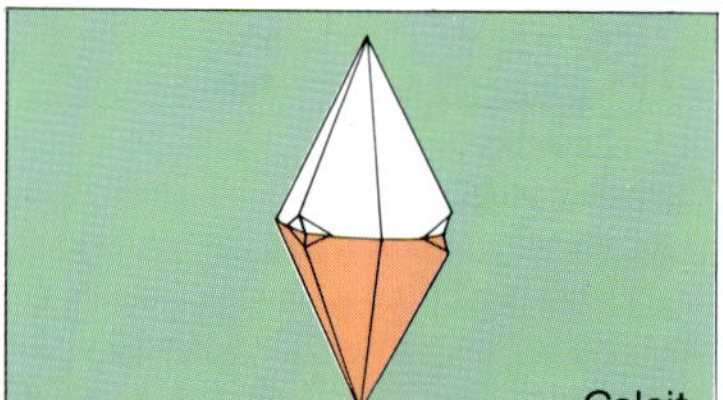
Calcit

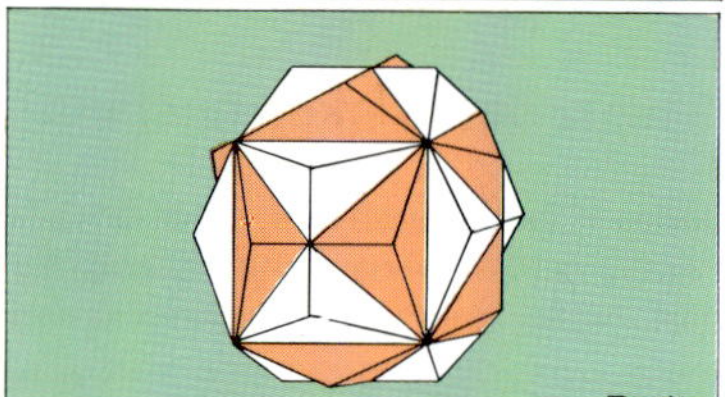
Pyrit

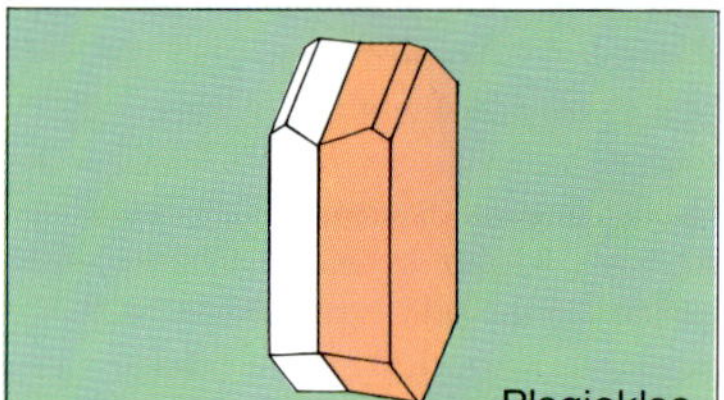
Plagioklas

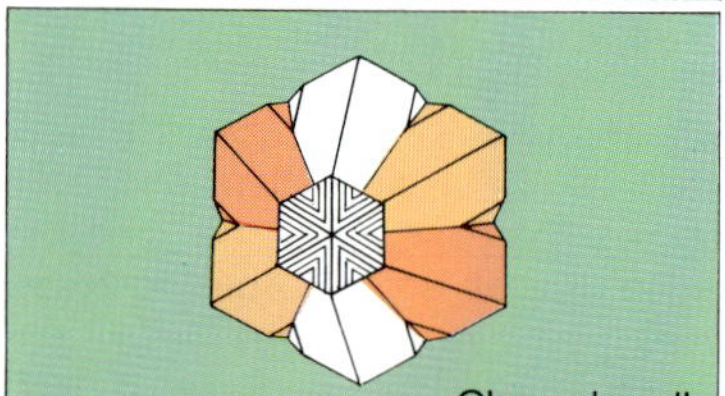
Chrysoberyll

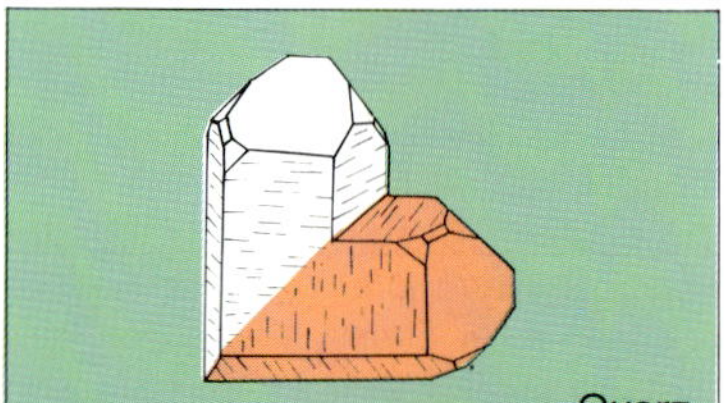
Quarz

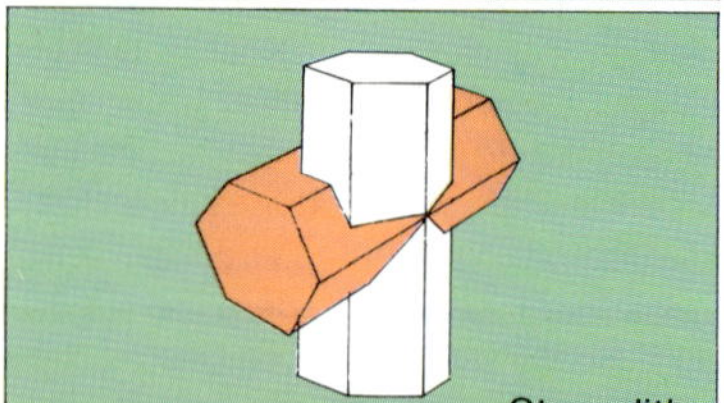
Staurolith

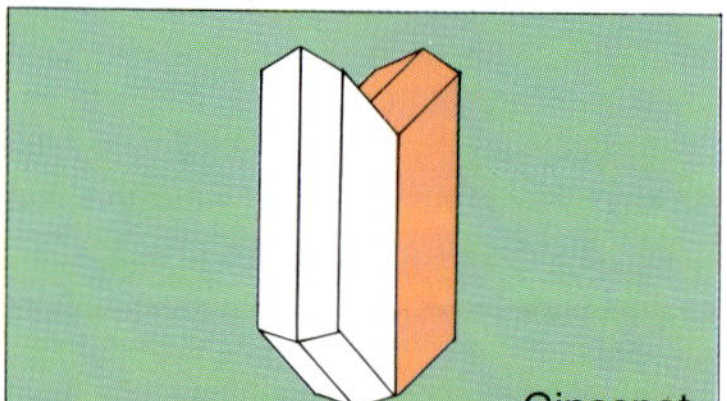
Gipsspat

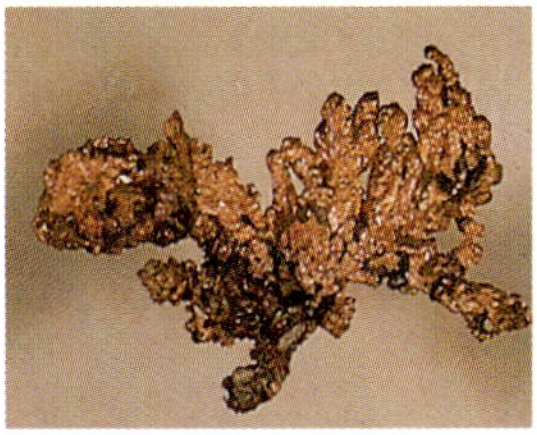
1

2

3

4

5

6

7

8

9

Mineralaggregate

Verwachsene Mineralgemenge im Zentimeter- bis Meterbereich nennen wir Mineralaggregate oder Mineralvergesellschaftungen. Dabei ist es egal, ob die Einzelindividuen des Gemenges der gleichen oder verschiedenen Mineralarten angehören. Bei großräumigen Vergesellschaftungen sprechen wir von Gesteinen.
Ein Aggregat mit mehreren einzeln stehenden und mit gut ausgebildeten Flächen versehenen Kristallen heißt Stufe.
Die Fotos auf dieser Seite zeigen einige typische Beispiele für Mineralaggregate.

1 **skelettartig** ähnlich dendritisch, moosartig, bäumchenförmig, drahtförmig, gestrickt (gediegen Kupfer);
2 **blättrig** ähnlich schuppig, rosenförmig, rosettenartig (Gipsrose);
3 **radialstrahlig** ähnlich radialfasrig (Pyrit, sog. Markasitknolle);
4 **körnig** mit bloßem Auge erkennbare, zusammengefügte Körner (Olivin);
5 **krustig** ähnlich Rinde, Beschlag, Anflug, Ausblühung (Pyromorphit);
6 **glaskopfig** ähnlich nierig, traubig, knollig, kuglig, warzig, wulstig (Roter Glaskopf/Hämatit),
7 **parallelfasrig** ähnlich büschlig, garbenförmig (Amiant/Aktinolith);
8 **wirrfasrig** ähnlich wirrstrahlig, verfilzt (Aktinolith);
9 **oolithisch** ähnlich pisolithisch, rogenartig, schalig (Erbsenstein/Aragonit).

Mineralfarbe und Strichfarbe

Nur wenige Mineralien haben eine einzige, charakteristische Farbe, wie der grüne Malachit, der rote Zinnober, der blaue Azurit oder der gelbe Schwefel. Viele Mineralien treten dagegen in verschiedenen, einige sogar in allen Farben des Spektrums auf. Die Farbe ist daher nur ausnahmsweise eine Bestimmungshilfe beim Identifizieren von unbekannten Mineralien.

Die Strichfarbe, auch Pulverfarbe oder kurz Strich genannt, dagegen ist ein objektives Bestimmungsmittel für Mineralien. Sie entsteht, wenn ein Mineral pulverisiert wird. Während nämlich die bei einem Mineral bzw. einer Varietät erkennbare Farbgebung gewöhnlich durch Spuren von Fremdmaterial oder durch Störungen im Kristallgitter verursacht wird (also eine Fremdfarbe ist), gibt die Strichfarbe die stets gleiche, einmalige und konstante Eigenfarbe des Minerals wieder. Sie ist also für ein Mineral charakteristisch. Die feinsten Pulverkörner verhalten sich wie dünnste, durchschimmernde Plättchen. Beim Fluorit z.B. ist die Strichfarbe immer weiß, ganz gleich, ob er gelb, grün, blau, violett oder schwarz aussieht.

Um die Strichfarbe zu erkennen, reibt man mit einer Ecke des unbekannten Minerals auf einem rauhen Porzellantäfelchen, der Strichtafel. Diese kann man für wenig Geld in den Fachgeschäften des Mineralhandels erwerben. Notfalls genügt als Reibefläche der unglasierte Unterrand einer Porzellanschüssel, einer Blumenvase oder die Oberfläche einer elektrischen Sicherung wie auch die weiße Rückseite einer Kachel.

Beim Reiben zeigt sich gegebenen-

Strichfarbe. Oben v. l.: Auripigment, Pyrit, Zinnober. Unten v. l.: Hämatit, Azurit, Malachit.

falls ein farbiger Strich, die Strichfarbe. Ist beim Reiben auf der Strichtafel überhaupt kein Farbstrich erkennbar, sagt man, die Strichfarbe ist farblos oder weiß.
Manchmal empfiehlt es sich aus Gründen einer besseren Identifikation eines Minerals, den erkennbaren Strich auf dem Porzellantäfelchen mit der Kante einer zweiten Strichtafel zu verreiben. Solche Hinweise erhält man bei der Beschreibung der einzelnen Mineralien im Bestimmungsteil dieses Buches.
Bei Mineralien, die härter als die Strichtafel sind, also über Mohshärte 6 liegen, muß zunächst ein kleines Stück des unbekannten Minerals durch Stampfen pulverisiert werden, um es dann auf der Strichtafel zu verreiben.
Für die Strichprobe immer nur frische Bruchstellen verwenden; Oxidationsüberzüge und Anlauffarben meiden.

Pleochroismus

Bei einigen durchsichtigen Mineralien sind die Farben und Farbtiefen in verschiedenen Richtungen unterschiedlich. Ursache dafür ist eine ungleiche Absorption des Lichts doppelbrechender Kristalle in den verschiedenen Richtungen.
Wenn zwei Hauptfarben erscheinen, spricht man von Dichroismus, bei drei Farben von Trichroismus oder Pleochroismus. Der Begriff Pleochroismus wird auch als Sammelbezeichnung für beide Arten der Mehrfarbigkeit verwandt.
Dichroismus ist nur beim tetragonalen, hexagonalen und trigonalen Kristallsystem möglich, Trichroismus nur im rhombischen, monoklinen und triklinen System. Amorphe Mineralien und die des kubischen Kristallsystems haben keinen Pleochroismus.
Die Erscheinungen des Pleochroismus können schwach, deutlich, lebhaft oder stark sein.

Strichprobe auf einer Strichtafel. Der messinggelbe Pyrit liefert eine grünlichschwarze Strichfarbe.

Lichtfiguren und Flächenschiller

Bei einigen Mineralien gibt es, häufig erst beim Anschleifen oder bei bestimmten Schliffarten, streifenartige Lichtfiguren und flächenhaften Schiller. Diese Erscheinungen hängen weder von der Eigenfarbe oder einer Verunreinigung noch von der Zusammensetzung ab. Die Ursache beruht auf Reflexions-, Interferenz- und Beugungserscheinungen des Lichts.
Asterismus Sternförmige Lichtstreifen, die sich, je nach Symmetrie der Kristalle, unter bestimmten Winkeln schneiden.
Katzenaugeneffekt (Chatoyieren) Schlitzartige Lichterscheinung, die durch Reflexion des Lichts an parallel gelagerten Fasern, Nadeln oder Hohlkanälen entsteht.
Opaleszieren Milchig-bläulicher oder perlglanzartiger Flächenschiller der gemeinen Opale infolge Reflexionserscheinungen.
Opalisieren Buntfleckiges Farbenspiel des Opals, das sich je nach Blickwinkel verändert. Es beruht auf Reflexions- und Interferenzerscheinungen.
Labradorisieren Farbenspiel in metallisch glänzenden, häufig blauen und grünen Tönen, insbesondere beim Labradorit.

Mohshärte

Der Mineraliensammler versteht unter der Härte eines Minerals immer die Ritzhärte. Das ist der Widerstand, den ein Mineral beim Ritzen mit einem scharfkantigen Material entgegenbringt.

Den Begriff der Ritzhärte führte vor über 150 Jahren der Wiener Mineraloge Friedrich Mohs (1773–1839) ein, indem er aus 10 verschieden harten Mineralien eine Vergleichsskala (Mohssche Härteskala) erstellte, die bis heute in der ganzen Welt gültig ist. Nummer 1 ist der weichste, Nummer 10 der härteste Grad. Die Mineralien mit den dazwischenliegenden Stufen ritzen das mit geringerer Härte bezeichnete Mineral und werden von dem nachfolgend härteren geritzt. Gleich harte Mineralien ritzen sich nicht. Mittlerweile werden in der Praxis die Härtestufen noch in Halbgrade unterteilt. Diese stets mit ½ schreiben, nicht in Dezimalen (0,5) ausdrücken.

Alle uns heute bekannten Mineralien sind dieser Mohsschen Härteskala zugeordnet. In jedem Mineralienbuch wird bei der Beschreibung der Mineralien stets die Mohshärte (kurz Härte) genannt.

Mineralien der Mohshärte 1 und 2 gelten als weich, jene der Grade 3–6 als mittelhart und die über 6 werden als hart bezeichnet.

Die Härte der Mineralien ist nicht auf allen Kristallflächen gleich. Im allgemeinen sind aber die Unterschiede so gering, daß der Sammler darauf keine Rücksicht zu nehmen braucht. Bei großen Differenzen muß man solche flächengebundene Härteunterschiede allerdings berücksichtigen. Beim Kyanit z. B. ist die Mohshärte in der Vertikalrichtung der stengligen Kristalle 4–4½, quer dazu aber 6–7.

Die Mohssche Härteskala ist eine relative Härteskala. Mit ihr kann nur festgestellt werden, welches Mineral welches ritzt. Über das absolute Maß der Härtezunahme innerhalb der Skala wird keine Aussage gemacht.

Für eine wissenschaftlich-fachkundige Härteprüfung ist die Mohssche Härteskala nicht zu verwenden, da nur relativ und auch zu ungenau. Deshalb werden dort mit großem technischen Aufwand Absoluthärtewerte ermittelt. In der Tabelle unten sind Absoluthärten (Schleifhärte nach Rosiwal) den Mohshärtewerten gegenübergestellt. Man erkennt dabei sehr deutlich, wie ungleich die Spanne innerhalb der einzelnen Mohshärtestufen ist. Dennoch hat die Mohssche Härteskala wegen der einfachen Handhabung für den Sammler einen hohen Wert.

Eine Bestimmung von Absoluthärten ist für den Nichtfachmann kaum möglich, für die Mineralidentifizierung auch nicht notwendig.

Relative und absolute Härteskala

Mohshärte	Vergleichsmineral	Einfache Härteprüfmittel	Absoluthärte
1	Talk	Mit Fingernagel schabbar	0,03
2	Gipsspat	Mit Fingernagel ritzbar	1,25
3	Calcit	Mit Kupfermünze ritzbar	4,5
4	Fluorit	Mit Messer leicht ritzbar	5,0
5	Apatit	Mit Messer noch ritzbar	6,5
6	Orthoklas	Mit Stahlfeile ritzbar	37
7	Quarz	Ritzt Fensterglas	120
8	Topas		175
9	Korund		1000
10	Diamant		140 000

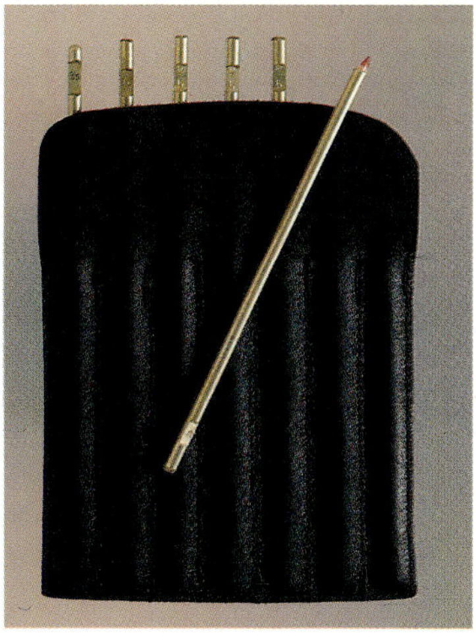

Ritzbesteck mit Metallstiften, in denen Mineralsplitter gefaßt sind.

Härteprüfmittel Im Handel werden Probierstücke und Ritzbestecke zur Härteprüfung angeboten. Stehen Belegstücke der Härteskala nicht zur Verfügung, kann man auch mit einfachen Hilfsmitteln einige Härtegrade erkennen. So ritzt der Fingernagel bis Mohshärte 2, eine Kupfermünze bis Härte 3, das Taschenmesser etwa bis 5, ein Messer mit sehr guter Stahlqualität sogar bis 5½ Mohshärte, Stahlfeilen sind noch härter, sie ritzen bis Härte 6. Mit Quarz, die Nr. 7 der Mohsschen Härteskala, läßt sich Fensterglas deutlich ritzen.

Wegen dieser einfachen Anwendung ist die Mohssche Härteskala bei Sammlern sehr beliebt. Ohne großen Aufwand kann man eine Grobbestimmung von Mineralien schon im Gelände, bei Wanderungen oder Touren, bequem und schnell vornehmen.

Bei der Ritzprobe darauf achten, daß die Untersuchung nur mit scharfkantigen Stücken auf unzersetzten glatten Flächen erfolgt. Geriffelte, blättrige Ausbildung oder angewitterte Kristallflächen der Versuchsobjekte täuschen eine geringere Härte vor.

Nach dem Ritzen bleibt ein pulvriger Strich auf dem unbekannten Mineral zurück. Der kann sowohl vom Prüfmaterial als auch vom Prüfobjekt stammen. Deshalb mit dem Finger abschließend über die Ritzfläche fahren. Läßt sich der Strich wegwischen, ist das Prüfmaterial weicher als das unbekannte Mineral. Andernfalls ist es härter und hat eine Ritzung in das Prüfobjekt eingegraben. Bei undeutlicher Ritzung, d.h. wenn Prüfmaterial und Prüfobjekt ähnlich hohe Mohshärte besitzen, eine Lupe zu Hilfe nehmen.

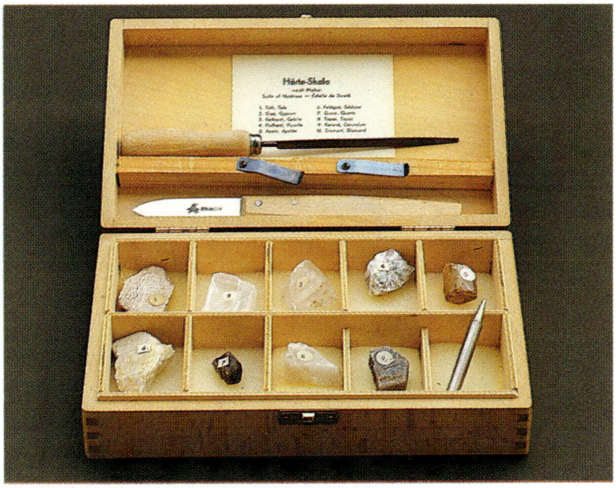

Probierstücke der Mohsschen Härteskala; dazu Stahlstift, Messer und Feile als einfache Prüfmittel.

Dichte

Unter Dichte (auch spezifisches Gewicht genannt) versteht man das Gewicht eines Stoffes in bezug auf das Gewicht des gleichen Volumens Wasser. Quarz mit der Dichte 2,65 ist also 2,65mal so schwer wie das gleiche Volumen Wasser.

Die Dichte der Mineralien schwankt zwischen 1 und 20. Werte unter 2 werden als leicht empfunden (Bernstein etwa 1,0), solche von 2–4 als normal (Calcit etwa 2,7) und jene über 4 als schwer (Bleiglanz etwa 7,5). In der Wissenschaft und der Bergbaupraxis gelten alle Mineralien mit einer Dichte über 2,9 als Schwermineralien.

Die wertvolleren Edelsteine und die Edelmetalle haben eine Dichte, die deutlich über der von Sand (gewöhnlich aus Quarz und Feldspat) liegt. Sie werden daher in bewegtem Wasser der Flüsse und an der Küste vor den leichteren Sandmineralien abgelagert und in sog. Seifenlagerstätten angereichert.

Die Dichte wird wie folgt berechnet:

$$\text{Dichte} = \frac{\text{Gewicht des Minerals}}{\text{Volumen des Minerals}}$$

Das Gewicht eines Minerals wird mit einer Waage gemessen. Je genauer die Wägung, desto sicherer eine Identifizierung des unbekannten Minerals. Der Fachmann arbeitet mit Wägegenauigkeiten von $^1/_{100}$ Gramm, d.h. mit zwei Stellen nach dem Komma.

Das Volumen kann man auf verschiedene Weise finden, durch Wasserverdrängung in einem Meßzylinder oder nach dem Auftriebsverfahren mit einer hydrostatischen Waage.

Bei der ersteren Methode legt man das unbekannte Mineral in einen halb mit Wasser gefüllten Meßzylinder. Je enger das Gefäß, desto genauer wird die Volumenbestimmung. Die Wasserverdrängung (Differenz der Wasserstandsanzeige ohne und mit Mineral) entspricht dem Volumen des Minerals.

Für kleine Proben ist diese Methode ungeeignet, weil die Wasserverdrängung nur minimal und die Ablesegenauigkeit entsprechend gering ist. Zusätzlich wird die Ablesung dadurch erschwert, daß der Wasserspiegel an den Gefäßrändern höher ist als in der Mitte des Meßzylinders. Immer gleichbleibend die tiefere Wasserfläche anvisieren.

Die Auftriebsmethode mit Hilfe der hydrostatischen Waage liefert die besten Volumenwerte. Sie beruht auf dem Archimedischen Prinzip: Der Auftrieb ist gleich dem Gewicht der durch das Mineral verdrängten Wassermenge.

Das unbekannte Mineral wird zunächst an der Luft und dann in Wasser gewogen. Der Wiegeunterschied

Bestimmen des Volumens durch Wasserverdrängung.

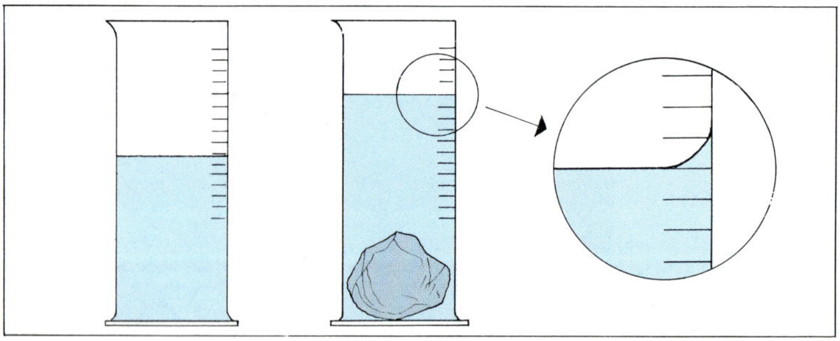

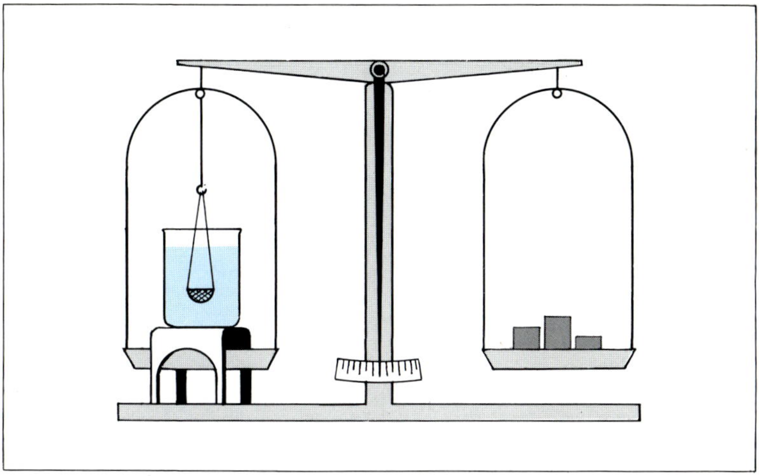

Bestimmen des Volumens mit Hilfe einer hydrostatischen Waage.

entspricht dem Gewicht des verdrängten Wassers und damit ziffernmäßig dem Volumen des Minerals.

Beispiel:

Gewicht in Luft	5,2 g
Gewicht in Wasser	3,3 g
Unterschied = Volumen	1,9

$$\text{Dichte} = \frac{\text{Gewicht}}{\text{Volumen}} = \frac{5,2}{1,9} = 2,7$$

Die Dichte dieser Probe beträgt 2,7. Nach dem Gewicht könnte es Calcit sein.

Wichtig ist zu beachten, daß das unbekannte Mineral bei der Wägung an der Luft trocken ist und keine Fremdsubstanz enthält. Einige Mineralien haben aber naturgemäß immer geringe Verunreinigungen oder Schwankungen in der Zusammensetzung. Dann sind die Dichtewerte ebenso schwankend und können nur annähernd bezeichnet werden.

In der Edelsteinkunde wird neben der Messung mit der hydrostatischen Waage die sog. Schwebemethode zur Bestimmung der Dichte eingesetzt. Sie beruht auf dem Grundgedanken, daß Gegenstände in einer Flüssigkeit mit gleicher Dichte schweben, also weder auf den Boden sinken noch an der Oberfläche schwimmen. Mit genormten Flüssigkeiten von bekannter Dichte bzw. durch Verdünnen von schweren Flüssigkeiten bis zum Schwebezustand des Probesteins kann die Dichte des unbekannten Edelsteins ermittelt werden.

Die Schwebemethode empfiehlt sich dann, wenn bestimmte Edelsteine aus einer Partie unbekannter Steine aussortiert werden sollen oder wenn es gilt, Synthesen und Imitationen gegenüber echten Edelsteinen zu identifizieren.

Glanz

Viele Mineralien haben einen charakteristischen Glanz. Er entsteht durch das reflektierte Licht an der Steinoberfläche und ist vom Brechungsindex eines Minerals und dessen Oberflächenbeschaffenheit abhängig, nicht aber von der Farbe.

Bei der Beschreibung der Mineralien werden Glas-, Wachs- und Harzglanz, Seiden- und Perlmuttglanz, Diamantglanz, Fett- sowie Metallglanz berück-

sichtigt. Mineralien ohne Glanz sind matt.
Glasglanz ist in der Mineralienwelt am meisten verbreitet, etwa bei zwei Dritteln aller Mineralien. Metallglanz gibt es nur bei undurchsichtigen Mineralien, insbesondere bei gediegenen Metallen, Sulfiden und einigen Oxiden. Seidenglanz tritt bei fasrigen Mineralien oder Mineralaggregaten auf. Perlmutt- und Fettglanz zeigen sich vornehmlich auf Spaltflächen.
Beschläge, Anlauffarben und Verwitterungserscheinungen können den Glanz beeinträchtigen. Deshalb Bestimmung am unveränderten Objekt. Stets klares Licht suchen.

Transparenz

Unter Transparenz oder Durchsichtigkeit versteht man die Lichtdurchlässigkeit eines Mediums. Es gibt durchsichtige, durchscheinende (halbdurchsichtige) und undurchsichtige (opake) Mineralien.
In sehr dünnen Schichten sind viele sonst undurchsichtige Mineralien durchsichtig oder durchscheinend. Alle Metalle sind auch in dünnen Lagen undurchsichtig. Körnige, fasrige oder stenglige Mineralien sowie Aggregate sind stets undurchsichtig.

Doppelbrechung

Die Doppelbrechung entsteht dadurch, daß ein Lichtstrahl beim Gang durch den Kristall gebrochen und in zwei Teile zerlegt wird. Alle lichtdurchlässigen Mineralien, außer den kubischen und den amorphen, zeigen eine mehr oder weniger große Doppelbrechung. Beim isländischen Calcit ist die Doppelbrechung besonders deutlich, er heißt daher auch Doppelspat. Ebenso tritt sie u. a. bei Zirkon und Titanit deutlich zutage; mit bloßem Auge kann man hier eine Verdopplung unterer Kristallkanten erkennen. Gewöhnlich braucht man Spezialinstrumente, um die Doppelbrechung zu ermitteln.

Spaltbarkeit

Spaltbarkeit heißt Abgliederung von Mineralteilen mit glatten Flächen. Ob sich ein Mineral spalten läßt oder nicht, hängt vom Gitterbau des Kristalls ab. Liegen die Atome, Ionen oder Moleküle derart zueinander, daß man ebene Flächen durch das Kristallgitter schieben könnte, dann läßt sich das Mineral spalten, andernfalls entsteht ein Bruch, eine Abgliederung mit unregelmäßigen Flächen.

Doppelbrechung beim isländischen Calcit.

Je nach Stärke der Kohäsionskräfte zwischen den Bauteilchen des Kristalls ist die Güte der Spaltbarkeit verschieden. Bei der Beschreibung der Mineralien in diesem Buch werden folgende Spaltbarkeitsstufen verwendet: vollkommen, gut, undeutlich und keine.
Einige Mineralien lassen sich nur in einer Richtung spalten, andere kann man nach zwei oder mehr Richtungen teilen. Die Bergleute früherer Zeiten haben jene Mineralien mit sehr guten Spaltbarkeiten nach verschiedenen Richtungen als »spat« (d.h. spalt/spalten) bezeichnet: z.B. Feldspat, Flußspat, Kalkspat, Schwerspat.
Die Spaltebenen haben mit der äußeren Form des Minerals nichts zu tun. Sie sind ausschließlich von der Gitterstruktur des Kristalls abhängig. Auch bei Mineralien mit verschiedenen Ausbildungsformen können die gleichen Spaltfiguren entstehen. Bei Bleiglanz und Halit erhält man immer Würfel, bei Calcit Rhomboeder, bei Fluorit Oktaeder. Der Spaltwinkel (Winkel, den zwei Spaltebenen einschließen) ist für viele Mineralien typisches Bestimmungsmerkmal.
Kristallflächen sind niemals so glatt und meist auch nicht so glänzend wie Spaltflächen; sie zeigen gewöhnlich Streifen, kleine Figuren, Eintiefungen oder andere winzige Unebenheiten.

Zähigkeit

Unter Zähigkeit (Tenazität) versteht man bei Mineralien die Sprödigkeit (spröd, mild, schneidbar), Dehnbarkeit (schmiedbar, geschmeidig, dehnbar) und Elastizität (elastisch biegsam, unelastisch biegsam).
Die Eigenschaften der Zähigkeit können für einzelne Mineralien Bestimmungshilfe sein. Bei der Beschreibung der Mineralien in diesem Buch werden Zähigkeitsmerkmale beim Bruch mit erwähnt.

Bruch

Wenn Mineralien als Folge einer Gewaltanwendung (Schlag, Druck) mit unregelmäßigen Flächen auseinanderfallen, nennen wir das Bruch, stellen sich dagegen ebene Flächen ein, sprechen wir von Spaltbarkeit. Eine Trennung von Zwillingen heißt Absonderung.

Muschliger Bruch mit flach eingesenkten Vertiefungen (Obsidian).

Ob sich ein Mineral spalten oder brechen läßt, hängt vom Gitterbau des Kristalls ab. Sind die Bauteilchen des Gitters derart verteilt, daß sich keine Ebene durch dieses Gitter hindurchschieben läßt, dann erfolgt das Auseinanderfallen des Minerals mit unregelmäßigen Flächen, es entsteht ein Bruch.
Der Bruch kann muschlig (wie der gerundete Abdruck einer Muschel), uneben, glatt, fasrig, stenglig, hakig, splittrig oder erdig sein.

Magnetismus

Das magnetische Verhalten ist bei Mineralien verschieden. Es gibt Mineralien (z.B. Magnetit), die selbst anziehend wirken und andere (z.B. Magnetkies), die von Magneten angezogen werden, und schließlich solche, die magnetisch überhaupt nicht reagieren.
Mit der Kompaßnadel lassen sich beide magnetische Verhaltensweisen si-

cher bestimmen. Die locker aufgehängte Magnetnadel reagiert sehr feinfühlig auf jede magnetische Beeinflussung. Prüfstücke neben die ruhende Magnetnadel legen und Ablenkung der Nadel beobachten. Kleine Mineralteile wegen des schwächeren Magnetismus so nahe wie möglich über der Magnetnadel hin- und herschwenken.

Bei einigen Mineralien ist der Magnetismus nach Fundstelle und nach Eisengehalt verschieden.

Fluoreszenz

Unter Fluoreszenz versteht man ein Aufleuchten einer Substanz im ultravioletten Licht.

Viele Mineralien leuchten nicht nur in Weiß, sondern in den verschiedenen Farben des Spektrums. Der Begriff Fluoreszenz stammt von dem Mineral Fluorit, weil hier das Leuchtphänomen erstmals erkannt wurde.

Wenn die Substanz über das Ende der Bestrahlung nachleuchtet, sprechen wir von Phosphoreszenz, benannt nach dem bekannten Leuchten von Phosphor.

Lumineszenz ist ein Sammelbegriff für alle Arten des Aufleuchtens einer Substanz unter Einwirkung irgendwelcher Strahlen, mit Ausnahme der reinen Wärmestrahlen.

Ursache für die Fluoreszenz sind gewisse Störfaktoren (Verunreinigungen oder Baufehler) im Kristallgitter. Es gibt Mineralien, die ausschließlich auf kurzwelliges, andere, die nur auf langwelliges und wieder andere, die sowohl auf kurzwelliges als auch auf langwelliges ultraviolettes Licht reagieren. Der Handel bietet ein reiches Sortiment verschiedener Ultraviolettstrahler an.

Für eine Mineraldiagnose ist die Fluoreszenz nur bedingt geeignet, denn Glieder einer Mineralart können in ganz verschiedenen Farben fluoreszieren, während andere der gleichen Mineralart unter ultraviolettem Licht überhaupt nicht aufleuchten.

Gelegentlich ist die Fluoreszenz Hilfsmittel zum Erkennen eines Fundortes, denn manchmal zeigt sie für eine Lokalität oder Lagerstätte typische Erscheinungsbilder.

Für den Sammler hat die Fluoreszenz insofern praktische Bedeutung, als er durch sie gewisse Fälschungen erkennen kann. Bei geklebten Mineralien fluoresziert der Kitt manchmal ganz anders als der übrige Stein. Auch bei der Diagnostik von Edelsteinen gegenüber synthetischen Steinen hat sich die Fluoreszenz bewährt.

Fluoreszierende Mineralien in weißem Licht (links) und unter UV-Strahlen (rechts).

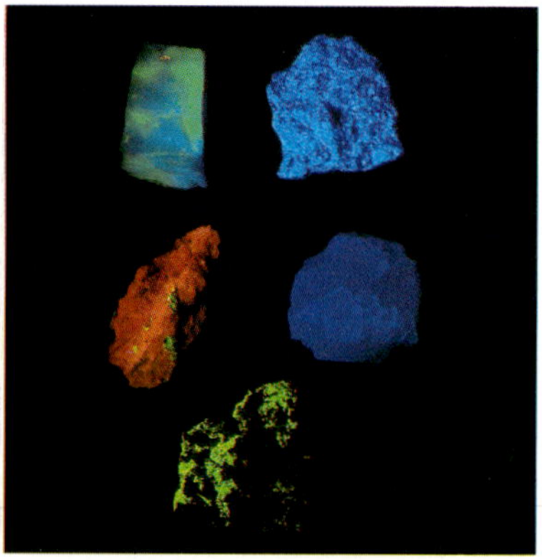

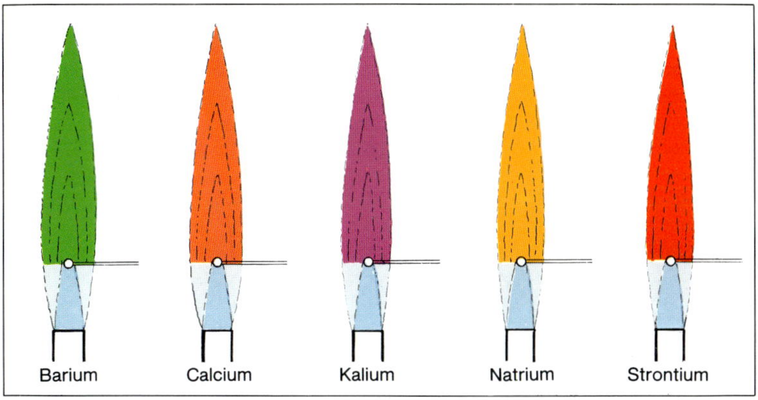

Flammenfärbung als Hilfsmittel zum Bestimmen von Mineralien.

Flammenfärbung

Da einige Elemente eine Flamme verfärben, kann man mit solcher Flammenprobe auf die chemische Zusammensetzung eines unbekannten Minerals schließen und es dadurch vielleicht erkennen. Gasbrenner sind als Flammenquelle gegenüber Kerzen zu bevorzugen, denn sie können so reguliert werden, daß sie ohne eigene Flammenfarbe brennen. In abgedunkelten Räumen ist die Flammenfärbung am besten sichtbar. Strontium bewirkt purpurrot, Lithium karminrot, Calcium ziegelrot, Natrium gelb, Barium gelblichgrün, Bor grün, Kupfer blau und grün, Kalium violett.

Ein kleiner Mineralsplitter genügt als Probe. Diesen mit Pinzette oder der Öse eines Platindrahts in die Flamme halten, bis er glüht. Natürlich ist hier besonders darauf zu achten, daß keine Fremdmaterialien beteiligt sind.

Weitere Eigenschaften

Manchmal können einfache Tests nach Geruch (schweflig, erdig), Geschmack (salzig, bitter), Anfühlen (fettig, kalt, d. h. guter Wärmeleiter), Wasserlöslichkeit, Verhalten gegenüber Säuren und Laugen wichtige Bestimmungshilfe zur Identifizierung eines Minerals sein.

Der Fachmann muß unter Umständen sehr spezielle Untersuchungen anstellen, wenn es z. B. gilt, Edelsteine und Synthesen zu diagnostizieren oder Erzmineralien einer Lagerstätte zu erkennen: optische Erscheinungen der Dispersion (Zerlegung des weißen Lichts in die Regenbogenfarben), Absorption und Absorptionsspektren (Lichtauslöschung), mikroskopische Studien im auffallenden wie im durchfallenden Licht, Schmelzbarkeit (Verhalten vor dem Lötrohr), Radioaktivität.

Strichfarbe

weiß und farblos

Mohshärte 1 2 3 4 5 6 7 8 9 10

Dichte 1 2 3 4 5 6 7

Borax Tinkal

$Na_2[B_4O_5(OH)_4] \cdot 8\ H_2O$

① Boron, Kalifornien/USA
② Boron, Kalifornien/USA

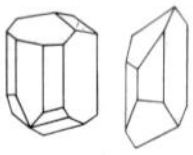

Strichfarbe weiß. Mohshärte 2–2½. Dichte 1,7–1,8. **Merkmale:** Farbe weiß, farblos, gelblich, selten bläulich, grünlich. An der Luft trübgraue Rinde. Fett-, Glas-, Harzglanz, Rinde matt; durchsichtig bis undurchsichtig. Spaltbarkeit vollkommen; Bruch muschlig; spröd. Leicht wasserlöslich. Süßlichbitterer Geschmack. Kristalle (monoklin) kurzprismatisch, dicksäulig, auch taflig. **Aggregate:** Derb, körnig, fasrig, erdig, mehlig, als Kruste. Vorkommen am Ufer von Salzseen, als Bodenausblühung, Absatz heißer Quellen und vulkanische Exhalation. Begleitmineralien sind Halit, Soda, Gipsspat, Calcit, Colemanit, Kernit, Ulexit. **Fundorte:** Nevada/USA; Tibet/China; Kaschmir/Indien; Kasachstan; Chile; Iran. **Ähnlich:** Kernit, Colemanit, Sassolin, Soda, Trona.

Sassolin

$B(OH)_3$

③ Death Valley, Kalifornien/USA

Strichfarbe weiß. Mohshärte 1. Dichte 1,48. **Merkmale:** Farbe weiß bis grau, gelegentlich farblos, gelb bis braun. Glasglanz, auf Spaltflächen Perlmuttglanz; durchsichtig. Spaltbarkeit vollkommen. Bruch nicht bestimmbar; biegsam. Fühlt sich fettig an. Geschmack säuerlich. Leicht schmelzbar. Flammenfärbung grün. In warmem Wasser löslich. Kristalle (triklin) pseudohexagonal, taflig, mitunter nadlig. **Aggregate:** Blättrig, schuppig, krustig, pulvrig. Vorkommen als Absatz heißer Quellen, als Sublimationsprodukt an Vulkanen. Begleitmineral ist Schwefel. **Fundorte:** Toskana, Vesuv/Italien; Kamtschatka/Rußland; Ladakh/Indien; Kalifornien, Nevada/USA. **Ähnlich:** Borax, Kernit.

Salmiak Salammoniak

NH_4Cl

④ Paricutin/Mexiko

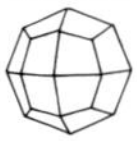

Strichfarbe weiß. Mohshärte 1–2. Dichte 1,53. **Merkmale:** Farblos, weiß, auch gelb bis braun. Glasglanz, matt; durchsichtig. Spaltbarkeit undeutlich; Bruch muschlig, erdig; mild, plastisch, aber zäh. Leicht wasserlöslich. Stechend salziger Geschmack. Kristalle (kubisch) würflig, oktaedrisch; selten und klein. **Aggregate:** Derb, krustig, skelettartig, stalaktitisch, traubig, fasrig und erdig. Vorkommen als vulkanisches Exhalationsprodukt, auf brennenden Kohlenhalden und -flözen, in Guano. Begleitmineral ist Schwefel. **Fundorte:** Saarland, Ruhrgebiet, Sachsen; Vesuv, Ätna/Italien; Hekla/Island; Hawaii, Kalifornien/USA; Chile; Peru. **Ähnlich:** Alunit.

Epsomit Bittersalz

$Mg[SO_4] \cdot 7\ H_2O$

⑤ Kalifornien/USA

Strichfarbe weiß. Mohshärte 2–2½. Dichte 1,68. **Merkmale:** Farbe weiß, farblos, vereinzelt grünlich, rötlich, gelblich. Glasglanz; durchsichtig bis durchscheinend. Spaltbarkeit vollkommen; Bruch muschlig; spröd. Leicht wasserlöslich. Bitter-salziger Geschmack. Kristalle (orthorhombisch) prismatisch, nadlig, haarig, fasrig; selten. **Aggregate:** Fasrig mit Seidenglanz, radialstrahlig, stalaktitisch, körnig, erdig, als Ausblühung, Kruste, Anflug. Vorkommen auf Kalisalzlagern, Erzlagerstätten, als Ausscheidung von Salzseen, in trockenen Steppen. Begleitmineralien sind Anhydritspat, Carnallit, Gipsspat, Halit, Kainit, Kieserit, Sylvin. **Fundorte:** Niedersachsen; Slowakei; Slowenien; Surrey/England; Wyoming, Colorado/USA; Kasachstan; Krim/Ukraine. **Ähnlich:** Kieserit.

Schwefel S. 38, Sepiolith S. 38, Serpentin S. 44, Chrysokoll S. 130

1

2
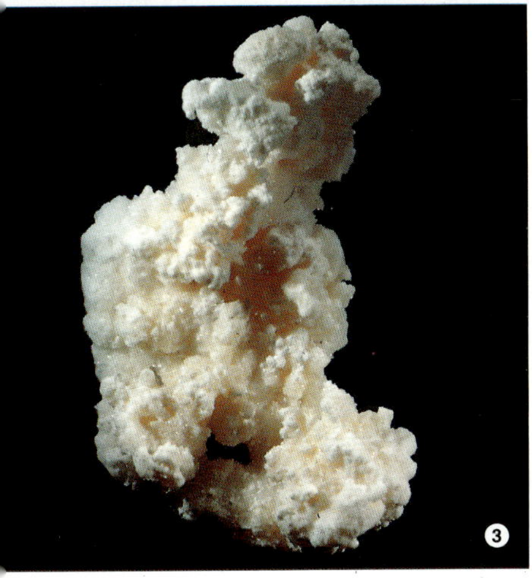
3

4

5

Ozokerit Erdwachs

① Pribram, Böhmen/Tschechien; 1:3

Gemenge von Kohlenwasserstoffen

Strichfarbe weiß, auch braun. Mohshärte 1–2. Dichte 1,1–1,2. **Merkmale:** Farbe gelb bis grünlich, braun bis schwarz. Fettglanz; undurchsichtig. Spaltbarkeit keine; Bruch flachmuschlig bis hakig; knetbar bis spröd. Wachsähnlicher Geruch. Schmilzt zwischen 50 und 100 °C. Keine Kristalle, amorph. **Aggregate:** Derb, fasrig, taflig, traubig. Vorkommen als Imprägnation oder Kluftausfüllung in Sandstein und Schieferton. **Fundorte:** Galizien/Polen; Rumänien; Trinidad; Venezuela.

Mellit Honigstein

② Thüringen; 1:2

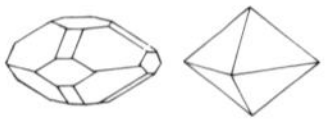

$Al_2[C_{12}O_{12}] \cdot 18\ H_2O$

Strichfarbe weiß. Mohshärte 2–2½. Dichte 1,6. **Merkmale:** Farbe honig- bis wachsgelb, braun und rötlich, selten weiß. Fettiger Glasglanz; durchscheinend. Spaltbarkeit undeutlich; Bruch muschlig; etwas spröd. Blaue Fluoreszenz in kurzwelligem ultraviolettem Licht. In Salpetersäure und Kalilauge löslich. Kristalle (tetragonal) dipyramidal, klein, häufig mit gewölbten, rauhen Flächen; einzeln auf- und eingewachsen; selten. **Aggregate:** Derb, feinkörnig oder knollig, eingesprengt, als Anflug. Vorkommen auf Klüften und Hohlräumen von Braun- und Steinkohle, gelegentlich in Sandstein. Begleiter ist gewöhnlich Kohle. **Fundorte:** Thüringen, Sachsen; Tschechien; Seine/Frankreich; Tula/Rußland. **Ähnlich:** Bernstein.

Kernit

③ Kern Co., Kalifornien/USA

$Na_2[B_4O_6(OH)_2] \cdot 3\ H_2O$

Strichfarbe weiß. Mohshärte 2½–3. Dichte 1,9. **Merkmale:** In frischem Zustand farblos und durchsichtig, gewöhnlich aber weiß und undurchsichtig. Glasglanz bis matt, auf Spaltflächen Seiden- oder Perlmuttglanz. Spaltbarkeit vollkommen; Bruch stenglig, splittrig; spröd. Flammenfärbung gelb. Kristalle (monoklin) säulig, pyramidal, keilförmig, dicktaflig; selten. **Aggregate:** Derb, grobspätig mit fasrigem Gefüge. Vorkommen in plattigen oder unregelmäßigen Massen, in Gängen von Boratlagerstätten. Begleitmineralien sind Borax, Colemanit, Ulexit. **Fundorte:** Kalifornien/USA; Argentinien; Türkei; Katalonien/Spanien. **Ähnlich:** Borax, Sassolin.

Sylvin

④ mit gelblichem Halit; Kern Co., Kalifornien/USA

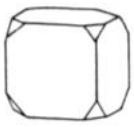

KCl

Strichfarbe weiß. Mohshärte 1½–2. Dichte 1,9–2,0. **Merkmale:** Farblos, grau, weiß, gelblich bis rötlich, selten blau oder violett. Fettartiger Glasglanz; durchsichtig, häufig auch trüb. Spaltbarkeit vollkommen; Bruch uneben; spröd. Bitterer, stechend salziger Geschmack. Flammenfärbung violett. Leicht wasserlöslich; bei Verunreinigung hygroskopisch. Guter Wärmeleiter. Kristalle (kubisch) würflig, oktaedrisch, auf Drusen oder Klüften. **Aggregate:** Körnig, derb, spätig, dicht, selten stenglig. Vorkommen auf Kalisalzlagerstätten, mit Halit gesteinsbildend (Sylvinit), auf Klüften in Halitit und Anhydritstein; selten als vulkanisches Exhalationsprodukt oder als Bodenausblühung in Wüsten und Steppen. Begleitmineralien sind Halit, Gips- und Anhydritspat, Carnallit, Polyhalit, Kieserit, Kainit. **Fundorte:** Niedersachsen, Baden, östliches Harzvorland; Galizien/Polen; Uralvorland/Rußland; Elsaß/Frankreich; Ätna, Vesuv/Italien; Saskatchewan/Kanada; Neu-Mexiko, Texas/USA; Chile; Peru; Indien. **Ähnlich:** Halit, Anhydritspat.

1

2

3

4

Carnallit

$KMgCl_3 \cdot 6\ H_2O$

① Hattorf, Philippsthal/Hessen
② Röblingen/Halle; 1 : ½

Strichfarbe weiß. Mohshärte 1–2. Dichte 1,6. **Merkmale:** Farbe gelb bis braun, rötlich, selten weiß, farblos oder blau. Speckiger Glas- bis Fettglanz, meist mit metallischem Schiller, an der Luft bald stumpf wirkend; durchsichtig bis durchscheinend. Spaltbarkeit keine; Bruch muschlig; spröd. Stark hygroskopisch. In Wasser bei knisterndem Geräusch leicht löslich. Meist starke Fluoreszenz. Beißender, bitterer Geschmack. Kristalle (orthorhombisch) pseudohexagonal, tonnenförmig, dicktaflig, eingesprengt oder auf Klüften; selten. **Aggregate:** Derb, körnig, zuweilen fasrig. Vorkommen auf Kalisalzlagerstätten, gesteinsbildend in Carnallitit; als Konkretion und rezente Bildung in Salzseen. Begleitmineralien sind Anhydritspat, Halit, Kainit, Kieserit, Sylvin, Boracit, Polyhalit. **Fundorte:** Niedersachsen, Hessen, Magdeburg, Halle, Erfurt; Galizien/Polen, Katalonien/Spanien; Uralvorland/Rußland; Iran; Libyen; Saskatchewan/Kanada; Neu-Mexiko, Texas, Utah/USA. **Ähnlich:** Halit, Kainit.

Aluminit

$Al_2[(OH)_4 | SO_4] \cdot 7\ H_2O$

③ More/Halle; 1 : 2

Strichfarbe weiß. Mohshärte 1–2. Dichte 1,6–1,8. **Merkmale:** Farbe weiß bis gelblich, grau. Matt schimmernd; durchscheinend bis undurchsichtig. Spaltbarkeit undeutlich; Bruch bei Aggregaten erdig; mild, leicht zerreiblich. In Säure löslich: Kristalle (orthorhombisch oder monoklin) nicht zu erkennen. **Aggregate:** Traubig, nierig, knollig, erdig, feinschuppig, gelegentlich sphärolithisch. Vorkommen auf Schichtflächen von Tonen, Sand- und Gipsstein, auf Kohleflözen. **Fundorte:** Sachsen; Böhmen/Tschechien; Sussex/England; Pariser Becken/Frankreich; Pandschab/Pakistan; Colorado, Missouri, Utah/USA. **Ähnlich:** Alunit.

Soda Natrit, Natron

$Na_2CO_3 \cdot 10\ H_2O$

④ Kasachstan; 1 : ½

Strichfarbe weiß. Mohshärte 1–1½. Dichte 1,42–1,47. **Merkmale:** Farblos, grauweiß, gelblich. Glasglanz, matt; durchsichtig bis durchscheinend. Spaltbarkeit gut; Bruch muschlig, erdig; mild. Flammenfärbung gelb. Schmilzt bei 32 °C. Leicht wasserlöslich. Größere natürliche Kristalle (monoklin) unbekannt. **Aggregate:** Körnig, stenglig, nadlig, als Krusten und Überzüge. Vorkommen in Salzseen, als Bodenausblühung in ariden Gebieten, als vulkanisches Exhalationsprodukt. **Fundorte:** Ätna, Vesuv/Italien; Ungarn; Armenien, Kasachstan; Ägypten; Tansania, Gobi/Mongolei; Tibet/China; Kalifornien, Nevada/USA. **Ähnlich:** Borax, Colemanit.

Struvit

$(NH_4)Mg[PO_4] \cdot 6\ H_2O$

⑤ Hamburg

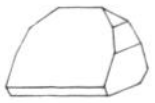

Strichfarbe weiß. Mohshärte 1½–2. Dichte 1,7. **Merkmale:** Farbe gelb oder bräunlich, selten farblos, durch Dehydration weiß. Glasglanz, nach Dehydration trüb; durchsichtig bis durchscheinend. Spaltbarkeit gut; Bruch uneben; mild. Stark pyro- und piezoelektrisch. Kristalle (orthorhombisch) kurzprismatisch, keilförmig, auch dicktaflig; eingewachsen. **Aggregate:** Vorkommen in jungen Sedimenten mit hohem Anteil organischer Substanzen, in Guano, Dünger-gruben und Kanälen. **Fundorte:** Hamburg; Limfjord/Dänemark; Victoria/Australien; Kapland/Südafrika; Réunion/Indischer Ozean.

1

2

3

4

5

Bernstein Succinit

① Palmnicken, Ostpreußen/Rußland; 1:2

Etwa $C_{10}H_{16}O$

Strichfarbe weiß. Mohshärte 2–2½. Dichte 1,05–1,30. **Merkmale:** Farbe hellgelb bis braun, auch rot, nahezu farblos, grün, blau, schwarz; gelegentlich wolkig oder geflammt. Fett-, Harzglanz; durchsichtig bis undurchsichtig, gewöhnlich trüb. Spaltbarkeit keine. Bruch muschlig; spröd. Lädt sich beim Reiben elektrisch auf und zieht dann kleine Partikel an. Mit Streichholz entzündbar, beim Brennen harziger Geruch. Schwimmt auf Salzlösung. Keine Kristalle, amorph. Gemenge fossiler Harze von Nadelbäumen. **Aggregate:** Knollenförmig, stalaktitisch, plattig, abgerollt. Mitunter Einschlüsse von Insekten und Pflanzenteilen. Vorkommen in Tongestein und als Strandablagerung. **Fundorte:** Ostpreußen/Rußland; Sizilien/Italien; Rumänien; Birma; Kanada; Atlantikküste/USA; Dominikanische Republik. **Ähnlich:** Harze, Kunststoffe, gelbes Glas, Preßbernstein (Ambroid), Mellit.

Gaylussit

② Amboseli-See/Kenia; 1:2

$CaNa_2[CO_3]_2 \cdot 5\,H_2O$

Strichfarbe weiß. Mohshärte 2½–3. Dichte 1,99. **Merkmale:** Farbe weiß, farblos, grau, gelblich. Matter Glasglanz; durchsichtig bis durchscheinend. Spaltbarkeit gut; Bruch muschlig; spröd. Leicht wasserlöslich. Kristalle (monoklin) flach, keilförmig gestreckt, oktaederähnlich, Flächen meist rauh. **Aggregate:** Derb, körnig, eingesprengt. Vorkommen in Salzseen, in Wüstensanden oder salzdurchtränkten Böden (z. B. Marschböden). **Fundorte:** Kalifornien, Wyoming, Nevada/USA; Venezuela; Gobi/Mongolei; Madrid/Spanien.

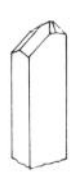

Halotrichit Eisenalaun

③ Colorado/USA; 1:4

$FeAl_2[SO_4]_4 \cdot 22\,H_2O$

Strichfarbe weiß. Mohshärte 1½. Dichte 1,73–1,79. **Merkmale:** Farbe weiß, farblos, gräulich, auch grünlich, gelblich. Glas- bis Seidenglanz; durchscheinend. Spaltbarkeit undeutlich. Bruch fasrig; spröd. Leicht wasserlöslich. Scharfer Geschmack. Kristalle (monoklin) nadlig, fasrig. **Aggregate:** Haarförmig, feinnadlig, erdig. Vorkommen auf Braunkohlen- und Erzlagerstätten, auf pyrithaltigen Schiefern, als Fumarolenbildung. **Fundorte:** Rheinland; Slowakei; Kampanien/Italien; Ural/Rußland; Iran; Chile; Kalifornien, Neu-Mexiko, Utah/USA.

Ulexit Boronatrocalcit

④ Boron, Kalifornien/USA
⑤ Ihn, Hemmersdorf/Saarland

$NaCa[B_5O_6(OH)_6] \cdot 5\,H_2O$

Strichfarbe weiß. Mohshärte 1–2½. Dichte 1,96. **Merkmale:** Kristalle farblos mit Glasglanz, fasrige Aggregate weiß mit schillerndem Seidenglanz, sonst matt; durchsichtig bis durchscheinend. Spaltbarkeit vollkommen; Bruch fasrig; mild. Flammenfärbung gelb. In warmem Wasser löslich. Kristalle (triklin) nadlig, blättrig, kurzprismatisch; sehr selten und sehr klein. **Aggregate:** Watteähnlich-knollig, feinstfasrig, krustig, erdig. Parallelfasrige Aggregate zeigen Lichtleitereffekt (Fernseh- oder Televisionsstein). Vorkommen auf terrestrischen Salzlagerstätten, selten als Absatz vulkanischer Quellen. Begleitmineralien sind Gips- und Anhydritspat, Glauberit, Halit, Borax, Trona, Colemanit, Calcit. **Fundorte:** Toskana/Italien; Kasachstan; Kalifornien, Nevada/USA; Atacama/Chile; Argentinien; Peru. **Ähnlich:** Colemanit, Datolith.

1

2

3

4

5

Strichfarbe

weiß und farblos

Mohshärte 1 – 2 – 3 – 4 – 5 – 6 – 7 – 8 – 9 – 10

Dichte 1 – 2 – 3 – 4 – 5 – 6 – 7

Gipsspat

$CaSO_4 \cdot 2\,H_2O$

Gips, Selenit

① Toskana/Italien
② Thüringen
③ Sahara/Tunesien
④ Valencia/Spanien; 1:2

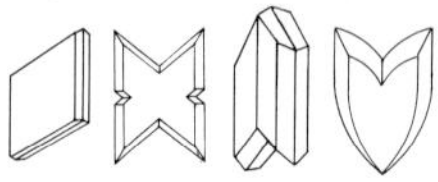

Strichfarbe weiß. Mohshärte 1½–2. Dichte 2,2–2,4. **Merkmale:** Farblos, weiß, viele Farbtönungen. Glasglanz, auf Spaltflächen Perlmuttglanz, fasrige Aggregate mit Seidenglanz; durchsichtig bis undurchsichtig. Spaltbarkeit vollkommen; Bruch muschlig, fasrig; mild bis spröd, unelastisch biegsam. Schlechter Wärmeleiter. Wird durch Flamme trüb. Mitunter Fluoreszenz und Phosphoreszenz in ultraviolettem Licht. Kristalle (monoklin) prismatisch, taflig, linsenförmig; ein- und aufgewachsen; häufig Zwillinge und Pseudomorphosen. **Aggregate:** Derb, körnig, parallelfasrig (Fasergips), schuppig (Schaumgips), dicht (Alabaster), rosettenartig (Wüsten-, Gips- oder Sandrose), mit stark verbogenen Schichten (Schlangengips), mitunter durch Bitumen verunreinigt (Stinkgips); gesteinsbildend (Gipsstein). Blättrige, durchsichtige Spaltteile heißen Fraueneis oder Marienglas. Vorkommen in Salzseen, auf Salz- und Erzlagerstätten, als Konkretion in Tongestein, Ausblühung in Wüsten, als Anflug in alten Bergbauen. Begleitmineralien sind Anhydritspat, Halit, Aragonit, Dolomitspat, Boracit, Schwefel. **Fundorte:** Harz, Thüringen; Tirol/Österreich; Elsaß, Pariser Becken/Frankreich; Tunesien; Marokko; Usbekistan; westliches Uralvorland/Rußland; Utah, Neu-Mexiko/USA; Mexiko; Chile. **Ähnlich:** Anhydritspat, Gipsspat, Calcit, Marmor, Talk, Muskovit, Brucit, Glauberit, Coelestin.

Artinit

$Mg_2[(OH)_2 | CO_3] \cdot 3\,H_2O$

⑤ San Benito Co., Kalifornien/USA

Strichfarbe weiß. Mohshärte 2½. Dichte 2,03. **Merkmale:** Farbe weiß, gräulich, selten farblos. Glasglanz bei Kristallen, Seidenglanz bei fasrigen Aggregaten; durchsichtig. Spaltbarkeit vollkommen; Bruch fasrig; spröd. In kalter Salzsäure unter Aufbrausen löslich. Kristalle (monoklin) nadlig bis dünntaflig; stets aufgewachsen. **Aggregate:** Feinfasrige, radialstrahlige Büschel, auch krustig und in feinfasrigen Massen. Vorkommen auf Klüften zersetzter Serpentinite und serpentinisierter Peridotite. Begleitmineralien sind Hydromagnesit, Aktinolith, Aragonit, Brucit, Dolomitspat, Natrolith, Serpentin. **Fundorte:** Steiermark/Österreich; Lombardei/Italien; Kalifornien, New Jersey, Nevada/USA. **Ähnlich:** Hydromagnesit, Aktinolith, Aragonit, Natrolith.

Brucit

$Mg(OH)_2$

⑥ Pennsylvania/USA

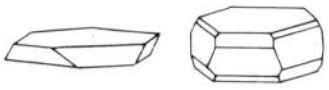

Strichfarbe weiß. Mohshärte 2½. Dichte 2,4. **Merkmale:** Farblos, weiß, grau, grünlich, bläulich, gelb bis braun. Glasglanz, auf Spaltflächen Perlmuttglanz; durchsichtig bis durchscheinend. Spaltbarkeit vollkommen; Bruch schuppig; mild, biegsam. Fühlt sich fettig an. In Säure leicht löslich. Kristalle (trigonal) taflig, spitzpyramidal; selten. **Aggregate:** Derb, blättrig, schuppig, feinfasrig, körnig. Vorkommen auf Gängen und Klüften von Serpentingestein, Marmor, chloritischen und dolomitischen Schiefergesteinen. Begleitmineralien sind Hydromagnesit, Aragonit, Calcit, Chlorit, Dolomitspat, Magnesit, Periklas, Serpentin, Talk. **Fundorte:** Steiermark/Österreich; Trient/Italien; Schweden; Quebec/Kanada; Kalifornien, Nevada, Pennsylvania/USA; Ural/Rußland. **Ähnlich:** Alunit, Chlorit, Gibbsit, Gipsspat, Pyrophyllit, Talk, Muskovit.

Pharmakolith S. 42, Serpentin S. 44, Gibbsit S. 58

1

2

3

4

5

6

Halit Steinsalz
$NaCl$

① Heringen/Hessen; 1:2

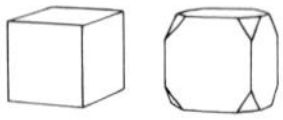

Strichfarbe weiß. Mohshärte 2. Dichte 2,1–2,2. **Merkmale:** Farblos bis weiß, rötlich, gelb, blau, grau bis schwarz. Glasglanz; durchsichtig bis undurchsichtig. Spaltbarkeit vollkommen; Bruch muschlig; etwas spröd. Sehr guter Wärmeleiter. Flammenfärbung gelb. Salziger Geschmack. Leicht wasserlöslich; hygroskopisch bei Verunreinigung. Kristalle (kubisch) würflig, selten oktaedrisch; meist aufgewachsen. **Aggregate:** Derb, körnig, fasrig, dicht, krustig. Vorkommen auf Drusen und Klüften, als Ausblühung, als vulkanisches Sublimationsprodukt, gesteinsbildend (Steinsalz oder Halitit). Begleitmineralien sind Anhydritspat, Sylvin, Polyhalit, Carnallit, Kainit, Kieserit, Gipsspat. **Fundorte:** Niedersachsen, Magdeburg; Salzkammergut/Österreich; Elsaß/Frankreich; Kasachstan; Türkei; Iran; Utah, Kalifornien, Südstaaten/USA. **Ähnlich:** Sylvin, Carnallit, Fluorit, Boracit.

Trona
$Na_3H[CO_3]_2 \cdot 2\,H_2O$

② Kalifornien/USA; 1:2

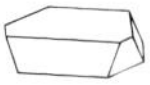

Strichfarbe weiß. Mohshärte 2½–3. Dichte 2,1–2,2. **Merkmale:** Farblos, weiß, gräulich, gelb, bräunlich. Glas- bis Seidenglanz, matt; durchsichtig bis durchscheinend. Spaltbarkeit vollkommen; Bruch muschlig bis uneben; spröd. In Salzsäure löslich. Kristalle (monoklin) taflig, prismatisch. **Aggregate:** Körnige, stenglige Krusten, Ausblühungen, auch lagig. Vorkommen in Natronseen, auf Wüstenböden, in Lavahohlräumen. Begleitmineralien sind Borax, Soda, Hanksit, Thenardit, Glauberit. **Fundorte:** Ägypten; Libyen; Kenia; Wyoming, Kalifornien/USA; Venezuela; Iran; Tibet/China; Mandschurei. **Ähnlich:** Borax.

Kainit
$KMg[Cl|SO_4] \cdot 3\,H_2O$

③ Buggingen, Freiburg/Baden; 1:½

Strichfarbe weiß. Mohshärte 2½–3. Dichte 2,1–2,2. **Merkmale:** Farblos bis weiß, rot, gelblich, grau, blau. Glasglanz; durchscheinend. Spaltbarkeit vollkommen; Bruch splittrig; spröd. Leicht wasserlöslich. Flammenfärbung orangegelb. Bitter-salziger Geschmack. Kristalle (monoklin) dicktaflig, pyramidenförmig; selten. **Aggregate:** Derb, fein- oder zuckerkörnig, dicht, fasrig. Mit Halit gesteinsbildend (Kainitit). Vorkommen auf Salzlagerstätten. Begleitmineralien sind Sylvin, Halit, Carnallit, Kieserit, Polyhalit, Anhydritspat. **Fundorte:** Niedersachsen, Hessen, Magdeburg; Galizien/Polen; Ukraine; Neu-Mexiko, Texas/USA. **Ähnlich:** Carnallit, Kieserit.

Palygorskit
$(Mg,Al)_2[OH|Si_4O_{10}] \cdot 2\,H_2O + 2\,H_2O$

④ Hüttenberg, Kärnten/Österreich

Strichfarbe weiß. Mohshärte 2–2½. Dichte 2,1–2,3. **Merkmale:** Farbe weiß, grau, gelblich, bräunlich. Glas-, Seidenglanz, matt; durchscheinend bis undurchsichtig. Spaltbarkeit gut; Bruch nicht bestimmbar. In dünnen Lagen biegsam; hohe Porosität. Kristalle (monoklin oder orthorhombisch) mikroskopisch klein. **Aggregate:** Feinfasrig, feinkörnig, filzig (sog. Bergleder, Bergkork, Bergholz ist verfilzter P., Chrysotil-Asbest oder Aktinolith). Vorkommen in Nestern und Lagen von verwittertem Serpentin- oder Granitgestein. Begleitmineralien sind Calcit, Baryt, Chalcedon, Opal, Chlorit, Magnesit. **Fundorte:** Wallis/Schweiz; Slowakei; Shetlandinseln/Schottland; Ukraine; Marokko; Georgia/USA. **Ähnlich:** Sepiolith, Chrysotil.

Chrysokoll S. 130, Chalkanthit S. 206

1

2

3

4

Strichfarbe

weiß und farblos

Mohshärte 1 2 3 4 5 6 7 8 9 10

Dichte 1 2 3 4 5 6 7

Schwefel

① mit Calcit; Sizilien/Italien

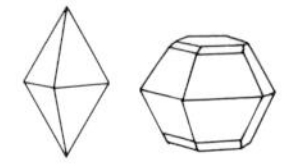

S

Strichfarbe weiß. Mohshärte 2. Dichte 2,0–2,1. **Merkmale:** Farbe gelb, braunschwarz. Diamantglanz, auf Bruchflächen Harz- bis Fettglanz; durchscheinend. Spaltbarkeit undeutlich; Bruch muschlig bis uneben; sehr spröd. Starke Doppelbrechung. Lädt sich durch Reiben negativ auf. Schmilzt bei Streichholzflamme. Zerspringt bei Erwärmen in der Hand. In Schwefelkohlenstoff löslich. Kristalle (orthorhombisch) dipyramidal, taflig; aufgewachsen. **Aggregate:** Derb, körnig, fasrig, erdig, pulvrig, dicht, stalaktitisch, als Anflug und Imprägnation. Vorkommen als vulkanisches Exhalationsprodukt, bei Thermen, in Salzlagerstätten, auf Erz- sowie Kohlenlagern. Begleitmineralien sind Calcit, Gipsspat, Anhydritspat, Coelestin, Aragonit, Halit. **Fundorte:** Liparische Inseln, Sizilien/Italien; Japan; Indonesien; Ukraine; Mittelasien; Texas, Louisiana/USA; Mexiko. **Ähnlich:** Realgar, Zinkblende, Wulfenit, Auripigment, Uranophan.

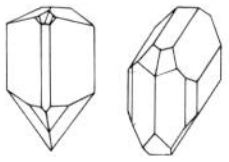

Whewellit

② Burgk/Dresden

$Ca[C_2O_4] \cdot H_2O$

Strichfarbe weiß. Mohshärte 2⅓–3. Dichte 2,2. **Merkmale:** Farblos, weiß, gelblich. Glas- bis Perlmuttglanz; durchsichtig bis durchscheinend. Spaltbarkeit vollkommen; Bruch muschlig. In Säure löslich. Kristalle (monoklin) säulig, taflig, flächenreich; häufig Zwillinge. **Aggregate:** Sternförmig, als Kristallrasen. Vorkommen in Gesteinsklüften und als Konkretion nahe Kohle- und Erdöllagerstätten, auf Erzlagern. Begleitmineralien sind Baryt, Calcit, Siderit, Ankerit, Pyrit, Markasit, Magnetkies. **Fundorte**: Sachsen; Böhmen/Tschechien; Elsaß/Frankreich; Toskana, Sardinien/Italien; Rumänien; Kubangebiet, Transbaikalien/Rußland; Utah, Ohio/USA. **Ähnlich:** Baryt.

Nitronatrit Natronsalpeter, Chilesalpeter

③ Chile; 1:10

$NaNO_3$

Strichfarbe weiß. Mohshärte 1½–2. Dichte 2,2–2,3. **Merkmale:** Farblos, weiß, auch grau, gelb, bräunlich, rötlich. Glasglanz bis matt; durchscheinend. Spaltbarkeit vollkommen; Bruch muschlig; spröd. Bitter-salziger, kühlender Geschmack. Flammenfärbung gelb. Leicht wasserlöslich, etwas hygroskopisch. Kristalle (trigonal) rhomboedrisch; sehr selten; häufig Zwillinge. **Aggregate:** Derb, feinkörnig. Vorkommen in Chile lagerstättenbildend, sonst als Krusten und Ausblühung. Begleitmineralien sind Halit, Glauberit, Epsomit, Gipsspat, Anhydritspat. **Fundorte:** Chile; Bolivien; Peru; Ägypten; Indien; Kasachstan; Kalifornien/USA. **Ähnlich:** Calcit.

Sepiolith Meerschaum

④ Eskishehir/Türkei

$Mg_4[(OH)_2 | Si_6O_{15}] \cdot 2\ H_2O + 4\ H_2O$

Strichfarbe weiß. Mohshärte 2–2½. Dichte 2,0–2,1. **Merkmale:** Farbe weiß, grau, gelblich, blaugrün, rötlich. Matt; undurchsichtig. Spaltbarkeit vollkommen; Bruch muschlig; mild. Im bergfeuchten Zustand weich, getrocknet härter. Fühlt sich seifig an. Klebt an der Zunge. Schwimmt auf dem Wasser. In Salzsäure löslich. Kristalle (orthorhombisch) mikroskopisch klein. **Aggregate:** Derb, knollig, feinerdig. Vorkommen als Konkretion in Serpentingestein. Begleitmineralien sind Magnesit, Chlorit, Chalcedon, Opal. **Fundorte:** Anatolien/Türkei; Samos/Griechenland; Madrid/Spanien; Marokko; Tansania; Kenia; Krim/Ukraine; Texas, Neu-Mexiko/USA. **Ähnlich:** Palygorskit.

1

2

3

4

Paragonit Natronglimmer

① mit blauem Kyanit; 1:2

$NaAl_2[(OH,F)_2 | AlSi_3O_{10}]$

Strichfarbe weiß. Mohshärte 2–2½. Dichte 2,8–2,9. **Merkmale:** Farbe weiß, hellgrün, auch farblos, gelblich. Perlmuttglanz; durchsichtig bis durchscheinend. Spaltbarkeit vollkommen; Bruch blättrig; elastisch biegsam. Kristalle (monoklin) unbekannt. **Aggregate:** Feinschuppig bis dicht, eingesprengte Blättchen. Vorkommen in Glimmerschiefer, Gneis, Quarzgängen, feinkörnigen Sedimentiten. In Paragonitschiefer gesteinsbildend. Begleitmineralien sind Staurolith, Kyanit, Aktinolith, Muskovit, Biotit, Quarz, Grammatit. **Fundorte:** Tessin/Schweiz; Tirol/Österreich; Piemont/Italien; Ural/Rußland; Colorado, Vermont, Virginia/USA. **Ähnlich:** Sericit.

Zinnwaldit Lithiumeisenglimmer

② Zinnwald/Erzgebirge

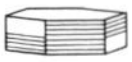

$KLiFeAl[(F,OH)_2 | AlSi_3O_{10}]$

Strichfarbe weiß. Mohshärte 2–3. Dichte 2,9–3,2. **Merkmale:** Farbe gelblich bis braun, grau, auch violett, grün, schwarz. Glasglanz, auf Spaltflächen Perlmuttglanz; durchscheinend bis undurchsichtig. Spaltbarkeit vollkommen; Bruch blättrig; elastisch biegsam. In Säure löslich. Flammenfärbung rot. Kristalle (monoklin) taflig mit sechsseitigem Umriß, selten kurzprismatisch. **Aggregate:** Blättrig, schuppig. Vorkommen in Granit, Granitpegmatit, Greisen, auf Zinnerzlagerstätten. Begleitmineralien sind Scheelit, Wolframit, Topas, Fluorit, Quarz. **Fundorte:** Bayerischer Wald, Sachsen; Böhmen/Tschechien; Cornwall/England; Virginia/USA. **Ähnlich:** Lepidolith.

Lepidolith Lithiumglimmer

③ Minas Gerais/Brasilien

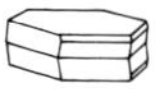

$KLi_2Al[(F,OH)_2 | Si_4O_{10}]$

Strichfarbe weiß. Mohshärte 2–3. Dichte 2,8–2,9. **Merkmale:** Farbe rosa bis blaßviolett, seltener weiß, grau, gelb, grünlich. Glasglanz, auf Spaltflächen Perlmuttglanz; durchsichtig bis durchscheinend. Spaltbarkeit vollkommen; Bruch blättrig; elastisch biegsam. Flammenfärbung karmesinrot. Kristalle (monoklin) taflig mit sechsseitigem Umriß; selten. **Aggregate:** Schuppig, blättrig, feinkörnig, taflig. Vorkommen in Granitpegmatit, granitischen Gängen, in Geoden zersetzter Granite, auf Zinnerzlagerstätten. Begleitmineralien sind Turmalin, Topas, Spodumen, Amblygonit, Feldspäte, Quarz, Muskovit, Beryll, Kassiterit, Fluorit. **Fundorte:** Sachsen; Mähren; Elba/Italien; Schweden; Ural/Rußland; Kalifornien, Maine/USA; Quebec/Kanada; Madagaskar, Namibia. **Ähnlich:** Zinnwaldit, Muskovit.

Phlogopit

④ Templeton, Ontario/Kanada

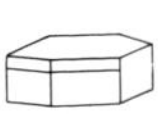

$KMg_3[(F,OH)_2 | AlSi_3O_{10}]$

Strichfarbe weiß. Mohshärte 2–2½. Dichte 2,75–2,97. **Merkmale:** Farbe rotbraun bis braunrot, gelblich, grün, auch grau, weiß, farblos. Glasglanz, auf Spaltflächen Perlmuttglanz; durchsichtig bis durchscheinend. Spaltbarkeit vollkommen; Bruch blättrig; elastisch biegsam. Oft Asterismus. Von Schwefelsäure zersetzbar. Kristalle (monoklin) taflig mit sechsseitigem Umriß, seltener prismatisch. **Aggregate:** Blättrig, schuppig, derb. Vorkommen in ultrabasischen Magmatiten, Pegmatiten, Marmor. Begleitmineralien sind Diopsid, Skapolith, Apatit, Feldspäte, Granat, Wollastonit, Forsterit, Spinell, Graphit, Calcit. **Fundorte:** Tessin/Schweiz; Schweden; Finnland; Italien; Baikalgebiet/Rußland; Ontario/Kanada; Kalifornien, Colorado/USA; Madagaskar; Südafrika. **Ähnlich:** Biotit, Muskovit, Diaspor, Astrophyllit.

Biotit S. 46, Muskovit S. 46, Kämmererit S. 64, Vivianit S. 206

1

2

3

4

Glauberit

① Boron, Kalifornien/USA

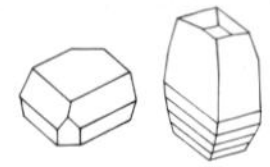

$CaNa_2[SO_4]_2$

Strichfarbe weiß. Mohshärte 2½–3. Dichte 2,7–2,8. **Merkmale:** Farbe grau, farblos, weiß, gelblich, rot. Glas- bis Fettglanz, auf Spaltflächen Perlmuttglanz; durchsichtig bis durchscheinend. Spaltbarkeit vollkommen; Bruch muschlig; spröd. Flammenfärbung gelb. An der Luft mehlige Rinde. In Wasser und Salzsäure löslich. Salzig-bitterer Geschmack. Kristalle (monoklin) taflig, prismatisch, dipyramidal. **Aggregate:** Körnig, dicht, erdig, blättrig, krustig, lagig. Vorkommen auf Salzlagerstätten, Nitratlagern, in Hohlräumen dunkler Vulkanite, als Fumarolenabsatz. Begleitmineralien sind Halit, Gipsspat, Anhydritspat, Sylvin, Polyhalit, Thenardit, Sassolin, Nitronatrit. **Fundorte:** Niedersachsen, Magdeburg; Salzburg/Österreich; Lothringen/Frankreich; Liparische Inseln/Italien; Indien; Ukraine; Kalifornien, Arizona/USA. **Ähnlich:** Gipsspat, Thenardit.

Pharmakolith

② Richelsdorf/Hessen

$CaH[AsO_4] \cdot 2\ H_2O$

Strichfarbe weiß. Mohshärte 2–2½. Dichte 2,5–2,7. **Merkmale:** Farbe weiß, grau, farblos, grünlich, rötlich. Glasglanz, Seidenglanz; durchsichtig bis durchscheinend. Spaltbarkeit vollkommen; Bruch uneben. Kristalle (monoklin) nadlig. **Aggregate:** Radialstrahlig, traubig, als Ausblühung oder Anflug. Vorkommen auf Arsenerzen. Begleitmineralien sind Erythrin, Skutterudit, Nickelin, Chloanthit, Annabergit. **Fundorte:** Schwarzwald, Harz; Böhmen/Tschechien; Elsaß/Frankreich; Kalifornien, Nevada/USA. **Ähnlich:** Arsenolith.

Talk

③ Futu-Paß, Florenz/Italien

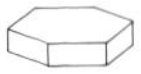

$Mg_3[(OH)_2 | Si_4O_{10}]$

Strichfarbe weiß. Mohshärte 1. Dichte 2,7–2,8. **Merkmale:** Farbe grün, gelb, bräunlich, weiß, farblos. Perlmutt-, Fettglanz; durchsichtig bis undurchsichtig. Spaltbarkeit vollkommen; Bruch uneben, splittrig; unelastisch biegsam. Schlechter Wärmeleiter. Fühlt sich fettig an. Kristalle (monoklin) sehr klein, pseudohexagonal oder rhombenförmig; Pseudomorphosen. **Aggregate:** Schuppig blättrig, schalig, dicht (Speckstein oder Steatit). Vorkommen in Kalk-, Dolomitstein, Metamorphiten, gesteinsbildend als Talkschiefer. Begleitmineralien sind Magnesit, Serpentin, Dolomitspat, Chlorit, Apatit, Magnetit, Pyrit, Quarz. **Fundorte:** Fichtelgebirge, Sachsen; Piemont/Italien; Transvaal/Südafrika; Madras/Indien; Kalifornien, Arizona/USA. **Ähnlich:** Pyrophyllit, Brucit, Muskovit, Biotit, Gipsspat, Chlorit, Serpentin.

Kryolith Eisstein

④ mit Bleiglanz; Ivigtut/Grönland
⑤ Ivigtut/Grönland

$Na_3[AlF_6]$

Strichfarbe weiß, Mohshärte 2½–3. Dichte 2,95. **Merkmale:** Farbe weiß, farblos, bräunlich, rötlich, grau bis schwarz. Glasglanz; durchscheinend. Spaltbarkeit keine; Bruch uneben. Flammenfärbung rötlichgelb. In Schwefelsäure leicht löslich. Kristalle (monoklin) würflig, kurzsäulig; eingewachsen; gewöhnlich Zwillinge. **Aggregate:** Derb mit flach liegenden, parkettartigen Kristallen, spätig, grobkörnig bis dicht. Vorkommen in Pegmatiten, Nebengemengteil in Granit. Begleitmineralien sind Siderit, Quarz, Fluorit, Baryt, Bleiglanz, Topas, Zirkon, Pyrit, Zinkblende, Kupferkies, Kassiterit, Wolframit, Columbit. **Fundorte:** Westgrönland; Colorado/USA; Ural/Rußland; Nigeria. **Ähnlich:** Fluorit, Baryt, Topas, Anhydritspat.

1

2

3

4

5

Serpentin

$Mg_6[(OH)_8 | Si_4O_{10}]$

① Chrysotil; Quebec/Kanada
② Antigorit; Norwegen

Strichfarbe weiß. Mohshärte 2½–4. Dichte 2,0–2,6. **Merkmale:** Farbe grün, grau bis schwarz, weiß, bräunlich. Fett- bis Seidenglanz, matt; durchscheinend bis undurchsichtig. Spaltbarkeit vollkommen; Bruch muschlig, splittrig; mild, Blättchen unelastisch biegsam. In Salz- und Schwefelsäure löslich. Kristalle (monoklin) nicht bekannt. Varietät Chrysotil (Faserserpentin) fasrig; Varietät Antigorit (Blätterserpentin) dicht und feinschuppig. Pseudomorphosen. **Aggregate:** Feinkörnig, dicht, schuppig, fasrig, krustig. Sog. Bergleder (Bergholz, Bergkork) ist manchmal verfilzter Chrysotil. Vorkommen in Gängen von Schiefer-, Kalkgestein und Marmor, gesteinsbildend als Serpentinit. Begleitmineralien sind Chlorit, Olivin, Chromit, Magnetit, Dolomitspat, Talk, Quarz, Opal. **Fundorte:** Fichtelgebirge, Thüringen, Sachsen; Tirol/Österreich; Ural/Rußland; Quebec/Kanada; Südafrika; Simbabwe. **Ähnlich:** Palygorskit, Chlorit, Talk, Tremolit, Aktinolith, Garnierit.

Annabergit Nickelblüte

$Ni_3[AsO_4]_2 \cdot 8\ H_2O$

③ Laurion/Griechenland; 1:10

Strichfarbe weiß, grünlich, bläulich. Mohshärte 2. Dichte 3,0–3,1. **Merkmale:** Farbe grün, weiß, grau. Glasglanz, matt; durchsichtig bis undurchsichtig. Spaltbarkeit vollkommen; Bruch blättrig; mild, in dünnen Blättchen biegsam. In Säure löslich. Kristalle (monoklin) prismatisch, taflig, nadlig, schuppig; selten. **Aggregate:** Derb, dicht, erdig, krustig. Vorkommen in Nickellagerstätten. Begleitmineralien sind Chloanthit, Nickelin, Erythrin, Pharmakolith, Proustit, Siderit, Baryt, Calcit. **Fundorte:** Siegerland, Hessen, Harz, Sachsen; Dauphiné/Frankreich; Sardinien/Italien; Spanien; Ontario/Kanada; Nevada/USA. **Ähnlich:** Malachit, Chrysokoll.

Thenardit

Na_2SO_4

④ San Luis, Kalifornien/USA

Strichfarbe weiß. Mohshärte 2½–3. Dichte 2,7. **Merkmale:** Farblos, grau, bräunlich, rötlich. Glas-, Harzglanz; durchsichtig bis durchscheinend. Spaltbarkeit vollkommen. Bruch uneben; spröd. Leicht wasserlöslich. Flammenfärbung gelb. Salziger Geschmack. Kristalle (orthorhombisch) dipyramidal, taflig; häufig Zwillinge. **Aggregate:** Körnig, erdig, als Kruste und Ausblühung. Vorkommen in Salzseen und Wüsten, in terrestrischen Salzlagerstätten, als vulkanisches Exhalationsprodukt. Begleitmineralien sind Glauberit, Gipsspat, Epsomit, Halit, Soda, Nitronatrit, Ulexit. **Fundorte:** Sizilien/Italien; Kasachstan; Kalifornien, Arizona/USA; Chile; Peru. **Ähnlich:** Glauberit.

Pyrophyllit

$Al_2[(OH)_2 | Si_4O_{10}]$

⑤ Indian Gulch, Kalifornien/USA

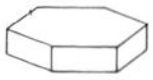

Strichfarbe weiß. Mohshärte 1–1½. Dichte 2,7–2,9. **Merkmale:** Farbe weiß, gelb, grün. Perlmuttglanz, matt; durchscheinend bis undurchsichtig. Spaltbarkeit vollkommen; Bruch uneben; mild, biegsam. Fühlt sich fettig an. Kristalle (monoklin) taflig, blättrig; niemals einzeln. **Aggregate:** Strahlig, schuppig, derb, dicht. Vorkommen in Schiefern, auf Quarz- und Erzgängen, in Hohlräumen dunkler Vulkanite. Begleitmineralien sind Quarz, Kyanit, Sillimanit, Amblygonit, Andalusit, Kassiterit, Glimmer, Hämatit, Lazulith. **Fundorte:** Eifel, Sachsen; Schweiz; Ural/Rußland; Kalifornien, Georgia/USA; Brasilien; Südafrika. **Ähnlich:** Talk, Brucit, Margarit, Jadeit.

1

2

3

4

5

Hydrozinkit Zinkblüte

① Yazd/Iran; 1:2

$Zn_5[(OH)_3|CO_3]_2$

Strichfarbe weiß. Mohshärte 2–2½. Dichte 3,2–3,8. **Merkmale:** Farbe weiß, grau, rosa, farblos. Glas- bis Seidenglanz, matt; durchscheinend bis undurchsichtig. Spaltbarkeit vollkommen; Bruch erdig; spröd. In Salzsäure leicht löslich. Hellblaue Fluoreszenz in ultraviolettem Licht. Kristalle (monoklin) taflig, sehr klein. **Aggregate:** Derb, erdig, dicht, nierig schalig, stalaktitisch, als Anflug oder Kruste. Vorkommen in der Oxidationszone von Zinklagerstätten. Begleitmineralien sind Zinkblende, Smithsonit, Hemimorphit, Wulfenit, Calcit. **Fundorte:** Schwarzwald, Westfalen; Kärnten/Österreich; Santander/Spanien; Nevada/USA; Westaustralien. **Ähnlich:** Smithsonit.

Biotit

② Miask, Ural/Rußland

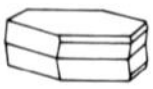

$K(Mg,Fe)_3\ [(OH,F)_2|AlSi_3O_{10}]$

Strichfarbe weiß. Mohshärte 2½–3. Dichte 2,7–3,3. **Merkmale:** Farbe schwarz, dunkelbraun, bonzefarben (Katzengold). Glasglanz, auf Spaltflächen Perlmuttglanz; durchscheinend bis undurchsichtig. Spaltbarkeit vollkommen; Bruch blättrig; elastisch biegsam. Starker Pleochroismus. In Schwefelsäure löslich. Kristalle (monoklin) taflig mit sechsseitigem Umriß, auch säulig; ein- und aufgewachsen. **Aggregate:** Blättrig, schuppig. Vorkommen besonders in granitischen Gesteinen, in Pegmatiten, Gneis, Glimmerschiefer. Begleitmineralien sind Muskovit, Hornblende, Quarz, Feldspäte. **Fundorte:** Alpen; Vesuv/Italien; Skandinavien; Schottland; Ural/Rußland; Kalifornien, Idaho/USA. **Ähnlich:** Phlogopit, Muskovit, Chlorit, Gold.

Arsenolith Arsenblüte

③ St. Andreasberg, Harz/Niedersachsen; 1:10

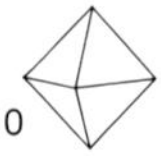

As_2O_3

Strichfarbe weiß. Mohshärte 1½. Dichte 3,88. **Merkmale:** Farbe weiß, farblos, gelblich, bläulich. Glasglanz; durchscheinend bis undurchsichtig. Spaltbarkeit gut; Bruch muschlig. In Salzsäure und warmem Wasser löslich. Sehr giftig. Kristalle (kubisch) oktaedrisch, sehr klein. **Aggregate:** Mehlig, radialfasrig, als Anflug. Vorkommen auf Lagerstätten mit Arsenmineralien, in Kohlelagern. Begleitmineralien sind Arsenkies, Skutterudit. **Fundorte:** Schwarzwald, Sachsen; Böhmen/Tschechien; Elsaß/Frankreich; Kalifornien, Nevada/USA. **Ähnlich:** Pharmakolith.

Muskovit

④ Ural/Rußland; 1:2

$KAl_2[(OH,F)_2|AlSi_3O_{10}]$

Strichfarbe weiß. Mohshärte 2–3. Dichte 2,7–3,1. **Merkmale:** Farblos, gelblich, grünlich (Fuchsit oder Chromglimmer), silbrig (Katzensilber). Glasglanz, auf Spaltflächen Perlmuttglanz; durchsichtig bis durchscheinend. Spaltbarkeit vollkommen; Bruch blättrig; elastisch biegsam. Kristalle (monoklin) taflig mit sechsseitigem Umriß, vereinzelt pyramidal; ein- und aufgewachsen. **Aggregate:** Schuppig (Serizit), dicht. Vorkommen in Pegmatiten, gesteinsbildend vornehmlich in Granit, Phyllit, Glimmerschiefer, Gneis, Sandstein. Begleitmineralien sind Biotit, Lepidolith, Feldspäte, Quarz, Topas, Wolframit, Kassiterit. **Fundorte:** Taunus; Tirol/Österreich; Tessin/Schweiz; Südtirol/Italien; Ural, Mittelsibirien/Rußland; Bihar/Indien; Transvaal/Südafrika; Ontario/Kanada; New Hamshire, Süddakota/USA. **Ähnlich:** Biotit, Phlogopit, Paragonit, Lepidolith, Margarit, Chlorit, Brucit, Gipsspat.

Zinnwaldit S. 40, Annabergit S. 44, Kämmererit S. 64, Autunit S. 188, Aurichalcit S. 208

1

2

3

4

Stolzit Scheelbleierz

$PbWO_4$

① Neusüdwales/Australien; 1:6
② Neusüdwales/Australien; 1:2

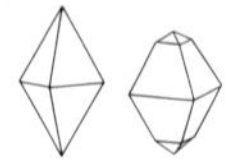

Strichfarbe weiß. Mohshärte 2½–3. Dichte 7,9–8,2. **Merkmale:** Farbe rötlich, grau, gelb, braun, grün. Fett- bis Harzglanz; durchscheinend. Spaltbarkeit undeutlich; Bruch muschlig; spröd. Kristalle (tetragonal) dipyramidal, dicktaflig, kurzsäulig; aufgewachsen oder eingesprengt. **Aggregate:** Derb, kuglig, garbenförmig. Vorkommen in der Oxidationszone von Wolframlagerstätten. Begleitmineralien sind Scheelit, Quarz, Fluorit. **Fundorte:** Sachsen; Böhmen/Tschechien; Piemont/Italien; England; Nigeria; Arizona, Utah/USA; Neusüdwales/Australien. **Ähnlich:** Scheelit, Wulfenit.

Leadhillit

$Pb_4[(OH)_2 | SO_4 | (CO_3)_2]$

③ Tsumeb/Namibia

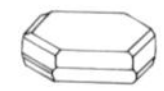

Strichfarbe weiß. Mohshärte 2½. Dichte 6,45–6,55. **Merkmale:** Farblos, weiß, grau, bräunlich, grün, blau. Diamant-, Perlmutt-, Fettglanz; durchsichtig bis durchscheinend. Spaltbarkeit vollkommen; Bruch muschlig; spröd. In verdünnter Salpetersäure löslich. Kristalle (monoklin) pseudohexagonal, taflig, auch pseudorhomboedrisch. **Aggregate:** Derb, körnig, schalig, krustig. Vorkommen in der Oxidationszone von Bleierzlagerstätten. Begleitmineralien sind Cerussit, Bleiglanz, Anglesit, Phosgenit. **Fundorte:** Kärnten/Österreich; Sardinien/Italien; Schottland; Tunesien; Namibia; Arizona, Utah, Nevada/USA. **Ähnlich:** Cerussit, Anglesit.

Silber gediegen

Ag

④ Cobalt, Ontario/Kanada; 1:2
⑤ Freiberg/Sachsen; 1:2

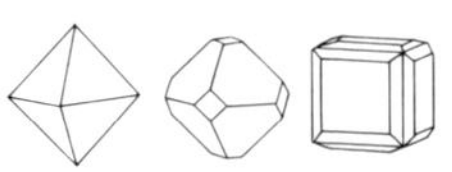

Strichfarbe weiß, metallglänzend. Mohshärte 2½–3. Dichte 9,6–12,0. **Merkmale:** Farbe silberweiß, gelblich, braun; grau oder schwarz angelaufen. Metallglanz; in dünner Schicht blau durchscheinend, sonst undurchsichtig. Spaltbarkeit keine; Bruch hakig; sehr dehnbar, geschmeidig. In Salpetersäure und konzentrierter Salzsäure löslich. Sehr guter Wärmeleiter. Kristalle (kubisch) würflig, oktaedrisch, dodekaedrisch; gewöhnlich verzerrt; Pseudomorphosen. **Aggregate:** Derb als Klumpen und Körner, locken- und drahtförmig, moosartig, dendritisch, in Blechen, als Anflug. Vorkommen auf Klüften und Drusen von Erzgängen, vereinzelt auf Seifen. Begleitmineralien sind Silberglanz, Proustit, Pyrargyrit, Stephanit, Polybasit, Siderit, Chloanthit, Kupfer, Bleiglanz, Cerussit, Pyrit, Baryt, Fluorit, Calcit. **Fundorte:** Sachsen, Harzvorland; Böhmen/Tschechien; Norwegen; Ontario/Kanada; Colorado/USA; Mexiko; Bolivien; Peru; Chile; Kasachstan; Australien. **Ähnlich:** Dyskrasit, Silberglanz, gediegen Antimon, Platin, gediegen Arsen.

Senarmontit

Sb_2O_3

⑥ Djebel Hamimat/Algerien; 1:2

Strichfarbe weiß. Mohshärte 2–2½. Dichte 5,5. **Merkmale:** Farblos, weiß bis grau. Diamant-, Fettglanz; durchsichtig bis durchscheinend. Spaltbarkeit undeutlich; Bruch muschlig; spröd. Oft hohe Doppelbrechung. In Salzsäure löslich. Kristalle (kubisch) oktaedrisch, häufig mit gekrümmten Flächen; selten. **Aggregate:** Derb, körnig, dicht, krustig. Vorkommen in der Oxidationszone antimonhaltiger Erzlagerstätten. Begleitmineralien sind Valentinit, Antimonit, Kermesit, Boulangerit. **Fundorte:** Sachsen; Böhmen/Tschechien; Slowakei; Isère/Frankreich; Sardinien/Italien; Algerien; Quebec/Kanada; Kalifornien, Süddakota/USA. **Ähnlich:** Boracit.

Bismutit S. 164, Kalomel S. 190, Aurichalcit S. 208, Caledonit S. 208

1

2

3

4

5

6

Strichfarbe
weiß und farblos

Mohshärte
1 2 3 4 5 6 7 8 9 10

Dichte
1 2 3 4 5 6 7

Valentinit

Sb_2O_3 — Antimonblüte, Weißspießglanz

① Pezinok, Slowakei 1:10

Strichfarbe weiß. Mohshärte 2½–3. Dichte 5,6–5,8. **Merkmale:** Farblos, weiß, grau, gelblich. Diamantglanz, auf Spaltflächen Perlmuttglanz; durchscheinend. Spaltbarkeit vollkommen; Bruch uneben; spröd, zerbrechlich. In Säure leicht löslich. Kristalle (orthorhombisch) prismatisch bis nadlig, taflig, flächenreich; mitunter Pseudomorphosen. **Aggregate:** Derb, körnig, strahlig, fasrig, fächerförmig, als Ausblühung. Vorkommen in der Oxidationszone von Lagerstätten, insbesondere von antimonhaltigen Erzen. Begleitmineralien sind Senarmontit, Antimonit. **Fundorte:** Harz, Sachsen; Tschechien; Dauphiné/Frankreich; Sardinien, Siena/Italien; Algerien; Bolivien; Quebec/Kanada; Kalifornien, Oregon/USA; Mexiko. **Ähnlich:** Cerussit.

Chlorargyrit

AgCl — Kerargyrit, Chlorsilber, Hornsilber

② St. Andreasberg, Harz/Niedersachsen; 1:2

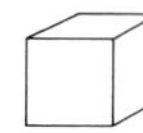

Strichfarbe weißglänzend. Mohshärte 1½–2. Dichte 5,5–5,6. **Merkmale:** In frischem Zustand farblos mit Diamantglanz und durchscheinend, am Licht bald grau, bräunlich bis schwarz mit metallischem Wachsglanz oder hornartig matt, undurchsichtig. Spaltbarkeit keine; Bruch hakig; geschmeidig, mit Messer schneidbar. In Ammoniak löslich. Kristalle (kubisch) würflig; sehr klein und selten. **Aggregate:** Derb, krustig, nierig, stalaktitisch, dendritisch, parallelfasrig. Vorkommen in der Oxidationszone silberhaltiger Erzlagerstätten oder als Imprägnation bei Sandsteinen. Begleitmineralien sind Silber, Silberglanz, Cerussit, Baryt, Calcit. **Fundorte:** Sachsen; Böhmen/Tschechien; Nevada, Utah, Idaho/USA; Mexiko; Atacama/Chile; Bolivien; Neusüdwales/Australien; Kasachstan. **Ähnlich:** Kalomel, gediegen Silber.

Phosgenit

$Pb_2[Cl_2 | CO_3]$ — Bleihornerz

③ Monte Poni, Sardinien/Italien; 1:2

Strichfarbe weiß. Mohshärte 2–3. Dichte 6,0–6,3. **Merkmale:** Farbe weiß, grau, gelb, auch farblos und grünlich. Fettiger Diamantglanz; durchsichtig bis durchscheinend. Spaltbarkeit gut; Bruch muschlig; mild. In verdünnter Salpetersäure löslich. Mitunter gelbe Fluoreszenz in ultraviolettem Licht. Kristalle (tetragonal) prismatisch, pyramidal, taflig, oft flächenreich; meist aufgewachsen. **Aggregate:** Derb, körnig. Vorkommen in der Oxidationszone von Bleierzlagerstätten. Begleitmineralien sind Cerussit, Anglesit. **Fundorte:** Oberschlesien/Polen; Derbyshire/England; Sardinien/Italien; Griechenland; Namibia; Colorado, Kalifornien, Arizona/USA; Argentinien. **Ähnlich:** Cerussit, Anglesit, Baryt.

Quecksilber

Hg

④ Almadén/Spanien; 1:4

Strichfarbe weiß. Keine Mohshärte, flüssig. Dichte 13,6. **Merkmale:** Farbe zinnweiß, häufig mit grauem Überzug. Starker Metallglanz; undurchsichtig. Dämpfe sehr giftig. Keine Kristalle, flüssig. Erstarrt bei –38,9 °C zu rhomboedrischen Kristallen im tetragonalen Kristallsystem. **Aggregate:** Einzelne Tröpfchen auf Muttergestein oder als Imprägnation, vornehmlich bei Zinnober. Vorkommen in der Oxidationszone von Quecksilberlagerstätten, gelegentlich auf Erzgängen, vereinzelt in Vulkangebieten. Begleitmineral ist Zinnober. **Fundorte:** Rheinland-Pfalz; Ciudad/Spanien; Kroatien; Serbien; Toskana/Italien; Texas, Kalifornien/USA; Peru.

1

2

3

4

Strichfarbe

weiß und farblos

Mohshärte 1 2 3 4 5 6 7 8 9 10

Dichte 1 2 3 4 5 6 7

Laumontit

① Unterberg, Südtirol/Italien; 1:2

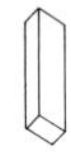

$Ca[AlSi_2O_6]_2 \cdot 4\ H_2O$

Strichfarbe weiß. Mohshärte 3–3½. Dichte 2,25–2,35. **Merkmale:** Farblos, weiß, gelb, rötlich. Glasglanz, auf Spaltflächen Perlmuttglanz, wird an der Luft matt, trüb, bröcklig; durchsichtig bis undurchsichtig. Spaltbarkeit vollkommen; Bruch uneben; spröd. In Salzsäure löslich. Kristalle (monoklin) langsäulig, längsgestreift. **Aggregate:** Stenglig, fasrig, derb. Vorkommen auf Klüften und Blasenhohlräumen von Magmatiten und Metamorphiten, gelegentlich auf Erzgängen. Begleitmineralien sind Heulandit, Stilbit, Chabasit, Analcim, Prehnit, Apophyllit, Chlorit, Albit, Quarz, Calcit. **Fundorte:** Rheinland-Pfalz, Sachsen; Tessin/Schweiz; Südtirol/Italien; New Jersey, Kalifornien/USA. **Ähnlich:** Feldspäte.

Hydromagnesit

② San Benito Co., Kalifornien/USA

$Mg_5[OH\,|\,(CO_3)_2]_2 \cdot 4\ H_2O$

Strichfarbe weiß. Mohshärte 3½. Dichte 2,2. **Merkmale:** Farbe weiß, farblos. Glasglanz; durchsichtig bis durchscheinend. Spaltbarkeit vollkommen; Bruch nicht bestimmbar; spröd. In verdünnter Salzsäure unter Aufbrausen löslich. Fühlt sich fettig an. Kristalle (monoklin) pseudorhombisch, nadlig, taflig, gewöhnlich sehr klein. **Aggregate:** Derb, radialstrahlig, warzig, krustig, erdig. Vorkommen als Verwitterungsprodukt als Serpentinits und anderer magnesiumreicher Gesteine, in Hohlräumen vulkanischer Tuffe. Begleitmineralien sind Brucit, Artinit, Opal, Calcit, Dolomitspat. **Fundorte:** Steiermark/Österreich; Mähren/Tschechien; Trentino/Italien; Iran; British Columbia/Kanada; New York, Kalifornien, Nevada/USA. **Ähnlich:** Artinit.

Gyrolith

③ mit nadligem Okenit; Poona/Indien

$Ca_2[Si_4O_{10}] \cdot 4\ H_2O$

Strichfarbe weiß. Mohshärte 3–4. Dichte 2,3–2,4. **Merkmale:** Farblos, weiß. Glasglanz; durchsichtig bis durchscheinend. Spaltbarkeit vollkommen; Bruch uneben; spröd. Kristalle (trigonal oder hexagonal) nicht bekannt. **Aggregate:** Derb, fasrig, strahlenförmig, als Konkretion. Vorkommen in Hohlräumen verwitterter Kalksilikatgesteine. Begleitmineralien sind Apophyllit, Prehnit. **Fundorte:** Böhmen/Tschechien; Nordirland; Skye/Schottland; Neuschottland/Kanada; Kalifornien/USA; Indien. **Ähnlich:** Prehnit.

Variscit Utahlith

④ Perth/Westaustralien; 1:2

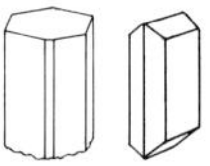

$Al[PO_4] \cdot 2\ H_2O$

Strichfarbe weiß. Mohshärte 4–5. Dichte 2,5. **Merkmale:** Farbe grün, bläulich, farblos. Glas- bis Wachsglanz; durchscheinend bis undurchsichtig. Spaltbarkeit vollkommen; Bruch muschlig; spröd. Fühlt sich fettig an. Kristalle (orthorhombisch) taflig, kurzprismatisch, klein; selten. **Aggregate:** Derb, dicht, knollig, nierig, krustig. Vorkommen auf Klüften und als Hohlraumfüllung aluminiumreicher Gesteine, insbesondere von Grauwacken und Schiefern. Begleitmineralien sind Wavellit, Strengit, Quarz. **Fundorte:** Vogtland; Steiermark/Österreich; Arkansas, Utah/USA; Bolivien; Queensland/Australien. **Ähnlich:** Wavellit, Strengit, Chalcedon, Opal, Chrysopras, Chrysokoll, Türkis, Wardit.

Kernit S. 28, Gaylussit S. 32, Serpentin S. 44, Chrysokoll S. 130

1

2

3

4

Phillipsit

① Toskana/Italien; 1:2

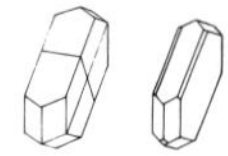

$KCa[Al_3Si_5O_{16}] \cdot 6\,H_2O$

Strichfarbe weiß. Mohshärte 4–4½. Dichte 2,2. **Merkmale:** Farblos, weiß, grau, gelblich, rötlich. Glasglanz; durchsichtig bis durchscheinend. Spaltbarkeit gut; Bruch uneben; spröd. In Säure löslich. Kristalle (monoklin) taflig, säulig, klein; gewöhnlich Zwillinge und Vierlinge; fast immer aufgewachsen. **Aggregate:** Radialstrahlig, kuglig. Vorkommen in Hohlräumen basaltischer Gesteine, in terrestrischen Salzseen, im Schlamm von Tiefseesedimenten. Begleitmineralien sind Chabasit, Harmotom, Natrolith, Analcim. **Fundorte:** Vogelsberg, Kaiserstuhl; Böhmen/Tschechien; Irland; Island; Vesuv, Sizilien/Italien; Kalifornien, Hawaii/USA; Pazifischer Ozean. **Ähnlich:** Harmotom, Heulandit, Stilbit, Chabasit, Thomsonit.

Okenit

② Poona/Indien; 1:2

$CaH_2[Si_2O_6] \cdot H_2O$

Strichfarbe weiß. Mohshärte 4½–5. Dichte 2,3. **Merkmale:** Farbe weiß, gelb, bläulich. Glas- bis Perlmuttglanz; durchsichtig bis durchscheinend. Spaltbarkeit vollkommen; Bruch uneben; spröd. Flammenfärbung orange: Kristalle (triklin) nadlig-flach. **Aggregate:** Feinfasrig, radialstrahlig, derb. Vorkommen in Hohlräumen von Vulkaniten. Begleitmineralien sind Prehnit, Gyrolith. **Fundorte:** Island; Färöer; Irland; Grönland; Montana/USA; Chile; Bombay/Indien. **Ähnlich:** Natrolith.

Apophyllit

③ Poona/Indien; 1:2

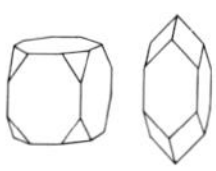

$KCa_4[F \mid (Si_4O_{10})_2] \cdot 8\,H_2O$

Strichfarbe weiß. Mohshärte 4½–5. Dichte 2,3–2,4. **Merkmale:** Farblos, weiß, gelb bis braun, rötlich, grün. Perlmutt-, Glasglanz; durchsichtig bis durchscheinend. Spaltbarkeit vollkommen; Bruch uneben; spröd. In Salzsäure löslich. Flammenfärbung violett. Kristalle (tetragonal) dipyramidal, prismatisch, würflig, taflig; oft rauhe, unebene Flächen; fast stets aufgewachsen. **Aggregate:** Blättrig, schalig, körnig, dicht. Vorkommen in Blasenräumen vulkanischer Gesteine, auf Erzgängen und alpinen Klüften. Begleitmineralien sind Analcim, Prehnit, Heulandit, Natrolith, Skolezit, Stilbit, Calcit. **Fundorte:** Harz, Siebengebirge; Böhmen/Tschechien; Dolomiten/Italien; Norwegen; Bombay/Indien; New Jersey/USA; Mexiko; Brasilien. **Ähnlich:** Chabasit, Heulandit, Fluorit, Ludlamit, Datolith.

Heulandit

④ Poona/Indien

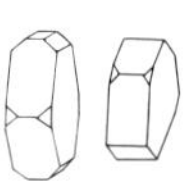

$Ca[Al_2Si_7O_{18}] \cdot 6\,H_2O$

Strichfarbe weiß. Mohshärte 3½–4. Dichte 2,2. **Merkmale:** Farblos, weiß, grau, gelblich, rot. Glasglanz, auf Spaltflächen Perlmuttglanz; durchsichtig bis durchscheinend. Spaltbarkeit vollkommen; Bruch uneben; spröd. In Salzsäure leicht löslich. Kristalle (monoklin) taflig, kurzsäulig; aufgewachsen. **Aggregate:** Blättrig, schuppig, strahlig, auch derb, spätig. Vorkommen in Hohlräumen von Vulkaniten, auf Klüften von Metamorphiten, seltener auf Erzgängen. Begleitmineralien sind Stilbit, Chabasit, Skolezit, Pektolith, Calcit, Quarz. **Fundorte:** Rheinland-Pfalz, Harz; Wallis/Schweiz; Dolomiten/Italien; Island; Norwegen; Ukraine; Bombay/Indien; New Jersey/USA. **Ähnlich:** Phillipsit, Apophyllit, Stilbit, Feldspäte.

Kainit S. 36, Trona S. 36, Serpentin S. 44, Whevellit S. 38

1

2

3

4

Strichfarbe
weiß und farblos
Mohshärte 1 2 3 4 5 6 7 8 9 10
Dichte 1 2 3 4 5 6 7

Harmotom

$Ba[Al_2Si_6O_{16}] \cdot 6\ H_2O$

① Strontian/Schottland; 1:2

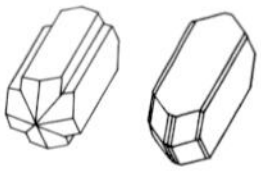

Strichfarbe weiß. Mohshärte 4½. Dichte 2,44–2,50. **Merkmale:** Farblos, weiß, grau, gelblich, rosa. Glasglanz; durchsichtig bis durchscheinend, milchig-trüb. Spaltbarkeit gut; Bruch uneben bis muschlig; spröd. In Salzsäure löslich. Kristalle (monoklin) säulig; meist Durchkreuzungszwillinge; aufgewachsen. **Aggregate:** Radialstrahlig. Vorkommen auf Erzgängen, in Hohlräumen von Vulkaniten. Begleitmineralien sind Heulandit, Stilbit, Bleiglanz, Baryt, Zinkblende, Calcit. **Fundorte:** Harz; Böhmen/Tschechien; Norwegen; Schottland; Saskatchewan, Ontario/Kanada; New York/USA. **Ähnlich:** Phillipsit.

Gonnardit

$(Ca,Na)_3[(Al,Si)_5\ O_{10}]_2 \cdot 6\ H_2O$

② Schellkopf/Eifel; 1:6

Strichfarbe weiß. Mohshärte 4½–5. Dichte 2,25. **Merkmale:** Farbe weiß, farblos. Glas- bis Seidenglanz; durchscheinend. Spaltbarkeit vollkommen; Bruch fasrig; spröd. Kristalle (orthorhombisch) fasrig, nadlig, gewöhnlich sehr klein; selten. **Aggregate:** Dicht, fasrig, radialstrahlig. Vorkommen in Hohlräumen von Vulkaniten. Begleitmineralien sind Phillipsit, Thomsonit, Wollastonit, Pyrit, Calcit. **Fundorte:** Vogelsberg, Eifel; Steiermark/Österreich; Sizilien/Italien; Auvergne/Frankreich; Norwegen; Kalifornien/USA. **Ähnlich:** Thomsonit, Natrolith, Skolezit.

Stilbit Desmin

$Ca[Al_2Si_7O_{18}] \cdot 7\ H_2O$

③ St. Andreasberg, Harz/Niedersachsen; 1:2

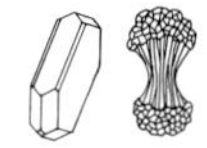

Strichfarbe weiß. Mohshärte 3½–4. Dichte 2,1–2,2. **Merkmale:** Farblos, weiß, grau, gelblich, rötlich. Glasglanz, auf Spaltflächen Perlmuttglanz; durchsichtig bis durchscheinend. Spaltbarkeit vollkommen; Bruch uneben; spröd. In Salzsäure löslich. Kristalle (monoklin) säulig, taflig; gewöhnlich zu garbenartigen Bündeln vereinigte Durchkreuzungszwillinge. **Aggregate:** Stenglig, strahlig. Vorkommen in Hohlräumen von Magmatiten und Metamorphiten, auf Erzgängen. Begleitmineralien sind Chabasit, Laumontit, Heulandit, Skolezit, Calcit. **Fundorte:** Harz; Tessin/Schweiz; Schottland; Färöer; Island; Norwegen; Bombay/Indien; Washington, Oregon, Kalifornien/USA. **Ähnlich:** Heulandit, Phillipsit, Prehnit.

Chabasit

$(Ca,Na_2)[Al_2Si_4O_{12}] \cdot 6\ H_2O$

④ Neuschottland/Kanada

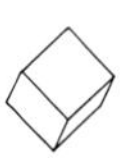

Strichfarbe weiß. Mohshärte 4–5. Dichte 2,1. **Merkmale:** Farblos, weiß, rötlich, braun. Glasglanz; durchsichtig bis durchscheinend. Spaltbarkeit gut; Bruch uneben; spröd. In Salzsäure löslich. Kristalle (trigonal) würfelähnliche Rhomboeder; stets aufgewachsen; oft Zwillinge. **Aggregate:** Derb, krustig. Vorkommen auf Drusen und Klüften von Magmatiten, besonders von Basalt und Phonolith; auch Absatz heißer Quellen. Begleitmineralien sind Natrolith, Phillipsit, Stilbit, Heulandit, Harmotom, Analcim, Orthoklas, Albit, Quarz, Fluorit, Epidot, Calcit. **Fundorte:** Vogelsberg, Westerwald, Rheinland-Pfalz; Böhmen/Tschechien; Island; Färöer; Vogesen/Frankreich; Südtirol, Elba, Sardinien/Italien; New Jersey, Oregon/USA; Neuseeland. **Ähnlich:** Phillipsit, Apophyllit, Fluorit, Calcit, Dolomitspat.

Chrysokoll S. 130, Serpierit S. 210

1

2

3

4

Wavellit Fischerit

$Al_3[(OH)_3 | (PO_4)_2] \cdot 5\, H_2O$

① Arkansas/USA

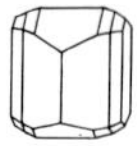

Strichfarbe weiß. Mohshärte 3½–4. Dichte 2,3–2,4. **Merkmale:** Farbe grün, gelblich, grau, farblos. Glas- bis Seidenglanz; durchscheinend. Spaltbarkeit vollkommen; Bruch uneben; spröd. In Salzsäure löslich. Kristalle (orthorhombisch) prismatisch, dünnadlig; selten. **Aggregate:** Radialstrahlig, kuglig, nierig, krustig. Vorkommen auf Klüften und Schichtfugen von Kieselschiefer, Sandstein, auf Zinnerzgängen und Phosphoritlagerstätten. Begleitmineralien sind Strengit, Hämatit, Limonit, Pyrolusit. **Fundorte:** Hessen, Thüringen, Sachsen; Cornwall, Devonshire/England; Arkansas, Pennsylvania/USA; Brasilien; Bolivien. **Ähnlich:** Variscit, Natrolith, Gibbsit, Prehnit, Calcit, Aragonit.

Gmelinit

$(Na_2,Ca)[Al_2Si_4O_{12}] \cdot 6\, H_2O$

② Glenarm, Antrim/Irland; 1:3

Strichfarbe weiß. Mohshärte 4½. Dichte 2,1. **Merkmale:** Farbe weiß, gelblich, rötlich, auch farblos. Glasglanz; durchsichtig bis durchscheinend. Spaltbarkeit gut; Bruch uneben; spröd. Kristalle (hexagonal) dipyramidal, dicktaflig; häufig Zwillinge. **Aggregate:** Freistehende Kristallgruppen. Vorkommen in Hohlräumen von Vulkaniten. Begleitmineralien sind Chabasit, Phillipsit, Thomsonit, Analcim. **Fundorte:** Siegerland, Harz; Antrim/Irland; Skye/Schottland; Vicenza/Italien; Neuschottland/Kanada; New Jersey, Oregon/USA; Victoria/Australien.

Gibbsit Hydrargillit

$Al(OH)_3$

③ Laurion/Griechenland

Strichfarbe weiß. Mohshärte 2½–3½. Dichte 2,3–2,4. **Merkmale:** Farblos, weiß, grau, grünlich, bläulich. Glasglanz, auf Spaltflächen Perlmuttglanz; durchsichtig bis durchscheinend. Spaltbarkeit vollkommen; Bruch uneben; zäh, dünne Blättchen biegsam. Kristalle (monoklin) pseudohexagonal-taflig; häufig verzwillingt; klein und sehr selten. **Aggregate:** Radialfasrig, schuppig, traubig, warzig, krustig. Vorkommen in Talkschiefer und Serpentinit, als Gemengteil des Bauxits und tropischer Böden. Begleitmineralien sind Diaspor, Böhmit, Natrolith, Limonit, Calcit. **Fundorte:** Vogelsberg, Rhön; Südfrankreich; Ungarn; Guinea; Jamaika; Kalifornien, Arizona, Arkansas/USA; Nordaustralien. **Ähnlich:** Wavellit, Brucit, Chalcedon.

Colemanit

$Ca[B_3O_4(OH)_3] \cdot H_2O$

④ Ankara/Türkei

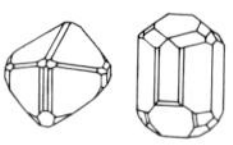

Strichfarbe weiß. Mohshärte 4–4½. Dichte 2,4. **Merkmale:** Farblos, weiß, gelblich, grau. Glas- bis Diamantglanz; durchsichtig bis durchscheinend. Spaltbarkeit vollkommen; Bruch uneben, muschlig; spröd. In warmer Salzsäure löslich. Flammenfärbung grün. Kristalle (monoklin) kurz- bis langsäulig, taflig. **Aggregate:** Derb, körnig, dicht, stenglig, blättrig. Vorkommen in ausgetrockneten Salzseen. Begleitmineralien sind Ulexit, Borax, Boracit, Kernit, Realgar, Coelestin, Halit, Gipsspat, Calcit. **Fundorte:** Anatolien/Türkei; Kasachstan; Kalifornien, Nevada/USA; Chile; Argentinien. **Ähnlich:** Ulexit, Datolith, Borax, Soda, Danburit.

1

2

3

4

Calcit Kalkspat

$CaCO_3$

① Namibia; 1:2
② Berchtesgaden/Bayern
③ Chihuahua/Mexiko

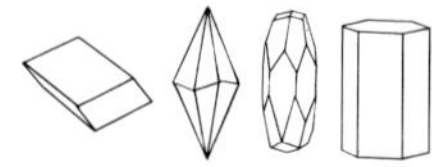

Strichfarbe weiß. Mohshärte 3. Dichte 2,6–2,8. **Merkmale:** Farblos, weiß, grau, gelb bis braun, rötlich, seltener grün, bläulich, schwarz, Glasglanz; durchsichtig bis undurchsichtig. Spaltbarkeit vollkommen, Spaltstücke rhomboedrisch; Bruch muschlig; spröd. Hohe Doppelbrechung (Doppelspat). Rote, gelbe oder blaue Fluoreszenz in ultraviolettem Licht. In kalter, verdünnter Salzsäure unter Aufbrausen leicht löslich. Kristalle (trigonal) bilden einige hundert verschiedene kristallographische Formen und mehr als eintausend Kombinationen. Grundformen sind Rhomboeder, Prismen und Skalenoeder; fast stets aufgewachsen, besonders in Drusen und anderen Hohlräumen. Häufig Zwillinge und Pseudomorphosen. **Aggregate:** Derb, körnig, dicht, spätig, stenglig, fasrig, erdig, stalaktitisch (Tropfsteine), oolithisch (Rogenstein), als Konkretion und Versteinerungsmittel. Gesteinsbildend als Hauptgemengteil in Kalkstein, Kalksinter, Marmor und Karbonatit, als Bindemittel in vielen anderen Gesteinen. Begleitmineralien sind Quarz, Glimmer, Dolomitspat, Schwefel, viele Erzmineralien. **Fundorte:** Nördliche und südliche Kalkalpen; Juragebirge in Frankreich, der Schweiz und Süddeutschland; Harz, Erzgebirge; Böhmen/Tschechien; Champagne/Frankreich; Cumberland/England; Irland; Ontario/Kanada; Missouri, Süddakota, Colorado/USA; Mexiko; Krim/Ukraine; Mittelsibirien/Rußland. **Ähnlich:** Dolomitspat, Aragonit, Gipsspat, Anhydritspat, Quarz, Baryt, Fluorit, Chabasit.

Alunit Alaunstein

$KAl_3[(OH)_6 | (SO_4)_2]$

④ Taiwan

Strichfarbe weiß. Mohshärte 3½–4. Dichte 2,6–2,9. **Merkmale:** Farblos, weiß, grau, gelblich, rötlich. Glasglanz, auf Spaltflächen Perlmuttglanz; durchsichtig bis durchscheinend. Spaltbarkeit gut; Bruch muschlig, splittrig; spröd. In Kalilauge und heißer Schwefelsäure löslich. Kristalle (trigonal) rhomboedrisch, taflig; klein und selten. **Aggregate:** Derb, körnig, dicht, erdig, fasrig. Vorkommen in Hohlräumen vulkanischer Gesteine, in Bauxit und in tropischen Böden. Begleitmineralien sind Quarz, Opal, Schwefel, Salmiak, Gipsspat. **Fundorte:** Latium, Toskana/Italien; Ungarn; Griechenland; Usbekistan; Aserbaidschan; Nevada, Colorado/USA; Australien. **Ähnlich:** Aluminit, Salmiak, Brucit.

Koralle

$CaCO_3$

⑤ Kalabrien/Italien
⑥ Sizilien/Italien

Strichfarbe weiß. Mohshärte 3–4. Dichte 2,6–2,7. **Merkmale:** Farbe rot, rosa, weiß. Gewöhnlich matt, vereinzelt Wachsglanz; undurchsichtig. Spaltbarkeit keine; Bruch uneben, splittrig; spröd. In Säure unter Aufbrausen löslich. Kristalle (trigonal) mikrokristallin. **Aggregate:** Derb, dicht, stockartig-verästelt. Vorkommen als Ablagerung von Korallentierchen in Riffen, Atollen, Korallenbänken. **Fundorte:** Küsten der westlichen Mittelmeerländer; Golf von Biscaya; Kanarische Inseln; Malayischer Archipel; Midway-Inseln; Japan; Hawaii/USA. **Ähnlich:** Glas, Horn, Kautschuk, Knochen. Kunststoffe.

Die selteneren blauen und schwarzen Korallen bestehen aus organischer Substanz. Fundorte im Malayischen Archipel, an den Küsten Nordaustraliens, im Roten Meer.

Lepidolith S. 40, Zinnwaldit S. 40, Glauberit S. 42, Kryolith S. 42

1

2

3

4

5

6

Strichfarbe
weiß und farblos
Mohshärte 1 2 3 4 5 6 7 8 9 10
Dichte 1 2 3 4 5 6 7

Aragonit
$CaCO_3$

① Eisenblüte; Arizona/USA
② Marokko; 1:2
④ Erbsenstein; Karlsbad/Tschechien

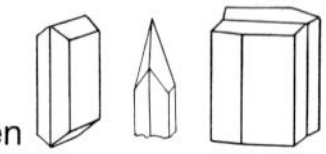

Strichfarbe weiß. Mohshärte 3½–4. Dichte 2,95. **Merkmale:** Farblos, weiß, grau, gelb, grün, bläulich, rötlich. Glasglanz, auf Bruchflächen Fettglanz; durchsichtig bis durchscheinend. Spaltbarkeit undeutlich; Bruch muschlig; spröd. In kalter Salzsäure unter Aufbrausen leicht löslich. Kristalle (orthorhombisch) prismatisch, taflig, nadlig; ein- und aufgewachsen; häufig Zwillinge und Viellinge sowie Pseudomorphosen. **Aggregate:** Derb, krustig, stenglig, strahlig, stalaktitisch-verästelt (Eisenblüte), gebändert (Sprudelstein, sog. Onyx), oolithisch (Erbsenstein), pulvrig (Schaumkalk). Vorkommen auf Klüften und Hohlräumen jüngerer Vulkanite, eingewachsen in Ton, auf Erzlagerstätten, als Sinterablagerung heißer Quellen, in Stützgerüsten einiger Mollusken, in Perlen. Begleitmineralien sind Natrolith, Chabasit, Harmotom, Gipsspat, Schwefel, Limonit, Siderit. **Fundorte:** Kaiserstuhl; Steiermark, Kärnten/Österreich; Tschechien; Aragonien/Spanien; Vesuv, Sizilien/Italien; Südwestfrankreich; Arizona, Neu-Mexiko/USA; Neuseeland. **Ähnlich:** Calcit, Strontianit, Coelestin, Baryt, Natrolith.

Anhydritspat Anhydrit
$CaSO_4$

③ mit weißlichem Halit; Mexiko

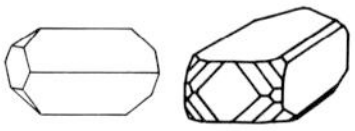

Strichfarbe weiß. Mohshärte 3½. Dichte 2,9–3,0. **Merkmale:** Farblos, weiß, grau, bläulich, rötlich. Glas-, Perlmuttglanz; durchsichtig. Spaltbarkeit vollkommen, quaderförmige Spaltstücke; Bruch muschlig, splittrig; spröd. Wandelt sich bei Feuchtigkeitsangebot unter Volumenvergrößerung langsam zu Gipsspat um. In Säuren allgemein schlecht löslich, als Pulver in Schwefelsäure leicht löslich. Flammenfärbung mattrot. Kristalle (orthorhombisch) würfelähnlich, prismatisch, taflig; ein- und aufgewachsen. **Aggregate:** Derb, körnig, spätig, fasrig, dicht; oft verunreinigt. Vorkommen in Salzlagerstätten, auf Erzgängen, in Pegmatiten und alpinen Klüften, auch als vulkanisches Exhalationsprodukt. Gesteinsbildend bei Anhydritstein. Begleitmineralien sind Halit, Gipsspat, Sylvin, Carnallit, Kainit, Polyhalit, Kieserit, Boracit, Dolomitspat. **Fundorte:** Niedersachsen, östliches Harzvorland; Tessin/Schweiz; Kärnten/Österreich; Uralvorland/Rußland; Louisiana, Texas/USA; Chile; Westaustralien. **Ähnlich:** Gipsspat, Calcit, Kryolith, Baryt.

Magnesit Bitterspat
$MgCO_3$

⑤ Toskana/Italien

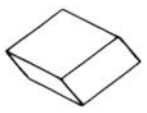

Strichfarbe weiß. Mohshärte 4–4½. Dichte 2,9–3,1. **Merkmale:** Farblos, weiß, gelb bis braun, auch grau bis fast schwarz. Glasglanz oder matt; durchsichtig bis durchscheinend. Spaltbarkeit vollkommen; Bruch muschlig; spröd. Als Pulver in warmer Salzsäure löslich. Gelegentlich grüne oder blaue Fluoreszenz in ultraviolettem Licht. Kristalle (trigonal) rhomboedrisch, säulig, dicktaflig; meist eingewachsen; selten. **Aggregate:** Derb, körnig, spätig, stenglig, dicht, erdig. Vorkommen in Talk- und Chloritschiefer, in Serpentinit und Dolomitstein, in selbständigen Lagern auf Gängen, selten in Pegmatiten. Begleitmineralien sind Calcit, Aragonit, Dolomitspat, Serpentin, Chlorit, Talk, Opal, Chalcedon, Gipsspat. **Fundorte:** Tirol, Kärnten, Steiermark/Österreich; Mähren/Tschechien; Euböa/Griechenland; Piemont, Toskana/Italien; Norwegen; Schweden; Ural/Rußland; Mandschurei/China; Nevada, Kalifornien/USA. **Ähnlich:** Calcit, Dolomitspat, Ankerit, Siderit.

Serpentin S. 44, Thenardit S. 44, Biotit S. 46, Muskovit S. 46

1

2

3

4

5

Strichfarbe

weiß und farblos

Mohshärte 1 2 3 4 5 6 7 8 9 10

Dichte 1 2 3 4 5 6 7

Dolomitspat Dolomit, Bitterspat
$CaMg[CO_3]_2$

① mit Calcit; Durham/England
② Arkansas/USA

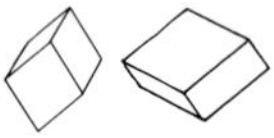

Strichfarbe weiß, hellgrau. Mohshärte 3½–4. Dichte 2,85–2,95. **Merkmale:** Farbe weiß, grau, gelb bis braun, rötlich, auch farblos und schwarz. Glas-, Perlmuttglanz; durchsichtig bis durchscheinend. Spaltbarkeit vollkommen; Bruch muschlig; spröd. In warmer Salzsäure, pulverisiert auch in kalter Salzsäure leicht löslich. Kristalle (trigonal) rhomboedrisch; ein- und aufgewachsen; Berührungszwillinge, Pseudomorphosen. **Aggregate:** Derb, körnig, spätig, stenglig, dicht. Vorkommen auf Erz- und Mineralgängen, in Chlorit- und Talkschiefer; gesteinsbildend in Dolomitstein. Begleitmineralien sind Calcit, Ankerit, Gipsspat, Quarz, Pyrit, Realgar, Tremolit, Wollastonit. **Fundorte:** Nordbayern, Eifel, Erzgebirge; Tirol/Österreich; Wallis/Schweiz; Dolomiten/Italien; Cornwall/England; Ural/Rußland; Quebec/Kanada; Missouri, Iowa/USA; Mexiko. **Ähnlich:** Calcit, Magnesit, Chabasit, Siderit, Gipsspat, Anhydritspat, Quarz.

Polyhalit
$K_2Ca_2Mg[SO_4]_4 \cdot 2\,H_2O$

③ Hallein/Österreich; 1 : ½

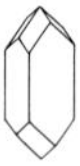

Strichfarbe weiß. Mohshärte 3–3½. Dichte 2,8. **Merkmale:** Farbe rot, gelb, weiß, grau. Fett-, Glas-, Harzglanz; durchscheinend. Spaltbarkeit vollkommen; Bruch fasrig; spröd. Bitterer Geschmack. Flammenfärbung violett. Wasserlöslich. Kristalle (triklin) prismatisch; meist eingewachsen; klein und selten; häufig Zwillinge. **Aggregate:** Derb, fasrig, seltener stenglig, blättrig, körnig. Vorkommen in Salzlagerstätten. Begleitmineralien sind Halit, Anhydritspat, Gipsspat, Kieserit, Carnallit, Sylvin. **Fundorte:** Niedersachsen, Oberbayern, Magdeburg; Salzkammergut/Österreich; Lothringen/Frankreich; Texas, Neu-Mexiko/USA; Chile. **Ähnlich:** Kieserit, Gipsspat.

Kämmererit
$(Mg,Cr)[(OH)_2 | AlSi_3O_{10}] \cdot Mg_3(OH)_6$

④ Guleman/Türkei

Strichfarbe weiß. Mohshärte 2–3. Dichte 2,6–3,3. **Merkmale:** Farbe rot, violett. Glas-, Perlmuttglanz, matt; durchsichtig bis durchscheinend. Spaltbarkeit vollkommen; Bruch blättrig; dünne Blättchen unelastisch biegsam. In Salz- und Schwefelsäure löslich. Kristalle (monoklin) säulig, tonnenförmig, pyramidal. **Aggregate:** Blättrig, erdig, als Anflug. Vorkommen in Chromitlagerstätten. Begleitmineralien sind Chromit, Uwarowit. **Fundorte:** Steiermark/Österreich; Schlesien/Polen; Piemont/Italien; Türkei; Ural/Rußland; Kaukasus; Kalifornien, Texas/USA.

Ankerit Braunspat
$CaFe[CO_3]_2$

⑤ Sunk, Steiermark/Österreich

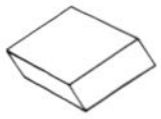

Strichfarbe weiß, auch hellgrau und hellbraun. Mohshärte 3½–4. Dichte 2,9–3,8. **Merkmale:** Farbe gelb bis braun, weiß, grau. Glas-, Perlmuttglanz; durchscheinend bis undurchsichtig. Spaltbarkeit vollkommen; Bruch uneben; spröd. In warmer Salzsäure unter Aufbrausen löslich. Mitunter gelbliche oder rote Fluoreszenz in ultraviolettem Licht. Kristalle (trigonal) rhomboedrisch. **Aggregate:** Derb, spätig, körnig, dicht. Vorkommen auf Erzlagerstätten, alpinen Klüften. Begleitmineralien sind Calcit, Siderit, Quarz, Dolomitspat, Bleiglanz. **Fundorte:** Steiermark, Kärnten/Österreich; Ungarn; Lancashire/England; Süddakota/USA. **Ähnlich:** Dolomitspat, Ankerit, Magnesit, Siderit.

Margarit S. 68, Wollastonit S. 90, Serpierit S. 210

1

2

3

4

5

Strichfarbe
weiß und farblos
Mohshärte 1 2 3 4 5 6 7 8 9 10
Dichte 1 2 3 4 5 6 7

Kieserit

① Hannover/Niedersachsen

$MgSO_4 \cdot H_2O$

Strichfarbe weiß. Mohshärte 3½. Dichte 2,57. **Merkmale:** Farblos, weiß, gelblich, grau, rötlich. Glasglanz; durchscheinend, trüb. Spaltbarkeit vollkommen; Bruch uneben; spröd. Schwer wasserlöslich. Kristalle (monoklin) dipyramidal, selten gut ausgebildet; gewöhnlich eingesprengt. **Aggregate:** Derb, feinkörnig, seltener grobkörnig. Vorkommen lagenartig oder eingesprengt auf Salzlagerstätten, insbesondere Kalisalzlagern. Begleitmineralien sind Halit, Carnallit, Kainit, Polyhalit, Sylvin, Anhydritspat. **Fundorte:** Niedersachsen, Hessen, Magdeburg; Salzburg/Österreich; Polen; Sizilien/Italien; Utah, Neu-Mexiko, Texas/USA, Pandschab/Indien. **Ähnlich:** Epsomit, Kainit, Polyhalit.

Hanksit

② Boron, Kalifornien/USA; 1:2

$KNa_{22}[Cl \mid (CO_3)_2 \mid (SO_4)_9]$

Strichfarbe weiß. Mohshärte 3–3½. Dichte 2,56. **Merkmale:** Farblos, weiß, gelb, grau bis fast schwarz. Glasglanz; durchsichtig bis durchscheinend. Spaltbarkeit gut; Bruch uneben; spröd. Salziger Geschmack. Gelegentlich gelbe Fluoreszenz in ultraviolettem Licht. Kristalle (hexagonal) taflig bis kurzprismatisch, dipyramidal; häufig Durchdringungszwillinge. **Aggregate:** Kristallgruppen mit sich durchdringenden Individuen. Vorkommen in Salzlagerstätten, insbesondere von Borax- und Sodalagern. Begleitmineralien sind Borax, Soda, Trona, Halit. **Fundorte:** Kalifornien/USA. **Ähnlich:** Quarz.

Strengit

③ Svappavaara/Schweden

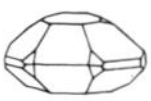

$Fe[PO_4] \cdot 2\,H_2O$

Strichfarbe weiß. Mohshärte 3–4½. Dichte 2,8–2,9. **Merkmale:** Farbe rot, violett, auch weiß, gelb, grünlich und fast farblos. Glasglanz; durchsichtig bis durchscheinend. Spaltbarkeit gut; Bruch muschlig bis uneben; spröd. Als Pulver in Salzsäure löslich. Kristalle (orthorhombisch) pseudohexagonal, taflig, kurzprismatisch, mitunter flächenreich; selten. **Aggregate:** Radialstrahlig, kuglig, traubig, als Krusten und Überzüge. Vorkommen in Drusen von Phosphatpegmatiten, phosphathaltigen Eisenerzlagerstätten. Begleitmineralien sind Wavellit, Vivianit, Dufrenit, Kakoxen, Limonit, Quarz. **Fundorte:** Hessen, Oberpfalz, Thüringen; Portugal; Lappland/Schweden; Kalifornien, Alabama/USA. **Ähnlich:** Variscit, Amethyst, Skorodit.

Pektolith

④ Rauschermühle/Rheinland-Pfalz

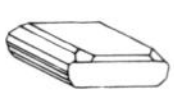

$Ca_2NaH[Si_3O_9]$

Strichfarbe weiß. Mohshärte 4½–5. Dichte 2,8–2,9. **Merkmale:** Farbe weiß, grau, auch grünlich, gelblich und farblos. Glas-, Perlmutt-, Seidenglanz; durchsichtig bis durchscheinend. Spaltbarkeit vollkommen; Bruch muschlig; spröd. In Salzsäure löslich. Flammenfärbung gelb. Kristalle (triklin) vereinzelt säulig, gewöhnlich stenglig, fasrig, nadlig; selten. **Aggregate:** Derb, dicht, radialstrahlig, kuglig, auch parallelfasrig, Vorkommen auf Klüften und Drusen basischer Vulkanite, gelegentlich in Metamorphiten. Begleitmineralien sind Natrolith, Laumontit, Heulandit, Thomsonit, Prehnit, Diopsid, Calcit. **Fundorte:** Rheinland-Pfalz; Böhmen/Tschechien; Skye/Schottland; Quebec, Ontario/Kanada; New Jersey, New York/USA; Kola/Rußland. **Ähnlich:** Wollastonit, Tremolit.

1

2

3

4

Ludlamit

$Fe_3[PO_4]_2 \cdot 4\,H_2O$

① Trepca/Serbien

Strichfarbe weiß. Mohshärte 3–4. Dichte 3,1–3,2. **Merkmale:** Farbe hell- bis apfelgrün, selten farblos. Glasglanz; durchsichtig bis durchscheinend. Spaltbarkeit vollkommen; Bruch uneben; spröd. In Säure löslich. Flammenfärbung grün. Kristalle (monoklin) taflig. **Aggregate:** Derb, körnig, spätig. Vorkommen in der Oxidationszone von Erzlagerstätten, in Granitpegmatiten. Begleitmineralien sind Vivianit, Triphylin. **Fundorte:** Nordbayern; Cornwall/England; Serbien; New Hampshire, Idaho/USA. **Ähnlich:** Apophyllit, Chalcedon.

Astrophyllit

$(K,Na)_3(Fe,Mn)_7(Ti,Zr)_2[Si_8(O,OH)_{31}]$

② Mt. St. Hilaire/Kanada; 1:2

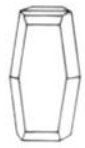

Strichfarbe weiß, auch bräunlich. Mohshärte 3–3½. Dichte 3,3–3,4. **Merkmale:** Farbe gelblich bis braun, oliv. Glasglanz, auf Spaltflächen Perlmuttglanz; durchsichtig bis durchscheinend. Spaltbarkeit vollkommen; Bruch blättrig; spröd. Deutlicher Pleochroismus. In Säure langsam löslich. Kristalle (triklin) taflig, blättrig; selten. **Aggregate:** Strahlig. Vorkommen in basischen Plutoniten. Begleitmineralien sind Quarz, Feldspäte, Glimmer, Ägirin, Zirkon, Titanit. **Fundorte:** Norwegen; Quebec/Kanada; Colorado/USA; Kola/Rußland. **Ähnlich:** Muskovit, Biotit, Phlogopit.

Margarit Kalkglimmer, Perlglimmer

$CaAl_2[(OH)_2 \mid Al_2Si_2O_{10}]$

③ Chester, Massachusetts/USA

Strichfarbe weiß. Mohshärte 4–4½. Dichte 3,0–3,1. **Merkmale:** Farbe grau, weiß, rötlich, gelb, grün. Perlmuttglanz; durchscheinend. Spaltbarkeit vollkommen; Bruch blättrig; spröd. In warmer Salzsäure etwas löslich. Kristalle (monoklin) taflig mit sechsseitigem Umriß; sehr selten. **Aggregate:** Blättrig, schuppig, körnig. Vorkommen in Schiefergestein, auf Schmirgellagerstätten. Begleitmineralien sind Korund, Staurolith, Turmalin, Smaragd, Magnetit, Rutil. **Fundorte:** Tirol/Österreich; St. Gotthard/Schweiz; Südtirol/Italien; Naxos/Griechenland; Türkei; Ural/Rußland; Pennsylvania/USA. **Ähnlich:** Pyrophyllit, Muskovit.

Fluorit Flußspat

CaF_2

④ mit Baryt; Oberpfalz/Bayern
⑤ Pöhla/Erzgebirge

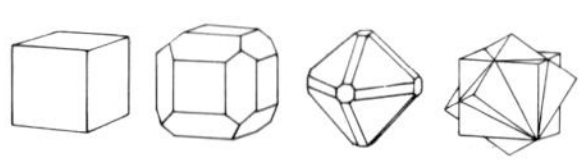

Strichfarbe weiß. Mohshärte 4. Dichte 3,1–3,2. **Merkmale:** Farbe violett, blau, schwarz, gelb bis braun, grün, rosa, häufig zonar gefärbt, selten farblos. Glasglanz; durchsichtig bis durchscheinend. Spaltbarkeit vollkommen; Bruch muschlig, splittrig; spröd. Flammenfärbung mattrot. Häufig violette, blaue oder grüne Fluoreszenz in ultraviolettem Licht. Kristalle (kubisch) würflig, oktaedrisch, rhombendodekaedrisch; meist aufgewachsen. **Aggregate:** Derb, spätig, grobkristallin bis dicht, selten stenglig oder erdig. Vorkommen auf Gängen, Pegmatiten und alpinen Klüften, als Nebengemengteil in vielen Gesteinen. Begleitmineralien sind Baryt, Apatit, Calcit, Turmalin, Topas, Quarz, Siderit, Bleiglanz, Zinkblende, Kassiterit. **Fundorte:** Harz, Ostbayern, Thüringen; Tauern/Österreich; St. Gotthard/Schweiz; Derbyshire/England; Spanien; Ural/Rußland; Kasachstan; Illinois/USA; Namibia. **Ähnlich:** Apatit, Baryt, Chalcedon, Calcit, Halit, Apophyllit.

Zinnwaldit S. 40, Biotit S. 46, Muskovit S. 46, Magnesit S. 62

1

2

3

4

5

Betafit

$(Ca,U)_2(Nb,Ti,Ta)_2O_6(O,OH,F)$

① Antsirabé/Madagaskar; 1:3

Strichfarbe weiß, auch grau und gelblich. Mohshärte 3–5½. Dichte 3,7–5,2. **Merkmale:** Farbe grünlichbraun bis schwarz, gelblich. Harzglanz, auf Bruchflächen Fettglanz; durchscheinend bis undurchsichtig. Spaltbarkeit keine; Bruch muschlig, uneben; spröd. In Säure löslich. Stark radioaktiv. Kristalle (kubisch) oktaedrisch, dodekaedrisch, taflig. **Aggregate:** Krustig, körnig, derb. Vorkommen in Granitpegmatit. Begleitmineralien sind Fergusonit, Euxenit, Allanit. **Fundorte:** Norwegen; Baikalseegebiet/Rußland; Madagaskar; Ontario/Kanada; Colorado/USA; Brasilien. **Ähnlich:** Pyrochlor, Magnesit, Scheelit, Euxenit, Uranpecherz.

Triphylin

$Li(Fe,Mn)[PO_4]$

② Hagendorf/Bayern

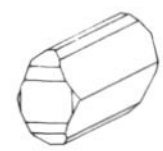

Strichfarbe grauweiß. Mohshärte 4–5. Dichte 3,4–3,6. **Merkmale:** Farbe grünlich, blau, bräunlich. Fett-, Glasglanz; durchsichtig bis durchscheinend. Spaltbarkeit vollkommen; Bruch splittrig, uneben; spröd. Flammenfärbung rot. In Salzsäure leicht löslich. Kristalle (orthorhombisch) prismatisch; stets eingewachsen; selten. **Aggregate:** Derb, grobkörnig, spätig. Vorkommen in Granitpegmatiten, auf Zinnerzgängen. Begleitmineralien sind Kassiterit, Spodumen, Amblygonit, Apatit, Beryll. **Fundorte:** Nordbayern; Portugal; Schweden; Namibia; Manitoba/Kanada; Süddakota, Connecticut/USA; Tasmanien/Australien.

Kyanit (Cyanit) Disthen

$Al_2[O|SiO_4]$

③ Alpe Sponda, Tessin/Schweiz; 1:2

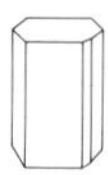

Strichfarbe weiß. Mohshärte 4–4½ in Längserstreckung, 6–7 quer dazu. Dichte 3,5–3,7. **Merkmale:** Farbe blau, gelblich, grün, weiß, rosa, selten farblos. Glas-, Perlmuttglanz; durchsichtig bis durchscheinend. Spaltbarkeit vollkommen; Bruch fasrig, uneben; spröd. Kristalle (triklin) linealartig säulig; meist eingewachsen. **Aggregate:** Radial- und wirrstrahlig, blättrig, selten derb. Vorkommen in Metamorphiten, in Pegmatiten, in Sanden. Begleitmineralien sind Staurolith, Andalusit, Korund, Glimmer, Granat, Turmalin, Quarz. **Fundorte:** Tirol/Österreich; Tessin/Schweiz; Südtirol/Italien; Assam/Indien; Westaustralien; Virginia/USA; Brasilien. **Ähnlich:** Sillimanit, Dumortierit, Aktinolith, Glaukophan.

Coelestin (Cölestin, Zölestin)

$SrSO_4$

④ Madagaskar

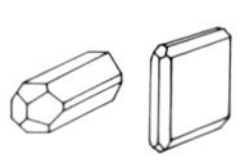

Strichfarbe weiß. Mohshärte 3–3½. Dichte 3,9–4,0. **Merkmale:** Farbe blaßblau, weiß, gelblich, grau, farblos, seltener rötlich, grünlich. Glas- bis Perlmuttglanz; durchsichtig bis durchscheinend. Spaltbarkeit vollkommen; Bruch muschlig, uneben; spröd. Flammenfärbung karminrot. Als Pulver in konzentrierter Schwefelsäure löslich. Kristalle (orthorhombisch) prismatisch, taflig; meist aufgewachsen. **Aggregate:** Körnig, spätig, dicht, stenglig, nierig, knollig. Vorkommen in Kalk- und Gipsstein, in Hohlräumen von Vulkaniten, in Ganglagerstätten. Begleitmineralien sind Calcit, Aragonit, Gipsspat, Anhydritspat, Schwefel, Bleiglanz, Zinkblende. **Fundorte:** Kaiserstuhl, Thüringen; Sizilien, Vicenza/Italien; Granada/Spanien; Südwestengland; Madagaskar; Tennessee/USA; Turkmenistan. **Ähnlich:** Baryt, Gipsspat, Calcit, Aragonit, Strontianit, Cerussit.

Ankerit S. 64, Kämmererit S. 64, Skorodit S. 136, Zinkblende S. 194

1

2

3

4

Böhmit
AlOOH

① Le Duc, Provence/Frankreich

Strichfarbe weiß. Mohshärte 3. Dichte 3,07. **Merkmale:** Farblos, weiß, gelblich bis braun. Glas-, Perlmuttglanz, matt; durchsichtig. Spaltbarkeit vollkommen; Bruch uneben; spröd. Kristalle (orthorhombisch) mikroskopisch klein, taflig. **Aggregate:** Derb, erdig. Vorkommen als Gemengteil in Bauxit. Begleitmineralien sind Diaspor, Gibbsit, Limonit. **Fundorte:** Südfrankreich; Kroatien; Ungarn; Ural/Rußland; Kalifornien, Georgia/USA; Jamaika; Surinam; Indonesien. **Ähnlich:** Diaspor.

Siderit
Spateisenstein, Eisenspat
$FeCO_3$

② Eisenerz, Steiermark/Österreich

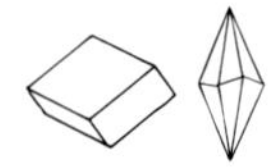

Strichfarbe weiß. Mohshärte 4–4½. Dichte 3,7–3,9. **Merkmale:** Farbe gelblich bis braun, schwarz, selten weiß; zuweilen bunt angelaufen. Glas-, Perlmuttglanz; durchsichtig bis undurchsichtig. Spaltbarkeit vollkommen; Bruch muschlig, spätig; spröd. In warmer Salzsäure leicht löslich. Mitunter zitronengelbe Fluoreszenz in ultraviolettem Licht. Kristalle (trigonal) rhomboedrisch, skalenoedrisch. **Aggregate:** Derb, spätig, körnig, dicht, radialstrahlig, nierig, oolithisch; als Konkretion (Toneisenstein). Vorkommen auf Gängen, Lagen, Stöcken, in Torfmooren. Begleitmineralien sind Quarz, Baryt, Calcit, Ankerit, Bleiglanz, Zinkblende. **Fundorte:** Siegerland, Nordbayern, Sachsen; Kärnten, Steiermark/Österreich; Slowakei; Cornwall/England; Lothringen/Frankreich; Spanien; Connecticut/USA. **Ähnlich:** Calcit, Dolomitspat, Magnesit, Ankerit, Smithsonit, Zinkblende.

Rhodochrosit
Manganspat, Himbeerspat
$MnCO_3$

③ San Luis/Argentinien
④ Sachsen

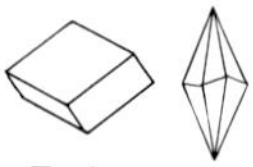

Strichfarbe weiß. Mohshärte 3½–4. Dichte 3,3–3,6. **Merkmale:** Farbe rosa, grau, braun bis schwarz, selten farblos. Glasglanz; durchsichtig bis undurchsichtig. Spaltbarkeit vollkommen; Bruch uneben; spröd. In warmer Salzsäure leicht löslich. Kristalle (trigonal) rhomboedrisch, skalenoedrisch; aufgewachsen. **Aggregate:** Derb, körnig, spätig, dicht, radialstrahlig, traubig, stalaktitisch, krustig; zuweilen gebändert mit gezacktem Verlauf. Vorkommen auf Gängen, in der Oxidationszone von Erzlagerstätten als Stalagmiten. Begleitmineralien sind Rhodonit, Manganit, Quarz, Fluorit, Baryt, Limonit. **Fundorte:** Siegerland, Sachsen; Rumänien; Huelva/Spanien; Pyrenäen/Frankreich; Südafrika; Colorado/USA; Mexiko; Argentinien; Ural/Rußland. **Ähnlich:** Rhodonit, Ankerit, Calcit, Dolomitspat, Siderit.

Strontianit
$SrCO_3$

⑤ auf Baryt; Könitz/Thüringen

Strichfarbe weiß. Mohshärte 3½. Dichte 3,7–3,8. **Merkmale:** Farblos, grau, weiß, gelb, grün, rötlich. Glasglanz, auf Bruchflächen Fettglanz; durchsichtig bis durchscheinend. Spaltbarkeit vollkommen; Bruch muschlig; spröd. Flammenfärbung rot. In warmer Salzsäure unter Aufbrausen leicht löslich. Gelegentlich blaue Fluoreszenz in ultraviolettem Licht. Kristalle (orthorhombisch) nadlig, spießig, prismatisch, taflig. **Aggregate:** Derb, strahlig, krustig, nierig, als Konkretion. Vorkommen auf Erzgängen, in Kalkstein und Mergeln. Begleitmineralien sind Calcit, Coelestin, Baryt, Bleiglanz, Pyrit. **Fundorte:** Harz, Münsterland, Sachsen; Steiermark/Österreich; Schottland; Kalifornien, Arizona/USA. **Ähnlich:** Aragonit, Calcit, Coelestin, Natrolith, Baryt.

1

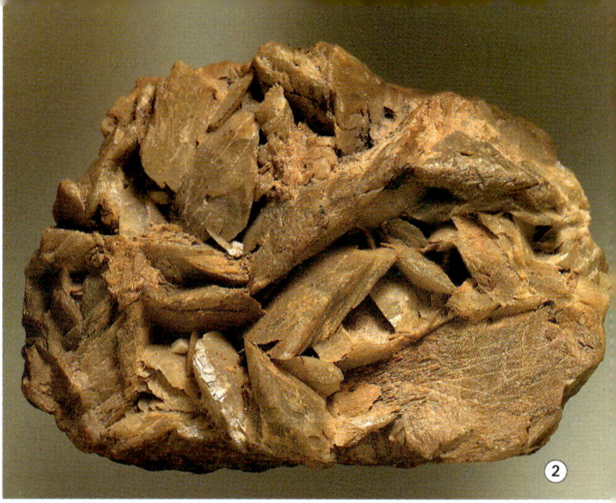
2

3

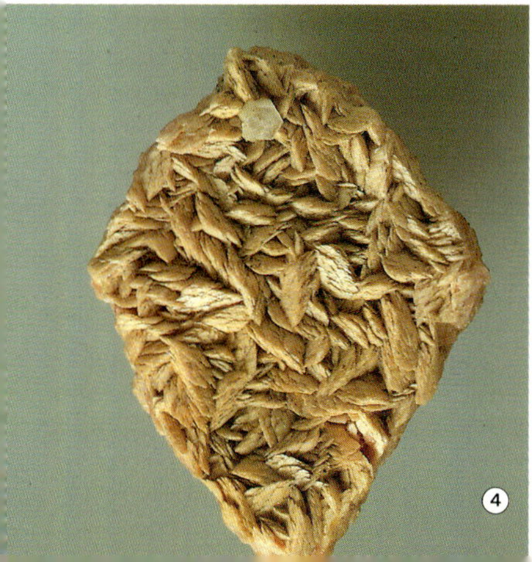
4

5

Mimetesit

$Pb_5[Cl|(AsO_4)_3]$

① Tsumeb/Namibia; 1:2
② Mexiko

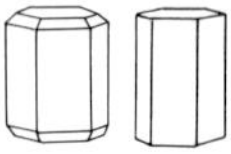

Strichfarbe weiß. Mohshärte 3½–4. Dichte 7,1. **Merkmale:** Farbe gelb, grünlich, auch farblos, grau, weiß, braun, rötlich. Diamant-, Fettglanz; durchsichtig bis durchscheinend. Spaltbarkeit keine; Bruch muschlig bis uneben; spröd. In Salpetersäure und Kalilauge löslich. Kristalle (hexagonal) prismatisch, taflig, nadlig; aufgewachsen. **Aggregate:** Traubig, krustig, nierig, erdig. Vorkommen in der Oxidationszone von Bleilagerstätten. Begleitmineralien sind Bleiglanz, Cerussit, Anglesit, Pyromorphit, Wulfenit, Limonit. **Fundorte:** Erzgebirge; Böhmen/Tschechien; Cornwall, Cumberland/England; Schweden, Sardinien/Italien; Turkmenistan; Namibia; Nevada/USA; Mexiko. **Ähnlich:** Pyromorphit, Vanadinit, Apatit, Wulfenit, Krokoit.

Cerussit Weißbleierz

$PbCO_3$

③ Tsumeb/Namibia; 1:2

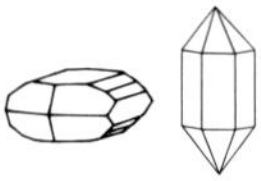

Strichfarbe weiß. Mohshärte 3–3½. Dichte 6,4–6,6. **Merkmale:** Farblos, weiß, grau, gelb, braun, schwarz (Schwarzbleierz). Diamant-, Fett-, Glasglanz; durchsichtig bis undurchsichtig. Spaltbarkeit gut; Bruch muschlig; sehr spröd. In Salpetersäure unter Aufbrausen löslich. Blaugrüne Fluoreszenz in ultraviolettem Licht. Kristalle (orthorhombisch) taflig, prismatisch, dipyramidal, nadlig; Zwillinge und Pseudomorphosen. **Aggregate:** Derb, dicht, krustig, nierig, stenglig, erdig (Bleierde). Vorkommen in der Oxidationszone von Bleilagerstätten. Begleitmineralien sind Bleiglanz, Anglesit, Pyromorphit, Hemimorphit, Smithsonit. **Fundorte:** Siegerland; Tschechien; Sardinien/Italien; Sambia; Namibia; Colorado/USA; Kasachstan; Australien. **Ähnlich:** Anglesit, Coelestin, Baryt, Phosgenit, Scheelit.

Adamin

$Zn_2[OH|AsO_4]$

④ Mapimi/Mexiko

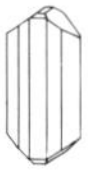

Strichfarbe weiß. Mohshärte 3½. Dichte 4,3–4,5. **Merkmale:** Farblos, weiß, gelb, grün, rosa bis violett. Glasglanz; durchsichtig bis durchscheinend. Spaltbarkeit gut; Bruch muschlig, uneben; spröd. Deutlicher Pleochroismus. In Salzsäure leicht löslich. Zuweilen zitronengelbe Fluoreszenz in ultraviolettem Licht. Kristalle (orthorhombisch) prismatisch bis nadlig, taflig; aufgewachsen. **Aggregate:** Feinkörnig, radialstrahlig, krustig, erdig. Vorkommen in der Oxidationszone von Zinklagerstätten. Begleitmineralien sind Smithsonit, Hemimorphit, Azurit. **Fundorte:** Attika/Griechenland; Var/Frankreich; Namibia; Utah/USA; Mexiko; Chile. **Ähnlich:** Olivenit, Libethenit.

Witherit

$BaCO_3$

⑤ Alston Moore/England

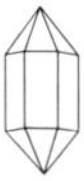

Strichfarbe weiß. Mohshärte 3–3½. Dichte 4,3. **Merkmale:** Farblos, weiß, grau, gelblich. Glasglanz oder matt, auf Bruchflächen Fettglanz; durchsichtig bis durchscheinend. Spaltbarkeit gut; Bruch uneben; spröd. Flammenfärbung gelblichgrün. In verdünnter Salzsäure unter Aufbrausen löslich. Witheritstaub giftig. Kristalle (orthorhombisch) prismatisch, dipyramidal; Durchdringungsdrillinge. **Aggregate:** Derb, traubig, strahlig, blättrig, krustig. Vorkommen auf Gängen. Begleitmineralien sind Baryt, Bleiglanz, Zinkblende, Calcit. **Fundorte:** Steiermark/Österreich; England; Turkmenistan; Kalifornien, Illinois/USA. **Ähnlich:** Strontianit, Cerussit, Quarz.

Silber S. 48, Stolzit S. 48, Valentinit S. 50, Phosgenit S. 50, Betafit S. 70, Scheelit S. 110, Bismutit S. 164, Platin S. 164

1

2

3

4

5

Anglesit

① Tsumeb/Namibia

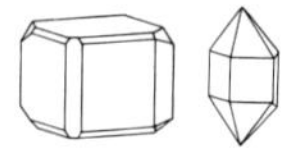

$PbSO_4$

Strichfarbe weiß. Mohshärte 3–3½. Dichte 6,3–6,4. **Merkmale:** Farblos, weiß, grau bis schwärzlich, bräunlich. Diamant-, Fettglanz; durchsichtig bis durchscheinend. Spaltbarkeit gut; Bruch muschlig; spröd. In Kalilauge und warmer Schwefelsäure löslich. Kristalle (orthorhombisch) prismatisch, taflig; aufgewachsen. **Aggregate:** Derb, körnig, krustig, nierig, erdig. Vorkommen in der Oxidationszone von Bleiglanzlagerstätten, als vulkanisches Sublimationsprodukt. Begleitmineralien sind Bleiglanz, Cerussit, Phosgenit, Zinkblende, Smithsonit, Limonit. **Fundorte:** Siegerland; Kärnten/Österreich; Sardinien/Italien; Wales; Schottland; Spanien; Ural/Rußland; Namibia; Missouri/USA. **Ähnlich:** Cerussit, Scheelit, Baryt, Phosgenit.

Baryt Schwerspat

② mit Kupferkies; Alston Moore/England
④ Barytrose; Rockenberg/Hessen

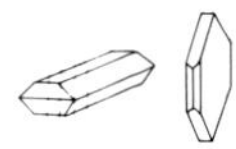

$BaSO_4$

Strichfarbe weiß. Mohshärte 3–3½. Dichte 4,48. **Merkmale:** Farblos, weiß, gelb bis braun, rötlich, blau, grün, grau bis schwarz. Glasglanz, auf Spaltflächen Perlmuttglanz; durchsichtig bis durchscheinend. Spaltbarkeit vollkommen; Bruch muschlig, uneben; spröd. Flammenfärbung gelbgrün. In konzentrierter Schwefelsäure langsam löslich. Kristalle (orthorhombisch) taflig, prismatisch; aufgewachsen. **Aggregate:** Derb, spätig, blättrig, nierig, rosettenartig (Barytrose), körnig, dicht, als Konkretion. Vorkommen in Gängen, auf Erzlagerstätten, in Sandstein, in Magmatiten. Begleitmineralien sind Bleiglanz, Siderit, Zinkblende, Quarz, Fluorit. **Fundorte:** Westfalen, Harz; Tschechien; England; Ural/Rußland; Colorado/USA; Westaustralien. **Ähnlich:** Coelestin, Calcit, Aragonit, Feldspäte, Anglesit.

Pyromorphit

③ Freihung, Oberpfalz/Bayern

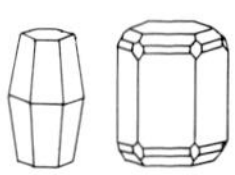

$Pb_5[Cl|(PO_4)_3]$

Strichfarbe weiß. Mohshärte 3½–4. Dichte 6,7–7,1. **Merkmale:** Farbe grün (Grünbleierz), braun (Braunbleierz), gelblich, rötlich, weiß und farblos, auch zonar gefärbt (Buntbleierz). Diamant-, Fettglanz, durchsichtig bis durchscheinend. Spaltbarkeit keine; Bruch muschlig bis uneben; spröd. In Salpetersäure und Kalilauge löslich. Kristalle (hexagonal) prismatisch, taflig, nadlig, dipyramidal, oft tonnenförmig; Pseudomorphosen. **Aggregate:** Traubig, radialstrahlig, als Anflug, derb. Vorkommen in der Oxidationszone von Bleilagerstätten. Begleitmineralien sind Mimetesit, Cerussit, Bleiglanz, Wulfenit. **Fundorte:** Harz, Siegerland, Sachsen; Tschechien; England; Colorado/USA; Mexiko; Sambia. **Ähnlich:** Mimetesit, Apatit, Vanadinit.

Wulfenit Gelbbleierz

⑤ Mezica/Slowenien

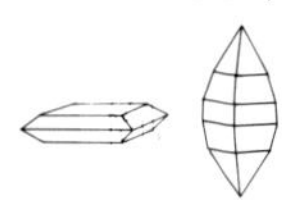

$PbMoO_4$

Strichfarbe weiß. Mohshärte 3. Dichte 6,7–6,9. **Merkmale:** Farbe gelb, orange, farblos, grau. Diamant-, Harzglanz; durchsichtig bis durchscheinend. Spaltbarkeit gut; Bruch muschlig bis uneben; spröd. In Salzsäure langsam löslich. Kristalle (tetragonal) taflig, pyramidal, nadlig; meist aufgewachsen. **Aggregate:** Derb, dicht, krustig. Vorkommen in der Oxidationszone von Bleierzlagerstätten. Begleitmineralien sind Bleiglanz, Cerussit, Pyromorphit, Hydrozinkit, Smithsonit, Calcit. **Fundorte:** Kärnten/Österreich; Böhmen/Tschechien; Slowenien; Marokko; Zaire; Namibia; Utah, Arizona/USA; Mexiko; Australien. **Ähnlich:** Stolzit, Schwefel, Mimetesit.

Vanadinit S. 194, Zinkblende S. 194, Powellit S. 196, Caledonit S. 208

1

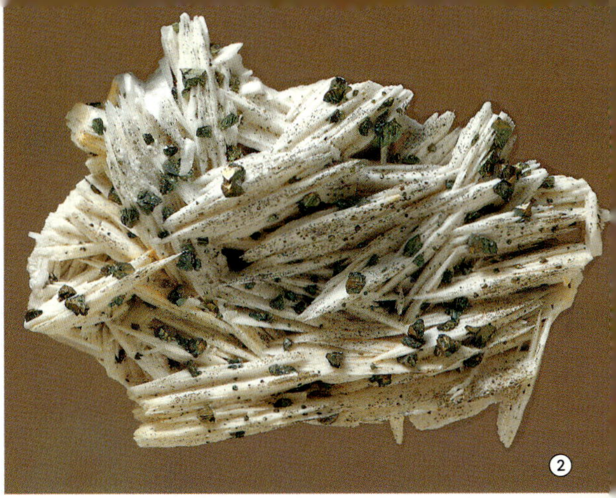
2

3

4

5

Opal

$SiO_2 \cdot nH_2O$

① Feueropal; Mexiko
② Prasopal; Nevada/USA
③ Edelopal; Andamooka/Australien; 1:2
④ Holzopal; Oregon/USA
⑤ Leberopal; Ungarn

Strichfarbe weiß. Mohshärte 5½–6½. Dichte 1,9–2,5. **Merkmale:** Farblos, weiß, gelb bis braun, rot bis orange (Feueropal), grün (Prasopal), grau bis schwarz. Zuweilen regenbogenartiges Farbenspiel (Edelopal). Glas-, Wachs-, Perlmuttglanz; durchsichtig (Hyalit oder Glasopal) bis undurchsichtig (gemeiner Opal), häufig trüb (Milchopal). Spaltbarkeit keine; Bruch muschlig, splittrig; spröd. In Kalilauge leicht löslich. Nichtkristallin, amorph; nur geringer Anteil von feinstkristallinem Christobalit und Tridymit, seltenen Vertretern aus der Quarz-Gruppe. **Aggregate:** Nierig, knollig, traubig, krustig, lagig, erdig (Kieselerde), als Konkretion (Feuerstein oder Flint). Vorkommen als Hohlraumfüllung in Vulkaniten, sedimentär meist in Sand- oder Kalkstein, als Absatz temperierter Quellen (Geyserit), als Versteinerungsmittel (u. a. Holzopal, versteinertes Holz). Begleitmineralien sind Zeolithe, Chalcedon, Limonit. **Fundorte:** Ungarn; Island; Türkei; Libyen; Ägypten; Tansania; Kasachstan; Nevada, Wyoming, Montana/USA; Hidalgo, Queretaro/Mexiko; Neusüdwales, Südaustralien, Queensland/Australien; Neuseeland, Neukaledonien. **Ähnlich:** Chalcedon, Variscit, Smithsonit, Hemimorphit, Porzellan, Glas, Kunststoffe.

Skapolith

⑥ Baikalseegebiet/Rußland

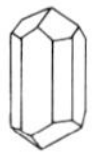

Mischkristall von Marialith und Mejonit
$Na_8[(Cl_2,SO_4,CO_3) | (AlSi_3O_8)_6]$ (Marialith)
$Ca_8[(Cl_2,SO_4,CO_3)_2 | (Al_2Si_2O_8)_6]$ (Mejonit)

Strichfarbe weiß. Mohshärte 5–6½. Dichte 2,5–2,8. **Merkmale:** Farblos, weiß, grau, gelb, grün, blau, rot bis violett. Glas-, Fettglanz; durchsichtig bis undurchsichtig. Spaltbarkeit vollkommen; Bruch muschlig; spröd. Zuweilen orangegelbe Fluoreszenz in ultraviolettem Licht. Kristalle (tetragonal) prismatisch-pyramidal; ein- und aufgewachsen. **Aggregate:** Derb, körnig, stenglig, nadlig, dicht. Vorkommen in Magmatiten, Pegmatiten, vulkanischen Auswürflingen, in Metamorphiten. Begleitmineralien sind Granat, Apatit, Vesuvian, Epidot, Augit, Wollastonit. **Fundorte:** Eifel, Ostbayern; Tessin/Schweiz; Kärnten/Österreich; Skandinavien; Kenia; Tansania; Madagaskar; Karelien, Baikalseegebiet/Rußland; Birma; Ontario/Kanada; New York, Kalifornien/USA; Brasilien. **Ähnlich:** Feldspäte, Vesuvian, Amblygonit, Petalit, Apatit, Chrysoberyll.

Charoit (Tscharoit)

⑦ Jakutien/Rußland

$K(Ca,Na)_2[(OH,F) | Si_4O_{10}] \cdot H_2O$

Strichfarbe weiß. Mohshärte 5–6. Dichte 2,5. **Merkmale:** Farbe violett. Glas-, Seidenglanz; durchscheinend bis undurchsichtig. Spaltbarkeit gut; Bruch fasrig; zäh. Kristalle (monoklin) unbekannt. **Aggregate:** Fasrig, dicht. Vorkommen in Quarziten und als Flußgeröll. Begleitmineralien sind Ägirin, Orthoklas. **Fundort:** Nur in Ostsibirien/Rußland. **Ähnlich:** Sodalith, Azurit, Lapislazuli, Lazulith.

Variscit S. 52, Apophyllit S. 54, Okenit S. 54, Chabasit S. 56

1

2

3

4

5

6
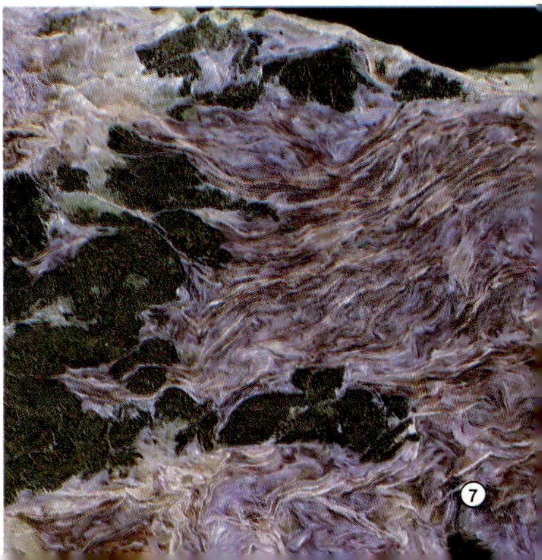
7

Thomsonit

① Giant's Causeway/Nordirland; 1:3

$NaCa_2[Al_5Si_5O_{20}] \cdot 6\ H_2O$

Strichfarbe weiß. Mohshärte 5–5½. Dichte 2,3–2,4. **Merkmale:** Farbe weiß, grau, gelb, rötlich, auch farblos, grün. Glasglanz, auf Spaltflächen Perlmuttglanz; durchsichtig bis durchscheinend. Spaltbarkeit vollkommen; Bruch uneben bis muschlig; spröd. In Salzsäure löslich. Kristalle (orthorhombisch) prismatisch, säulig, taflig, vertikal gestreift; selten und klein; zuweilen kreuzförmige Zwillinge. **Aggregate:** Derb, strahlig, stenglig, nierig, kuglig. Vorkommen in Hohlräumen junger, basaltischer Vulkanite, selten in Schiefergestein. Begleitmineralien sind Natrolith, Chabasit, Phillipsit, Stilbit, Analcim, Calcit. **Fundorte:** Eifel, Erzgebirge; Tschechien; Vesuv/Italien; Skye/Schottland; Färöer; Island; Neuschottland/Kanada; Oregon, Kalifornien, Colorado/USA; Indien. **Ähnlich:** Natrolith, Gonnardit, Phillipsit.

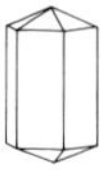

Cancrinit

② Blue Mountain, Ontario/Kanada

$Na_2Ca_2[(CO_3)_2 \mid (AlSiO_4)_6] \cdot 2\ H_2O$

Strichfarbe weiß. Mohshärte 5–6. Dichte 2,4–2,5. **Merkmale:** Farblos, gelblich, rosa, weiß. Glasglanz, auf Spaltflächen Perlmuttglanz; durchsichtig bis durchscheinend. Spaltbarkeit vollkommen; Bruch uneben; spröd. In Salzsäure unter Aufbrausen löslich. Kristalle (hexagonal) prismatisch, kurzsäulig, nadlig; meist eingewachsen. **Aggregate:** Derb, körnig, stenglig. Vorkommen als Gemengteil in Foyait, in vulkanischen Auswürflingen. Begleitmineralien sind Zeolithe, Nephelin, Sanidin, Sodalith, Calcit. **Fundorte:** Eifel; Siebenbürgen/Rumänien; Norwegen; Schweden; Kola, Ural/Rußland; Ontario/Kanada; Maine, Colorado/USA. **Ähnlich:** Nephelin, Chondrodit, Humit.

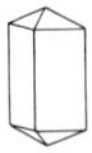

Mesolith

③ mit wäßrigem Skolezit; Indien

$Na_2Ca_2[Al_2Si_3O_{10}]_3 \cdot 8\ H_2O$

Strichfarbe weiß. Mohshärte 5–5½. Dichte 2,2–2,4. **Merkmale:** Farblos, weiß. Glas-, Seidenglanz, matt; durchsichtig bis durchscheinend. Spaltbarkeit vollkommen; Bruch muschlig; spröd. Kristalle (monoklin) langprismatisch bis nadlig. **Aggregate:** Feinfasrig, dicht, auch erdig. Vorkommen in Hohlräumen von Vulkaniten. Begleitmineralien sind andere Zeolithe, Apophyllit. **Fundorte:** Thüringen; Nordirland; Färöer; Skye/Schottland; Island; Grönland; Neuschottland/Kanada; Oregon, Kalifornien/USA; Australien. **Ähnlich:** Natrolith, Skolezit.

Sodalith

④ mit weißem Calcit; Kanada; 1:2

$Na_8[Cl_2 \mid (AlSiO_4)_6]$

Strichfarbe weiß. Mohshärte 5–6. Dichte 2,1–2,3. **Merkmale:** Farbe blau, grau, weiß, farblos. Glasglanz, auf Bruchflächen Fettglanz; durchsichtig bis undurchsichtig. Spaltbarkeit undeutlich; Bruch uneben, muschlig; spröd. In Salzsäure und Salpetersäure löslich. Flammenfärbung gelb. Kristalle (kubisch) rhombendodekaedrisch; aufgewachsen; mitunter Zwillinge. **Aggregate:** Derb, körnig, dicht. Vorkommen in Foyait, Vulkaniten, vulkanischen Auswürflingen. Begleitmineralien sind Nephelin, Leucit, Cancrinit, Augit, Hornblende, Sanidin, Zirkon, Titanit, Hämatit, Baryt. **Fundorte:** Eifel; Vesuv, Albaner Berge/Italien; Siebenbürgen/Rumänien; Portugal; Norwegen; Ukraine; Kola/Rußland; Maine, Arkansas/USA; Bolivien; Brasilien. **Ähnlich:** Analcim, Hauyn, Leucit, Nosean, Lapislazuli, Lazulith, Charoit.

Gonnardit S. 56, Milarit S. 92, Orthoklas S. 94, Chalcedon S. 118

1

2

3

4

Strichfarbe

weiß und farblos

Mohshärte 1 2 3 4 5 6 7 8 9 10

Dichte 1 2 3 4 5 6 7

Hauyn

$(Na,Ca)_{8-4}[(SO_4)_{2-1} | (AlSiO_4)_6]$

① Italien; 1:2
② Mendig/Eifel

Strichfarbe weiß. Mohshärte 5½–6. Dichte 2,4–2,5. **Merkmale:** Farbe blau, auch grau, weiß, gelblich, rötlich, selten farblos, grün. Glasglanz, auf Bruchflächen Fettglanz; durchsichtig bis durchscheinend. Spaltbarkeit gut; Bruch muschlig bis uneben; spröd. In Salzsäure leicht löslich. Kristalle (kubisch) gewöhnlich rhombendodekaedrisch, auch oktaedrisch; ein- und aufgewachsen; sehr selten und klein. **Aggregate:** Derb, körnig. Vorkommen in basischen Vulkaniten und vulkanischen Auswürflingen. Begleitmineralien sind Nephelin, Leucit, Nosean, Melilith, Sanidin, Augit, Hornblende, Vesuvian. **Fundorte:** Eifel, Erzgebirge; Vesuv, Albaner Berge/Italien; Auvergne/Frankreich; Baikalseegebiet/Rußland; Marokko; Quebec/Kanada; Montana, Süddakota/USA. **Ähnlich:** Sodalith, Lapislazuli, Nosean.

Leucit (Leuzit)

$K[AlSi_2O_6]$

③ Resina/Italien

Strichfarbe weiß. Mohshärte 5½–6. Dichte 2,5. **Merkmale:** Farbe weiß, grau, selten farblos. Gewöhnlich matt, auf Bruchflächen Glas- bis Fettglanz; durchscheinend bis undurchsichtig. Spaltbarkeit gut; Bruch muschlig bis uneben; spröd. In Salzsäure löslich. Kristalle (tetragonal) ikositetraedrisch; meist eingewachsen; Pseudomorphosen. **Aggregate:** Derb, körnig; selten. Vorkommen als Gemengteil in jungen, basischen Magmatiten, insbesondere in Foyait. Begleitmineralien sind Nephelin, Apatit, Augit, Biotit, Sanidin. **Fundorte:** Eifel, Kaiserstuhl; Tschechien; Vesuv, Albaner Berge/Italien; Turkmenistan; Ostsibirien/Rußland; Britisch Columbia/Kanada; Arkansas, Wyoming/USA; Sao Paulo/Brasilien. **Ähnlich:** Analcim, Sodalith, Granat.

Nosean

$Na_8[SO_4 | (AlSiO_4)_6]$

④ Laacher See/Eifel; 1:3

Strichfarbe weiß. Mohshärte 5½. Dichte 2,3–2,4. **Merkmale:** Farbe grau, gelb bis braun, blau, grün, schwarz, selten weiß. Glas- bis Fettglanz; durchsichtig bis undurchsichtig. Spaltbarkeit undeutlich; Bruch muschlig; spröd. In Säure löslich. Kristalle (kubisch) rhombendodekaedrisch; meist eingewachsen; klein und selten. **Aggregate:** Derb, körnig. Vorkommen in jungen, basischen Vulkaniten. Begleitmineralien sind Nephelin, Leucit, Hauyn, Sanidin, Biotit, Zirkon, Augit. **Fundorte:** Eifel, Baden; Vesuv, Albaner Berge/Italien; Cornwall/England; Colorado, Süddakota/USA; Nordchina. **Ähnlich:** Sodalith, Hauyn, Zirkon.

Petalit Kastor

$Li[AlSi_4O_{10}]$

⑤ rötliches Aggregat;
Meldon, Devon/England; 1:2

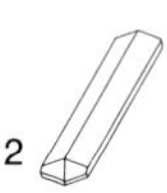

Strichfarbe weiß. Mohshärte 6–6½. Dichte 2,4. **Merkmale:** Farblos, weiß, grau, rötlich, grün. Glasglanz, auf Spaltflächen Perlmuttglanz; durchsichtig bis durchscheinend. Spaltbarkeit vollkommen; Bruch muschlig; spröd. Flammenfärbung karminrot. Kristalle (monoklin) säulig, taflig, meist eingesprengt; sehr selten und klein. **Aggregate:** Derb, spätig, körnig, blättrig, dicht. Vorkommen in Granitpegmatit. Begleitmineralien sind Lepidolith, Spodumen, Turmalin, Quarz, Arsenkies, Pollucit. **Fundorte:** Elba/Italien; Schweden; Finnland; Simbabwe; Südafrika; Namibia; Manitoba/Kanada; Massachusetts, Maine/USA; Westaustralien. **Ähnlich:** Spodumen, Amblygonit, Skapolith, Feldspäte, Glas.

1

2

3

4

5

Analcim

$Na[AlSi_2O_6] \cdot H_2O$

① Farmsen/Niedersachsen

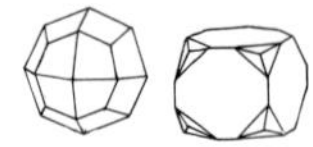

Strichfarbe weiß. Mohshärte 5–5½. Dichte 2,2–2,3. **Merkmale:** Farblos, weiß, grau, gelb, rötlich, grün. Glasglanz; durchsichtig bis durchscheinend. Spaltbarkeit undeutlich; Bruch uneben bis muschlig; spröd. Flammenfärbung gelb. In Salzsäure löslich. Kristalle (kubisch) ikositetraedrisch, auch hexaedrisch; meist aufgewachsen; Pseudomorphosen. **Aggregate:** Derb, körnig, dicht, erdig, krustig. Vorkommen in basaltischen Gesteinen, auf Erzgängen. Begleitmineralien sind Leucit, Natrolith, Nephelin, Thomsonit, Chabasit, Stilbit, Apophyllit, Prehnit, Chlorit, Calcit. **Fundorte:** Harz; Tschechien; Trient, Sizilien/Italien; Färöer; Norwegen; Ural/Rußland; Kaukasus; New Jersey, Colorado/USA. **Ähnlich:** Leucit, Sodalith, Granat.

Tridymit

SiO_2

② Colli Euganei/Italien; 1:4

Strichfarbe weiß. Mohshärte 6½–7. Dichte 2,27. **Merkmale:** Farblos, weiß, grau. Glasglanz; durchsichtig bis durchscheinend. Spaltbarkeit undeutlich; Bruch muschlig; spröd. In heißer Sodalösung löslich. Kristalle (hexagonal/rhombisch) taflig mit sechsseitigem Umriß; aufgewachsen; häufig Zwillinge und Drillinge. **Aggregate:** Schuppig, fächerartig, kuglig, derb. Vorkommen in Hohlräumen saurer Vulkanite, in vulkanischen Auswürflingen, in Sandstein. Begleitmineralien sind Quarz, Sanidin, Hämatit, Augit, Hornblende. **Fundorte:** Siebengebirge, Eifel; Ungarn; Auvergne/Frankreich; Schottland; Colorado, Oregon/USA; Mexiko. **Ähnlich:** Sanidin.

Skolezit

$Ca[Al_2Si_3O_{10}] \cdot 3\ H_2O$

③ mit rosa Stilbit und grünem Apophyllit; Poona/Indien

Strichfarbe weiß. Mohshärte 5–5½. Dichte 2,3–2,4. **Merkmale:** Farblos, weiß. Glas-, Seidenglanz; durchsichtig. Spaltbarkeit vollkommen; Bruch muschlig; spröd. In Salzsäure löslich. Kristalle (monoklin) prismatisch bis nadlig. **Aggregate:** Radialstrahlig, fasrig. Vorkommen auf Drusen in Granit und Syenit, auf alpinen Klüften, in Hohlräumen jungvulkanischer Gesteine. Begleitmineralien sind Laumontit, Heulandit, Stilbit, Apophyllit. **Fundorte:** Island; Färöer; Schottland; Vesuv, Trient/Italien; Ural/Rußland; Kaukasus; Bombay/Indien; Colorado, Kalifornien/USA; Rio Grande do Sul/Brasilien. **Ähnlich:** Natrolith, Mesolith, Gonnardit.

Natrolith

$Na_2[Al_2Si_3O_{10}] \cdot 2\ H_2O$

④ Westerwald/Hessen

Strichfarbe weiß. Mohshärte 5–5½. Dichte 2,2–2,3. **Merkmale:** Farbe weiß, gelblich bis braun, rötlich, farblos. Glas-, Seiden-, Perlmuttglanz; durchsichtig bis durchscheinend. Spaltbarkeit vollkommen; Bruch muschlig; spröd. Schmilzt in Kerzenflamme. Flammenfärbung gelb. In Salzsäure löslich. Zuweilen orange Fluoreszenz in ultraviolettem Licht. Kristalle (orthorhombisch) prismatisch bis nadlig, haarförmig, meist aufgewachsen. **Aggregate:** Radialstrahlig, kuglig, krustig, auch derb, mehlig. Vorkommen in Hohlräumen von Vulkaniten, Foyaiten, auf Erzgängen. Begleitmineralien sind andere Zeolithe, Benitoit, Neptunit, Andesin, Apophyllit, Calcit. **Fundorte:** Baden, Hessen, Harz, Erzgebirge; Böhmen/Tschechien; Auvergne/Frankreich; Südtirol/Italien; Island; Färöer; Kola, Ural/Rußland; New Jersey, Kalifornien/USA. **Ähnlich:** Mesolith, Skolezit, Thomsonit, Gonnardit, Wavellit, Aragonit.

1

2

3

4

Tremolit Grammatit

① Campolungo, Tessin/Schweiz; 1:2

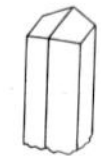

$Ca_2Mg_5[OH|Si_4O_{11}]_2$

Strichfarbe weiß. Mohshärte 5½–6. Dichte 2,9–3,1. **Merkmale:** Farbe weiß, grau, grünlich. Glas-, Seidenglanz; durchsichtig bis undurchsichtig. Spaltbarkeit gut; Bruch fasrig; spröd. Kristalle (monoklin) langprismatisch, nadlig. **Aggregate:** Stenglig, strahlig, filzig (Asbest). Vorkommen in Marmoren, Talkschiefer, Serpentinit. Begleitmineralien sind Calcit, Dolomitspat, Talk, Serpentin, Diaspor. **Fundorte:** Ostbayern; Tessin/Schweiz; Tirol/Österreich; Novara/Italien; Finnland; Ural, Baikalgebiet/Rußland; Namibia; Ontario, Quebec/Kanada; New York, Arizona/USA. **Ähnlich:** Wollastonit, Pektolith, Zoisit, Klinozoisit, Diaspor, Serpentin.

Amblygonit

② Viitaniemi/Finnland; 1:½

$(Li,Na)Al[(F,OH)|PO_4]$

Strichfarbe weiß. Mohshärte 6. Dichte 3,0–3,1. **Merkmale:** Farbe weiß, grau, gelb bis braun, grünlich, bläulich. Glasglanz, auf Spaltflächen Perlmuttglanz; durchsichtig bis durchscheinend. Spaltbarkeit vollkommen; Bruch uneben bis muschlig; spröd. Flammenfärbung karminrot. In Schwefelsäure löslich. Kristalle (triklin) dipyramidal verzerrt; selten; gelegentlich Zwillinge. **Aggregate:** Derb, spätig, körnig. Vorkommen auf Pegmatiten, Granitgängen. Begleitmineralien sind Kassiterit, Apatit, Feldspäte, Quarz, Spodumen, Lepidolith. **Fundorte:** Creuse/Frankreich; Estremadura/Spanien; Finnland; Schweden; Kasachstan; Namibia; Süddakota, Maine/USA; Brasilien. **Ähnlich:** Feldspäte, Petalit, Spodumen, Calcit, Brasilianit.

Pollucit Pollux

③ Bernic Lake, Manitoba/Kanada

$(Cs,Na)[AlSi_2O_6] \cdot ½\ H_2O$.

Stichfarbe weiß. Mohshärte 6½. Dichte 2,9. **Merkmale:** Farblos, weiß, grau. Glasglanz; durchsichtig bis durchscheinend-trüb. Spaltbarkeit keine; Bruch muschlig bis uneben; spröd. In Salzsäure schwer löslich. Kristalle (kubisch) würflig; selten. **Aggregate:** Derb, grob- bis feinkörnig. Vorkommen in Hohlräumen von Graniten und deren Pegmatiten. Begleitmineralien sind Petalit, Lepidolith, Amblygonit, Spodumen, Quarz, Mikroklin. **Fundorte:** Elba/Italien; Schweden; Kasachstan; Namibia; Manitoba, Quebec/Kanada; Maine, Süddakota/USA. **Ähnlich:** Quarz, Hyalit.

Bertrandit

④ Aschamalm/Österreich; 1:8

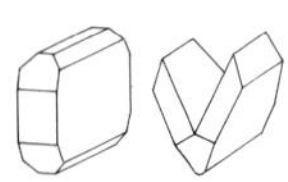

$Be_4[(OH)_2|Si_2O_7]$

Strichfarbe weiß. Mohshärte 6½–7. Dichte 2,60. **Merkmale:** Farblos, weiß, hellgelb. Glas-, Perlmuttglanz; durchsichtig bis durchscheinend. Spaltbarkeit vollkommen; Bruch blättrig; spröd. Kristalle (orthorhombisch) taflig, prismatisch, gewöhnlich klein; herzförmige Zwillinge, zuweilen Pseudomorphosen. **Aggregate:** Nur Kristallgruppen. Vorkommen in sauren Vulkaniten, Pegmatiten, selten auf Zinnerzlagerstätten. Begleitmineralien sind Beryll, Phenakit, Ägirin, Riebeckit, Baryt, Fluorit, Turmalin, Apatit, Adular, Opal, Calcit. **Fundorte:** Ostbayern; Salzburg/Österreich, Böhmen/Tschechien; Westfrankreich; Murcia/Spanien; Norwegen; Namibia; Ostsibirien/Rußland; Queensland/Australien; Colorado, Maine/USA; Chihuahua/Mexiko. **Ähnlich:** Baryt, Albit, Muskovit, Quarz.

Pektolith S. 66, Skapolith S. 78, Fassait S. 98, Lazulith S. 102

1

2

3

4

Eudialyt

① Kola/Rußland; 1:2

$(Na,Ca,Fe)_6Zr[(OH,Cl) | (Si_3O_9)_2]$

Strichfarbe weiß. Mohshärte 5–5½. Dichte 2,8–3,1. **Merkmale:** Farbe rotbraun, rot, rosa, gelb. Glasglanz; durchscheinend. Spaltbarkeit undeutlich; Bruch uneben; spröd. Von Säure leicht zersetzbar. Kristalle (trigonal) dicktaflig, mitunter prismatisch; gewöhnlich eingewachsen; selten gut ausgebildet. **Aggregate:** Derb, körnig bis dicht. Vorkommen in Foyaiten und deren Pegmatiten. Begleitmineralien sind Zirkon, Nephelin, Sodalith, Molybdänglanz, Ägirin, Mikroklin. **Fundorte:** Norwegen; Kola/Rußland, Grönland; Quebec/Kanada; Arkansas, Montana/USA; Minas Gerais, Sao Paulo/Brasilien; Transvaal/Südafrika; Madagaskar. **Ähnlich:** Zirkon, Granat.

Datolith

② mit Danburit; Charcas/Mexiko

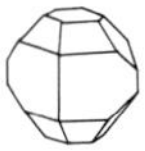

$CaB[OH | SiO_4]$

Strichfarbe weiß. Mohshärte 5–5½. Dichte 2,9–3,0. **Merkmale:** Farblos, weiß, gelb, grünlich, selten grau, rötlich. Glasglanz, auf Bruchflächen Fettglanz; durchsichtig bis durchscheinend. Spaltbarkeit keine; Bruch uneben bis muschlig; spröd. Flammenfärbung grün. Von Salzsäure leicht zersetzbar. Kristalle (monoklin) kurzprismatisch, dicktaflig, flächenreich; gewöhnlich aufgewachsen. **Aggregate:** Derb, körnig bis dicht, fasrig, strahlig, nierig, krustig. Vorkommen in Hohlräumen basischer Magmatite und in Metamorphiten, seltener auf Granitgängen, Erzlagerstätten, alpinen Klüften. Begleitmineralien sind Prehnit, Apophyllit, Wollastonit, Diopsid, Magnetit, gediegen Kupfer, Quarz, Calcit, Chabasit, Stilbit, Heulandit. **Fundorte:** Harz, Schwarzwald; Südtirol/Italien; Böhmen/Tschechien; Norwegen; Ural, Transbaikalien/Rußland; Tasmanien/Australien; New Jersey, Michigan/USA. **Ähnlich:** Ulexit, Colemanit, Prehnit, Danburit, Apophyllit.

Beryllonit

③ Newry, Maine/USA

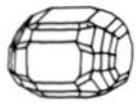

$NaBe[PO_4]$

Strichfarbe weiß. Mohshärte 5½. Dichte 2,8. **Merkmale:** Farblos, weiß, gelblich. Perlmutt-, Glasglanz; durchsichtig bis durchscheinend. Spaltbarkeit vollkommen; Bruch muschlig; spröd. Kristalle (monoklin) kurzprismatisch, taflig, flächenreich; zuweilen Zwillinge. **Aggregate:** Nur Kristallgruppen. Vorkommen in Granitpegmatiten. Begleitmineralien sind Turmalin, Albit, Muskovit, Rauchquarz. **Fundorte:** Finnland, Simbabwe; Maine/USA. **Ähnlich:** Viele farblose Mineralien, Apatit, Glas.

Wardit

④ Yukon Co./Kanada; 1:2

$NaAl_3[(OH)_4 | (PO_4)_2] \cdot 2\,H_2O$

Strichfarbe weiß. Mohshärte 5. Dichte 2,8. **Merkmale:** Farbe blaugrün, weiß, farblos. Glas-, Fettglanz, matt; durchscheinend bis undurchsichtig. Spaltbarkeit vollkommen; Bruch uneben, muschlig; spröd. Kristalle (tetragonal) pyramidal, zuweilen horizontal gestreift. **Aggregate:** Derb, körnig, fasrig, krustig, radialstrahlig-knollig. Vorkommen in Drusen und Klüften von Pegmatiten und phosphatreichen Sedimentiten. Begleitmineralien sind Variszit, Vivianit, Amblygonit, Lazulith, Apatit. **Fundorte:** Creuse/Frankreich; Utah, Süddakota, Kalifornien, New Hampshire/USA; Paraiba/Brasilien. **Ähnlich:** Türkis, Variscit.

Anthophyllit S. 104, Chalcedon S. 118, Aktinolith S. 140

1

2

3

4

Wollastonit

① Auerbach, Bergstraße/Hessen

$Ca_3[Si_3O_9]$

Strichfarbe weiß. Mohshärte 4½–5. Dichte 2,8–2,9. **Merkmale:** Farblos, weiß, grau, gelblich, grünlich, rötlich. Glasglanz, auf Spaltflächen Perlmuttglanz, bei Aggregaten Seidenglanz; durchscheinend bis durchsichtig. Spaltbarkeit vollkommen; Bruch fasrig; spröd. In Säure löslich. Kristalle (triklin) breitstenglig, fasrig, nadlig, selten dicktaflig; meist aufgewachsen; häufig Zwillinge. **Aggregate:** Derb, spätig, körnig, radialstrahlig, blättrig, feinfasrig. Vorkommen in Kalksilikatgesteinen, in vulkanischen Auswürflingen. Begleitmineralien sind Granat, Vesuvian, Diopsid, Epidot, Graphit. **Fundorte:** Schwarzwald, Erzgebirge; Banat/Rumänien; Finnland; Vesuv, Veltlin/Italien; Bretagne/Frankreich; Ural, Ostsibirien/Rußland; Namibia; New York, Kalifornien/USA; Mexiko. **Ähnlich:** Pektolith, Tremolit, Skolezit, Zoisit.

Nephelin

② Vesuv/Italien

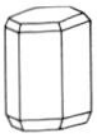

$KNa_3[AlSiO_4]_4$

Strichfarbe weiß. Mohshärte 5–6. Dichte 2,6–2,7. **Merkmale:** Farblos, weiß, grau, gelb bis bräunlich, rötlich, grünlich. Glasglanz, auf Bruchflächen Fettglanz; durchsichtig oder undurchsichtig-trüb (Eläolith). Spaltbarkeit undeutlich; Bruch muschlig bis uneben; spröd. Flammenfärbung gelb. In Salzsäure löslich. Kristalle (hexagonal) prismatisch, kurzsäulig, seltener dicktaflig; ein- und aufgewachsen. **Aggregate:** Derb, körnig bis dicht. Vorkommen in basischen Magmatiten und deren Pegmatiten, in vulkanischen Auswürflingen, selten in Metamorphiten. Begleitmineralien sind Feldspäte, Leucit, Sodalith, Melilith, Cancrinit, Augit, Ägirin, Hornblende, Apatit. **Fundorte:** Odenwald, Kaiserstuhl, Sachsen; Siebenbürgen/Rumänien; Portugal; Kola, Ural/Rußland; Transvaal/Südafrika; Ontario/Kanada; Montana/USA. **Ähnlich:** Cancrinit, Melilith, Cordierit, Apatit, Quarz.

Karpholith Strohstein

③ Schlaggenwald, Tschechien; 1:2

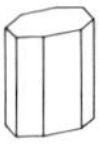

$MnAl_2[(OH)_4 | Si_2O_6]$

Strichfarbe weiß. Mohshärte 5–5½. Dichte 2,9–3,0. **Merkmale:** Farbe strohgelb, gelbgrün, gelbbraun. Seidenglanz; durchscheinend. Spaltbarkeit vollkommen; Bruch fasrig; spröd. In Säure leicht löslich. Kristalle (orthorhombisch) haarförmig. **Aggregate:** Feinfasrig, radialstrahlig, büschlig, verfilzt, selten derb. Vorkommen in Schiefern, auf Zinnerzlagerstätten. Begleitmineralien sind Fluorit, Quarz, Kassiterit. **Fundorte:** Harz; Böhmen/Tschechien; Makedonien; Ardennen/Belgien.

Melilith

④ mit Nephelin; Üdersdorf/Eifel; 1:4
⑤ Capo di Bove/Italien

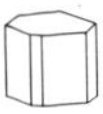

$(Ca,Na)_2(Mg,Al,Fe)[Si_2O_7]$

Strichfarbe weiß bis grau. Mohshärte 5–6. Dichte 2,9–3,0. **Merkmale:** Farbe gelb, braun, grau, gelegentlich farblos. Glasglanz, auf frischen Bruchflächen Fettglanz; durchsichtig bis durchscheinend. Spaltbarkeit gut; Bruch muschlig; spröd. Von Säure leicht zersetzbar. Kristalle (tetragonal) dicktaflig, kurzsäulig, gewöhnlich klein; ein- und aufgewachsen; mitunter kreuzförmige Zwillinge. **Aggregate:** Derb, körnig. Vorkommen in basischen Vulkaniten. Begleitmineralien sind Perowskit, Olivin, Hornblende, Augit, Nephelin, Leucit, Apatit, Calcit. **Fundorte:** Kaiserstuhl, Eifel; Böhmen/Tschechien; Vesuv/Italien; Kola/Rußland; Madagaskar; Quebec/Kanada; Hawaii, Colorado/USA; Durango/Mexiko. **Ähnlich:** Nephelin.

Arfvedsonit S. 212, Odontolith S. 212

1

2

3

4

5

Türkis Kallait

① Arizona/USA; 1:2

$CuAl_6[(OH)_2 | PO_4]_4 \cdot 4\ H_2O$

Strichfarbe weiß. Mohshärte 5–6. Dichte 2,6–2,9. **Merkmale:** Farbe himmelblau bis apfelgrün. Wachs-, Glasglanz, auch matt; undurchsichtig. Spaltbarkeit vollkommen; Bruch muschlig; spröd. Deutlicher Pleochroismus. In Säure löslich. Kristalle (triklin) kurzprismatisch; winzig und sehr selten. **Aggregate:** Derb, feinkörnig bis dicht, feinstfasrig, traubig, krustig, als Spaltenfüllung. Vorkommen auf Klüften von Tachyt, Schiefer, Sandstein. Begleitmineralien sind Limonit, Calcedon. **Fundorte:** Vogtland, Thüringen; Schlesien/Polen; Iran; Turkmenistan; Mandschurei; Sinai/Ägypten; Neu-Mexiko, Arizona, Nevada/USA. **Ähnlich:** Chrysokoll, Variscit, Vivianit, Garnierit, Odontolith, Wardit.

Brasilianit

② Minas Gerais/Brasilien

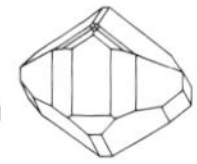

$NaAl_3[(OH)_2 | PO_4]_2$

Strichfarbe weiß. Mohshärte 5½. Dichte 2,98. **Merkmale:** Farbe gelb bis grünlichgelb. Glasglanz; durchsichtig bis durchscheinend. Spaltbarkeit gut; Bruch muschlig; spröd. Flammenfärbung gelb. In Säure löslich. Kristalle (monoklin) kurzprismatisch, flächenreich. **Aggregate:** Kuglig, radialfasrig, derb. Vorkommen in Pegmatiten. Begleitmineralien sind Apatit, Amblygonit, Turmalin, Wardit, Lazulith, Muskovit, Albit. **Fundorte:** Minas Gerais, Paraiba/Brasilien; New Hampshire/USA. **Ähnlich:** Amblygonit, Beryll, Chrysoberyll, Topas, Albit.

Milarit

③ Habachtal/Österreich

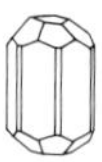

$KCa_2AlBe_2[Si_{12}O_{30}] \cdot H_2O$

Strichfarbe weiß. Mohshärte 5½–6. Dichte 2,5–2,6. **Merkmale:** Farblos, weiß, hellgrün, gelbgrün. Glas-, Fettglanz; durchsichtig bis durchscheinend. Spaltbarkeit keine; Bruch muschlig bis uneben; spröd. Kristalle (hexagonal) prismatisch, nadlig, sehr selten dicktaflig; gewöhnlich aufgewachsen. **Aggregate:** Kristalline Gruppen. Vorkommen auf alpinen Klüften, in Pegmatiten. Begleitmineralien sind Anatas, Brookit, Chlorit, Bertrandit, Albit, Adular, Quarz. **Fundorte:** Bayerischer Wald, Thüringen; Graubünden/Schweiz; Mähren/Tschechien; Osttirol, Salzburg/Österreich; Kola/Rußland; Namibia; Mexiko; Brasilien. **Ähnlich:** Beryll, Apatit, Phenakit.

Prehnit

④ Radautal/Harz

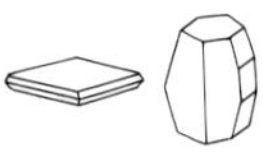

$Ca_2Al_2[(OH)_2 | Si_3O_{10}]$

Strichfarbe weiß. Mohshärte 6–6½. Dichte 2,8–3,0. **Merkmale:** Farblos, weiß, grau, grünlich, gelblich, rötlich. Glas-, Perlmuttglanz; durchsichtig bis durchscheinend. Spaltbarkeit gut; Bruch uneben; spröd. In Salzsäure nur langsam löslich. Kristalle (orthorhombisch) taflig, kurzsäulig, oft gekrümmt; Einzelkristalle selten; zuweilen Zwillinge und Pseudomorphosen. **Aggregate:** Derb, fächerförmig, radialstrahlig, kuglig, nierig. Vorkommen in basischen Magmatiten, Schiefern, auf alpinen Klüften. Begleitmineralien sind Stilbit, Heulandit, Laumontit, Pektolith, Epidot, Calcit. **Fundorte:** Schwarzwald, Rheinpfalz, Thüringer Wald; Tirol/Österreich; Graubünden/Schweiz; Südtirol/Italien; Dauphiné/Frankreich; Bombay/Indien; Ural/Rußland; Kaukasus; New Jersey, Michigan/USA. **Ähnlich:** Stilbit, Wavellit, Gyrolith, Datolith.

1

2

3

4

Orthoklas-Feldspat Kalifeldspat

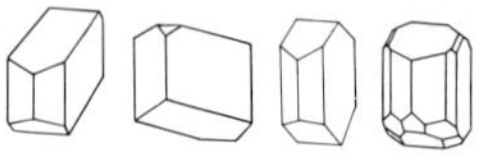

$K[AlSi_3O_8]$

Strichfarbe weiß, Mohshärte 6. Dichte 2,53–2,56. **Merkmale:** Farblos, weiß, gelb bis braun, fleischrot bis braunrot, grün. Glas-, Perlmuttglanz; durchsichtig bis undurchsichtig. Spaltbarkeit vollkommen, Spaltwinkel 90°; Bruch muschlig, uneben, splittrig; spröd. Kristalle (monoklin: Orthoklas i. e. S., triklin: Mikroklin) prismatisch, taflig, auch rhomboedrisch, oft flächenreich; auf- und eingewachsen; häufig Zwillinge und Pseudomorphosen. **Aggregate:** Derb, spätig, körnig. Orientierte Verwachsungen mit Quarz (Schriftgranit). Vorkommen als Gesteinsgemengteil in Magmatiten, Metamorphiten, seltener in Sedimentiten. Gute Kristallausbildung in Pegmatiten, auf Klüften und Gängen. Begleitmineralien sind Quarz, Plagioklas, Glimmer, Turmalin, Topas, Granat.

Orthoklas i. e. S. ② Sachsen; ③ Arendal/Norwegen

Farbe milchigweiß, rötlichweiß, hellrosa bis fleischrot. Gewöhnlich trüb, undurchsichtig, selten klar gelb. Häufig Durchdringungszwillinge (u. a. Karlsbader Zwillinge). Mitunter schwach rötlichorange Fluoreszenz in ultraviolettem Licht. Fundorte: Ostbayern; Tauern/Österreich; Tessin/Schweiz; Schweden; Norwegen; Kanada; Kalifornien/USA; Madagaskar; Birma. Ähnlich: Andere Feldspäte, Baryt, Calcit.

Adular ⑥ Wallis/Schweiz

Varietät von Orthoklas i. e. S. Durchsichtig, leicht getrübt bis milchigweiß. Fast stets aufgewachsen in Drusen und alpinen Klüften. Häufig von Chlorit bestäubt oder durchwachsen. Fundorte: Tessin, Graubünden/Schweiz; Tauern/Österreich; Sri Lanka; Südafrika.

Sanidin ④ Vetralla, Latium/Italien

Farblos durchsichtig bis undurchsichtig grau, graubräunlich. Große taflige, oft rissige Einsprenglinge in jungvulkanischen Gesteinen. Fundorte: Siebengebirge; Vesuv/Italien; Kaukasus. Ähnlich: Cancrinit, Tridymit.

Mondstein

Varietät von Adular oder Sanidin. Farblos, gelblich; milchig-trüb mit bläulich-weißem Schimmer und wogendem Lichtschein, besonders deutlich bei gewölbten Schliffarten. Schwache bläuliche oder orange Fluoreszenz in ultraviolettem Licht. Fundorte: Sri Lanka; Indien; Birma; Westaustralien; Tansania; Madagaskar; Virginia/USA; Brasilien. Ähnlich: Chalcedon, Glasimitationen.

Mikroklin ① Setesdalen/Norwegen

Farbe gewöhnlich weiß, grau, gelblich, rötlich; trüb bis undurchsichtig. Fundorte: Ostbayern; Skandinavien; Ural, Karelien/Rußland; New Hampshire/USA; Indien. Ähnlich: Andere Feldspäte, Baryt, Dolomitspat.

Amazonit Amazonenstein ⑤ Pikes Peak, Colorado/USA

Varietät von Mikroklin. Farbe grün, bläulichgrün, gewöhnlich streifig oder fleckig; undurchsichtig bis durchscheinend. Fundorte: Colorado/USA; Brasilien; Indien; Madagaskar; Ural/Rußland. Ähnlich: Jadeit, Nephrit, Türkis.

1

2

3

4

5

6

Plagioklas-Feldspat Kalknatronfeldspat

Milchkristalle von Albit $Na[AlSi_3O_8]$
und Anorthit $Ca[Al_2Si_2O_8]$

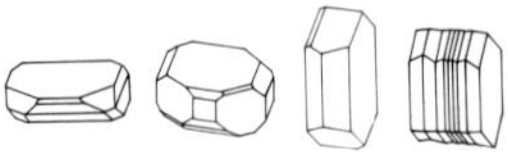

Strichfarbe weiß. Mohshärte 6–6½. Dichte 2,61–2,77. **Merkmale:** Farblos, weiß, grau, grün, rötlich; zuweilen Farbenschiller (Labradorisieren). Glasglanz, matt, auf Spaltflächen Perlmuttglanz; durchscheinend bis undurchsichtig. Spaltbarkeit vollkommen, Spaltwinkel bei etwa 86°; Bruch muschlig bis uneben; spröd. Teilweise in Säure löslich. Kristalle (triklin) taflig, prismatisch, ein- und aufgewachsen; fast stets Zwillinge mit Streifung. **Aggregate:** Derb, körnig, krustig. Vorkommen als Gesteinsgemengteil in Magmatiten, Metamorphiten, seltener in Sedimentiten. Begleitmineralien sind Quarz, Orthoklas, Glimmer, Chlorit, Calcit, Zeolithe, Augit, Hornblende.

Albit

② Habachtal, Tirol/Österreich

Farblos, grauweiß, selten grünlich, bläulich, rötlich; gewöhnlich trüb, durchscheinend bis undurchsichtig. In Säure schwer löslich. Fundorte: Tirol/Österreich; Schweiz; Elba, Trient/Italien; Böhmen/Tschechien; Pyrenäen; Maine/USA. Ähnlich: Andere Plagioklase, Orthoklas, Baryt.

Periklin

③ mit Chlorit-Überzug; Tauern/Österreich

Varietät von Albit. Farbe weiß oder grünlich durch Chlorit; milchig-trüb. Besonders verbreitet in Chloritschiefer alpiner Klüfte.

Oligoklas

Farblos, weiß, grau, grünlich, gelblich, rötlich; durchsichtig, trüb. In Säure schwer löslich. Kristalle meist eingewachsen. Ähnlich: Andere Feldspäte.

Sonnenstein Aventurin-Feldspat

① geschliffen; Norwegen

Varietät von Oligoklas. Farbe orange, rotbraun; undurchsichtig. Metallisches Glitzern durch eingelagerten Hämatit oder Goethit. Fundorte: USA; Kanada; Indien; Norwegen; Rußland. Ähnlich: Aventurin-Quarz.

Andesin

Farbe weiß, grau, gelblich, grünlich; durchsichtig bis undurchsichtig. In Säure schwer löslich. Fundorte: Ostbayern; Böhmen/Tschechien; Ungarn; Kaukasus; Südamerika. Ähnlich: Andere Feldspäte.

Labradorit

④ Spektrolith; Finnland; ⑤ Antsirabé/Madagaskar

Farbe weiß, grau, braun, bläulich; durchscheinend bis undurchsichtig; mitunter Farbenschiller in blauen, grünen, rötlichen Tönen (Labradorisieren). Kristalle selten. In Säure löslich. Fundorte: Labrador/Kanada; Mexiko; Madagaskar; Ukraine. Varietät aus Finnland heißt Spektrolith.

Bytownit

Farbe weiß, grau, bräunlich, bläulich; durchscheinend bis undurchsichtig; teilweise Farbschiller. In Säure löslich. Fundorte: Harz; Sizilien/Italien; Albanien; Korsika/Frankreich; Schottland; Kanada. Ähnlich: Labradorit.

Anorthit

Farblos, weiß, grau, rötlich; durchsichtig, trüb, undurchsichtig. In Säure löslich. Fundorte: Italien; Indien; Japan. Ähnlich: Andere Feldspäte.

1

2

3

4

5

Strichfarbe

weiß und farblos

Mohshärte 1 2 3 4 5 6 7 8 9 10

Dichte 1 2 3 4 5 6 7

Apatit

$Ca_5[F,Cl,OH] | (PO_4)_3]$

① mit Bergkristall; Mexiko; 1:2
② Kragerö/Norwegen

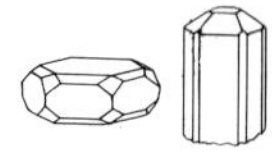

Strichfarbe weiß. Mohshärte 5. Dichte 3,16–3,22. **Merkmale:** Farblos, weiß, auch alle anderen Farben. Glasglanz, auf Bruchflächen Fettglanz; durchsichtig bis undurchsichtig. Spaltbarkeit undeutlich; Bruch muschlig bis uneben; spröd. Mitunter bläuliche Fluoreszenz in ultraviolettem Licht. In Säure leicht löslich. Kristalle (hexagonal) kurz- und langsäulig, dicktaflig, dipyramidal, nadlig, häufig flächenreich; ein- und aufgewachsen. **Aggregate:** Derb, körnig bis dicht, fasrig, strahlig, nierig. Vorkommen auf alpinen Klüften, in Magmatiten und Metamorphiten, auf Magnetit- und Kassiteritlagerstätten, sedimentär als selbständige Lager und in Konkretionen. Begleitmineralien sind Magnetit, Kassiterit, Titanit, Rutil, Wolframit, Zirkon, Topas. **Fundorte:** Eifel, Erzgebirge; Tirol/Österreich; Schweiz; Dauphiné/Frankreich; Schweden; Norwegen; Kola, Ural/Rußland; Mexiko; Montana/USA. **Ähnlich:** Pyromorphit, Mimetesit, Nephelin, Milarit, Beryll, Quarz.

Fassait

$Ca(Mg,Fe,Al)[(Si,Al)_2O_6]$

③ mit Calcit; Fassatal, Südtirol/Italien

Strichfarbe grünlichweiß. Mohshärte 6. Dichte 2,9–3,3. **Merkmale:** Farbe hell- bis dunkelgrün, schwarz. Glasglanz; durchscheinend bis undurchsichtig. Spaltbarkeit gut; Bruch uneben bis muschlig; spröd. Kristalle (monoklin) kurzprismatisch, flächenreich; ein- und aufgewachsen. **Aggregate:** Derb, körnig bis dicht. Vorkommen in Marmor, in vulkanischen Auswürflingen. Begleitmineralien sind Grossular, Vesuvian, Spinell, Calcit, Dolomitspat. **Fundorte:** Südtirol, Vesuv/Italien; Schottland; Schweden; Montana/USA; Sri Lanka. **Ähnlich:** Diopsid, Grossular, Vesuvian.

Chondrodit

$Mg_5[(OH,F)_2 | (SiO_4)_2]$

④ New York/USA; 1:2

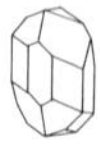

Strichfarbe weiß. Mohshärte 6–6½. Dichte 3,1–3,2. **Merkmale:** Farbe gelb, braun, rot, seltener grün. Glas-, Harzglanz; durchsichtig bis durchscheinend. Spaltbarkeit undeutlich; Bruch muschlig bis uneben; spröd. Kristalle (monoklin) kurzsäulig, gewöhnlich klein und flächenreich; häufig Zwillinge. **Aggregate:** Derb, körnig, als Imprägnation. Vorkommen in Kalk- und Dolomitmarmor, auf Erzlagerstätten, in vulkanischen Auswürflingen. Begleitmineralien sind Magnetit, Zinkblende, Bleiglanz, Vesuvian, Spinell. **Fundorte:** Fichtelgebirge, Erzgebirge; Vogesen/Frankreich; Schweden, Finnland; Ontario/Kanada; New York/USA. **Ähnlich:** Cancrinit, Olivin.

Diaspor

AlOOH

⑤ Mineral Co., Nevada/USA

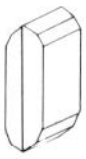

Strichfarbe weiß. Mohshärte 6½–7. Dichte 3,3–3,5. **Merkmale:** Farblos, weiß, grau, gelb bis bräunlich, grün bis blau. Glasglanz, auf Spaltflächen Perlmuttglanz; durchsichtig bis durchscheinend. Spaltbarkeit vollkommen; Bruch muschlig; spröd. Zuweilen deutlicher Pleochroismus. Kristalle (orthorhombisch) taflig, klein und selten; häufig Zwillinge. **Aggregate:** Derb, blättrig, strahlig. Vorkommen in Metamorphiten, gesteinsbildend in Kalkbauxiten. Begleitmineralien sind Korund, Kyanit, Hämatit, Spinell, Calcit, Dolomitspat. **Fundorte:** Schweiz; Tirol/Österreich; Griechenland; Norwegen; Ural/Rußland; Südafrika; Colorado/USA. **Ähnlich:** Phlogopit, Böhmit, Tremolit.

Kyanit S. 70, Triphylin S. 70, Amblygonit S. 86, Tremolit S. 86, Eudialyt S. 88, Bronzit S. 106, Rhodonit S. 106, Titanit S. 106

1

2

3

4

5

Enstatit

$Mg_2[Si_2O_6]$

① Kragerö/Norwegen

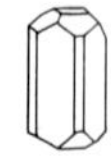

Strichfarbe weiß. Mohshärte 5–6. Dichte 3,1–3,3. **Merkmale:** Farbe grauweiß, gelblich bis braun, grünlich, selten farblos und weiß. Glasglanz; durchsichtig bis undurchsichtig. Spaltbarkeit gut, Spaltwinkel 85°; Bruch muschlig bis uneben; spröd. Kristalle (orthorhombisch) kurzprismatisch, dicktaflig; selten. **Aggregate:** Derb, spätig, körnig. Vorkommen in kieselsäurearmen Magmatiten, in Metamorphiten mitunter gesteinsbildend. Begleitmineralien sind Apatit, Olivin, Phlogopit, Diopsid, Augit, Hornblende. **Fundorte:** Harz; Schottland; Irland; Norwegen; Ural/Rußland; Grönland; Kalifornien/USA; Südafrika. **Ähnlich:** Hypersthen, Diopsid, Andalusit.

Vesuvian Idokras

$Ca_{10}(Mg, Fe)_2Al_4[(OH)_4 \mid (SiO_4)_5 \mid (Si_2O_7)_2]$

② Kalifornien/USA

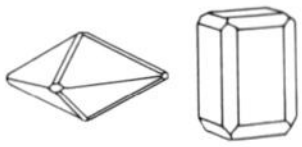

Strichfarbe weiß. Mohshärte 6½. Dichte 3,27–3,45. **Merkmale:** Farbe grau, gelb, braun, grün, schwarz, seltener blau, rot. Glasglanz, auf Bruchflächen Fettglanz; durchsichtig bis undurchsichtig. Spaltbarkeit undeutlich; Bruch uneben bis muschlig, auch splittrig; spröd. In Säure teilweise löslich. Kristalle (tetragonal) kurz- und langsäulig, dipyramidal, nadlig, meist vertikal gestreift; ein- und aufgewachsen. **Aggregate:** Derb, körnig bis dicht, strahlig (Egeran). Vorkommen mit Metamorphiten, in vulkanischen Auswürflingen, selten in Magmatiten. Begleitmineralien sind Granat, Diopsid, Wollastonit, Epidot. **Fundorte:** Erzgebirge; Schweiz; Tirol/Österreich; Vesuv, Piemont/Italien; Böhmen/Tschechien; Ostsibirien/Rußland; Kalifornien/USA; Mexiko. **Ähnlich:** Skapolith, Epidot, Grossular, Zirkon.

Humit

$Mg_7[(OH,F)_2 \mid (SiO_4)_3]$

③ Vesuv/Italien; 1:4

Strichfarbe weiß. Mohshärte 6–6½. Dichte 3,1–3,2. **Merkmale:** Farbe gelblich bis braun, orange bis rot. Glas-, Harzglanz; durchscheinend bis durchsichtig. Spaltbarkeit undeutlich; Bruch uneben bis muschlig; spröd. Kristalle (orthorhombisch) kurzsäulig, flächenreich; sehr selten und gewöhnlich klein. **Aggregate:** Derb, körnig, als Imprägnation. Vorkommen in Kalk- und Dolomitmarmor, in vulkanischen Auswürflingen, vereinzelt auch auf Erzlagern. Begleitmineralien sind Calcit, Dolomitspat, Spinell, Magnetit, Zinkblende, Bleiglanz. **Fundorte:** Fichtelgebirge; Vesuv/Italien; Andalusien/Spanien; Schweden; Finnland; New York/USA. **Ähnlich:** Cancrinit.

Zoisit

$Ca_2Al_3[O \mid OH \mid SiO_4 \mid Si_2O_7]$

④ Baja California/Mexiko
⑤ Zoisit-Amphibolit mit Rubin; Tansania
⑥ Thulit; Lexviken/Norwegen; 1:2
⑦ Tansanit; Tansania

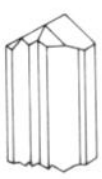

Strichfarbe weiß. Mohshärte 6–6½. Dichte 3,15–3,36. **Merkmale:** Farbe grau, bräunlich, grün (Anyolith), rosenrot (Thulit), blau (Tansanit). Glas-, Perlmuttglanz; durchsichtig bis undurchsichtig. Spaltbarkeit vollkommen; Bruch uneben; spröd. Kristalle (orthorhombisch) prismatisch, nadlig, vertikal gestreift; meist eingewachsen. **Aggregate:** Derb, spätig, stenglig, fasrig. Vorkommen in Metamorphiten. Begleitmineralien sind Epidot, Vesuvian, Kyanit, Magnetkies, Quarz, Feldspäte. **Fundorte:** Erzgebirge; Kärnten/Österreich; Wallis/Schweiz; Südtirol/Italien; Ural/Rußland; Tansania; Namibia; Wyoming/USA. **Ähnlich:** Tremolit, Klinozoisit, Sillimanit.

Chiastolith S. 122, Jadeit S. 122, Axinit S. 124, Olivin S. 128

1

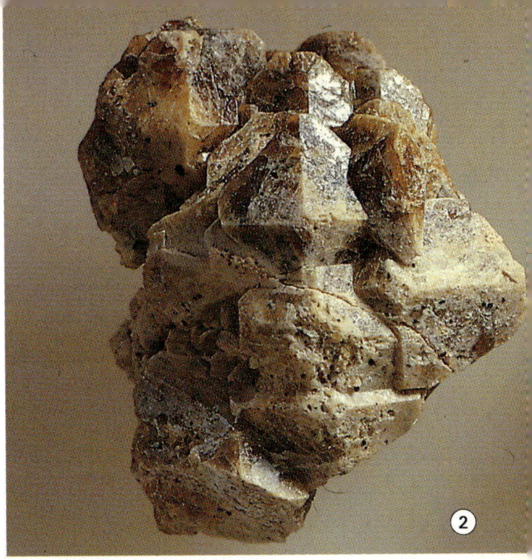
2

3

4

5

6

7

Diopsid

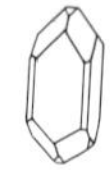

$CaMg[Si_2O_6]$

① Outokumpu/Finnland
② Diallag; Bad Harzburg/Harz

Strichfarbe weiß. Mohshärte 5–6½. Dichte 3,3–3,4. **Merkmale:** Farbe hell- bis dunkelgrün, smaragdgrün (Chromdiopsid), grau, gelb, bronzeartig (Diallag), blau bis violett (Violan), seltener farblos und weiß. Glasglanz; durchsichtig bis durchscheinend. Spaltbarkeit gut, Spaltwinkel etwa 90°; Bruch uneben; spröd. Kristalle (monoklin) kurzsäulig, auch taflig; ein- und aufgewachsen; verbreitet Zwillinge. **Aggregate:** Derb, stenglig, strahlig, körnig bis dicht. Vorkommen in Magmatiten und Metamorphiten, auf alpinen Klüften. Begleitmineralien sind Grossular, Wollastonit, Chlorit, Calcit, Magnetit, Vesuvian. **Fundorte:** Odenwald, Erzgebirge; Tirol/Österreich; Wallis/Schweiz; Schweden; Ural, Baikalseegebiet/Rußland; Madagaskar; Kalifornien, Montana/USA. **Ähnlich:** Fassait, Hypersthen, Bronzit, Augit.

Klinozoisit

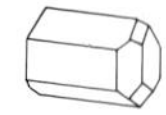

$Ca_2Al_3[O \mid OH \mid SiO_4 \mid Si_2O_7]$

③ auf Skolezit; Tessin/Schweiz; 1:3

Strichfarbe weiß bis grau. Mohshärte 6–7. Dichte 3,2–3,5. **Merkmale:** Farbe grau, gelb, grünlich, rosa, seltener blau und farblos. Glasglanz; durchsichtig bis durchscheinend. Spaltbarkeit vollkommen; Bruch uneben; spröd. Kristalle (monoklin) lang- und kurzprismatisch, dicktaflig, meist in Längsrichtung gestreift; häufig Zwillinge. **Aggregate:** Derb, stenglig, fasrig, körnig. Vorkommen in Metamorphiten. Begleitmineralien sind Axinit, Albit, Aktinolith, Glaukophan, Epidot, Zoisit. **Fundorte:** Fichtelgebirge; Tirol/Österreich; Schweiz; Turin/Italien; Madagaskar; Ontario/Kanada; Kalifornien, Nevada/USA; Sonora/Mexiko; Brasilien. **Ähnlich:** Zoisit, Epidot, Tremolit.

Lazulith Blauspat

$(Mg,Fe)Al_2[OH \mid PO_4]_2$

④ Yukon/Kanada

Strichfarbe weiß. Mohshärte 5–6. Dichte 3,0–3,4. **Merkmale:** Farbe hell- bis dunkelblau, weiß. Glas-, Fettglanz; undurchsichtig, Kanten durchscheinend. Spaltbarkeit undeutlich; Bruch uneben, splittrig; spröd. Schwacher Pleochroismus. In heißer Säure schwer löslich. Kristalle (monoklin) spitzpyramidal, kurzsäulig, taflig; ein- und aufgewachsen; selten; mitunter Zwillinge. **Aggregate:** Derb, körnig bis dicht, als Imprägnation. Vorkommen in Quarziten, Quarzgängen. Begleitmineralien sind Korund, Rutil, Granat, Kyanit, Quarz. **Fundorte:** Thüringer Wald; Salzburg, Steiermark/Österreich; Wallis/Schweiz; Schweden; Georgia, Nordcarolina/USA; Minas Gerais/Brasilien. **Ähnlich:** Sodalith, Lapislazuli, Azurit, Vivianit, Charoit.

Sillimanit

$Al_2[O \mid SiO_4]$

⑤ New York/USA
⑥ Pennsylvania/USA; 1:3

Strichfarbe weiß. Mohshärte 6–7. Dichte 3,2–3,3. **Merkmale:** Farbe grau, gelb bis braun, grünlich, seltener bläulich, weiß, farblos. Glas-, Fettglanz, bei Aggregaten Seidenglanz; durchsichtig bis durchscheinend. Spaltbarkeit vollkommen; Bruch uneben; spröd. Kristalle (orthorhombisch) prismatisch, nadlig, ohne Endbegrenzung; eingewachsen; sehr selten. **Aggregate:** Stenglig, fasrig, strahlig, filzig. Vorkommen in Metamorphiten, als Geröll. Begleitmineralien sind Quarz, Feldspäte, Cordierit, Andalusit, Granat, Korund, Chrysoberyll, Spinell. **Fundorte:** Bayerischer Wald, Erzgebirge; Tirol/Österreich; Trient/Italien; Südafrika; Idaho, New York/USA; Brasilien; Assam/Indien; Sri Lanka; Birma. **Ähnlich:** Kyanit, Zoisit, Andalusit, Asbest.

Aktinolith S. 140, Augit S. 142, Hedenbergit S. 142, Hypersthen S. 166

1

2

3

4

5

6

Strichfarbe

weiß und farblos

Mohshärte 1 2 3 4 5 6 7 8 9 10

Dichte 1 2 3 4 5 6 7

Hemimorphit Kieselzinkerz

$Zn_4[(OH)_2 | Si_2O_7] \cdot H_2O$

① Chihuahua/Mexiko

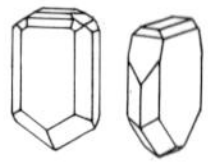

Strichfarbe weiß. Mohshärte 5. Dichte 3,3–3,5. **Merkmale:** Farblos, weiß bis grau, hellgrün, bläulich, gelblich bis braun. Glas-, Seidenglanz; durchsichtig bis durchscheinend. Spaltbarkeit vollkommen; Bruch muschlig bis uneben; spröd. In Salzsäure löslich. Kristalle (orthorhombisch) taflig, prismatisch bis nadlig, gewöhnlich klein und aufgewachsen; Zwillinge und Pseudomorphosen verbreitet. **Aggregate:** Radialstrahlig, nierig, stalaktitisch, seltener körnig, dicht oder erdig. Vorkommen in der Oxidationszone von Blei-Zink-Lagerstätten. Begleitmineralien sind Smithsonit, Zinkblende, Hydrozinkit, Aurichalcit, Bleiglanz, Cerussit. **Fundorte:** Rheinland; Kärnten/Österreich; Sardinien/Italien; England; Transbaikalien/Rußland; Algerien; Arizona, Colorado/USA; Mexiko. **Ähnlich:** Smithsonit, Opal, Topas, Chalcedon.

Kornerupin Prismatin

$Mg_4Al_6[(O,OH)_2 | BO_4 | (SiO_4)_4]$

② Waldheim/Sachsen; 1:2

Strichfarbe weiß. Mohshärte 6–7. Dichte 3,3. **Merkmale:** Farbe weiß, gelb, grün, rosa, auch farblos und schwarz. Glasglanz; durchsichtig bis durchscheinend. Spaltbarkeit gut; Bruch muschlig; spröd. Starker Pleochroismus. Kristalle (orthorhombisch) langprismatisch; eingewachsen. **Aggregate:** Derb, dünnstenglig, strahlig. Vorkommen in gneisartigen Gesteinen. Begleitmineralien sind Cordierit, Turmalin, Zirkon, Spinell, Kyanit, Quarz, Feldspäte, Biotit. **Fundorte:** Sachsen; Finnland; Ukraine; Kasachstan; Madagaskar; Südafrika; Kenia; Tansania; Sri Lanka; Indien; Birma; Grönland; Quebec/Kanada. **Ähnlich:** Enstatit, Turmalin.

Anthophyllit

$(Mg,Fe)_7[OH | Si_4O_{11}]_2$

③ Paaka/Finnland; 1:½

Strichfarbe weiß. Mohshärte 5½. Dichte 2,8–3,2. **Merkmale:** Farbe bräunlich, gelblichgrau. Glasglanz, seltener Perlmutt-, Seidenglanz; bronzeartig schillernd; durchscheinend. Spaltbarkeit vollkommen, Spaltwinkel etwa 125°; Bruch uneben, fasrig; spröd, in dünnen Fasern biegsam. Lebhafter Pleochroismus. Kristalle (orthorhombisch) prismatisch; selten. **Aggregate:** Stenglig, fasrig, (A.-Asbest), nadlig, radialstrahlig, dicht und zäh (Nephrit). Vorkommen in Metamorphiten, teils gesteinsbildend. Begleitmineralien sind Cordierit, Biotit, Feldspäte, Quarz. **Fundorte:** Bayerischer Wald; Tschechien; Südtirol/Italien; Norwegen; Finnland; Ural/Rußland; Südafrika; Kalifornien/USA. **Ähnlich:** Bronzit, Hypersthen, Tremolit, Aktinolith, Jadeit.

Spodumen

$LiAl[Si_2O_6]$

④ Hiddenit; Minas Gerais/Brasilien; 1:2
⑤ Kunzit; Minas Gerais/Brasilien

Strichfarbe weiß. Mohshärte 6½–7. Dichte 3,1–3,2. **Merkmale:** Farblos, weiß, grau, gelb bis grün (Hiddenit), rosa bis violett (Kunzit). Glasglanz, auf Spaltflächen Perlmuttglanz; durchsichtig bis durchscheinend. Spaltbarkeit vollkommen; Bruch uneben; spröd. Flammenfärbung intensiv rot. Mitunter deutlicher Pleochroismus. Kristalle (monoklin) taflig, prismatisch, längsgestreift; ein- und aufgewachsen; Zwillinge. **Aggregate:** Derb, spätig, breitstenglig. Vorkommen in Granitpegmatiten, in Drusen. Begleitmineralien sind Quarz, Feldspäte, Beryll, Turmalin, Amblygonit, Triphylin, Kassiterit. **Fundorte:** Schweden; Schottland; Simbabwe; Namibia; Madagaskar; Süddakota/USA; Brasilien. **Ähnlich:** Petalit, Skapolith, Amblygonit, Feldspäte.

Arfvedsonit S. 212, Odontolith S. 212

1

2

3

4

5

Rhodonit Mangankiesel

① New Jersey/USA

$CaMn_4[Si_5O_{15}]$

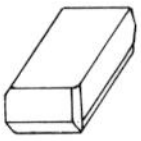
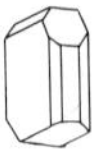

Strichfarbe weiß. Mohshärte 5½–6½. Dichte 3,4–3,7. **Merkmale:** Farbe hellrot, rosenrot, braunrot; oft schwarz gefleckt oder durchädert. Glasglanz, auf Spaltflächen Perlmuttglanz; durchsichtig bis undurchsichtig. Spaltbarkeit vollkommen; Bruch muschlig bis uneben; spröd. In Salzsäure langsam löslich. Kristalle (triklin) taflig, säulig, häufig mit gerundeten Ecken; selten. **Aggregate:** Derb, spätig, körnig, dicht. Vorkommen auf Mangan- und Eisenerzlagerstätten, in Tongestein. Begleitmineralien sind Magnetit, Braunit, Hausmannit, Rhodochrosit, Quarz, Granat. **Fundorte:** Harz; Piemont/Italien; Rumänien; Schweden; Ural/Rußland; New Jersey/USA; Brasilien; Indien; Japan; Neusüdwales/Australien. **Ähnlich:** Rhodochrosit.

Titanit Sphen

② überstaubt mit Chlorit; Zillertal/Österreich

$CaTi[O \mid SiO_4]$

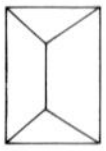

Strichfarbe weiß. Mohshärte 5–6. Dichte 3,3–3,6. **Merkmale:** Farbe gelb, grün, braun, rot, schwarz. Diamant-, Glas-, Fettglanz; durchsichtig bis undurchsichtig. Spaltbarkeit gut; Bruch muschlig; spröd. Hohe Doppelbrechung. In Schwefelsäure löslich. Kristalle (monoklin) briefkuvertförmig, taflig, primatisch; ein- und aufgewachsen; häufig Zwillinge. **Aggregate:** Derb, körnig, schalig. Vorkommen als Nebengemengteil in Magmatiten und Metamorphiten, auf alpinen Klüften, mitunter auf Seifen. Begleitmineralien sind Chlorit, Hornblende, Rutil, Apatit, Nephelin, Feldspäte, Quarz, Calcit. **Fundorte:** Eifel, Bayerischer Wald, Sachsen; Tirol, Salzburg/Österreich; Piemont/Italien; St.-Gotthard-Gebiet/Schweiz; Ural, Kola/Rußland; Ontario/Kanada; Maine, Massachusetts/USA; Mexiko; Minas Gerais/Brasilien. **Ähnlich:** Axinit, Kassiterit, Anatas, Monazit, Zirkon.

Periklas

③ Vesuv/Italien; 1:8

MgO

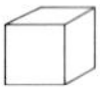

Strichfarbe weiß. Mohshärte 5½–6. Dichte 3,6–3,9. **Merkmale:** Farblos, graugrün, gelblich. Glasglanz; durchscheinend bis durchsichtig. Spaltbarkeit vollkommen; Bruch muschlig; spröd. Als Kristall in Säure schwer, gepulvert leicht löslich. Kristalle (kubisch) würflig, oktaedrisch; ein- und aufgewachsen; gewöhnlich klein und selten; Zwillinge. **Aggregate:** Derb, körnig. Vorkommen in Kalk- und Dolomitmarmor, in vulkanischen Auswürflingen. Begleitmineralien sind Calcit, Hausmannit, Magnesit, Brucit. **Fundorte:** Vesuv, Sardinien/Italien; Schweden; Kalifornien/USA. **Ähnlich:** Spinell.

Bronzit

④ Kraubarth, Steiermark/Österreich

$(Mg,Fe)_2[Si_2O_6]$

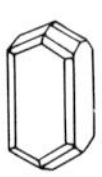

Strichfarbe weiß, bräunlich. Mohshärte 5–6. Dichte 3,2–3,6. **Merkmale:** Farbe braun, grün, bronzefarben. Metall-, Seiden-, Glasglanz; durchscheinend bis undurchsichtig. Spaltbarkeit gut; Bruch uneben, blättrig, fasrig; spröd. Schwacher Pleochroismus. Kristalle (orthorhombisch) kurzsäulig, selten gut ausgebildet. **Aggregate:** Derb, spätig, körnig. Vorkommen in basischen bis intermediären Magmatiten und Metamorphiten, gesteinsbildend in Bronzitit. Begleitmineralien sind Diopsid, Olivin, Serpentin, Ilmenit, Magnetit, Chromit. **Fundorte:** Harz, Sachsen; Steiermark/Österreich; Norwegen; Ural/Rußland; Transvaal/Südafrika; Grönland; Colorado/USA. **Ähnlich:** Hypersthen, Anthophyllit, Diopsid, Enstatit.

Betafit S. 70, Kyanit S. 70, Triphylin S. 70, Andradit S. 126

1

2

3

4

Willemit

① Zaire

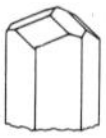

$Zn_2[SiO_4]$

Strichfarbe weiß. Mohshärte 5½. Dichte 4,0. **Merkmale:** Farblos, weiß, gelb bis grün, seltener rosa, grau, braun. Glas-, Fettglanz; durchsichtig bis durchscheinend. Spaltbarkeit undeutlich; Bruch muschlig, splittrig; spröd. Zuweilen grüngelbe Fluoreszenz in ultraviolettem Licht. Gepulvert in Salzsäure löslich. Kristalle (trigonal) kurz- und langsäulig, meist klein; mitunter Pseudomorphosen. **Aggregate:** Derb, körnig, erdig. Vorkommen in der Oxidationszone von Blei-Zink- und Zink-Mangan-Lagerstätten. Begleitmineralien sind Franklinit, Zinkit, Smithsonit, Hydrozinkit, Hemimorphit, Rhodonit, Calcit. **Fundorte:** Rheinland; Sambia; Namibia; Kirgisistan; New Jersey, Neu-Mexiko/USA; Südaustralien. **Ähnlich:** Epidot, Olivin.

Anatas

② rote Kristalle;
Val Bavona, Tessin/Schweiz; 1:2

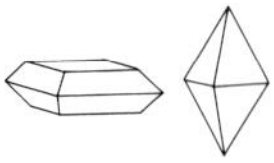

TiO_2

Strichfarbe weiß. Mohshärte 5½–6. Dichte 3,8–3,9. **Merkmale:** Farbe blauschwarz, gelb bis braun, rötlich, selten farblos. Diamant-, Metall-, Fettglanz; durchscheinend bis durchsichtig. Spaltbarkeit vollkommen; Bruch uneben, muschlig; spröd. Kristalle (tetragonal) spitz- bis flachpyramidal, taflig, klein; oft horizontal gestreift; gewöhnlich aufgewachsen; zuweilen Pseudomorphosen. **Aggregate:** Lose, abgerollte Körner, sonst nur Kristalle. Vorkommen auf alpinen Klüften, in basischen Magmatiten, als Verwitterungsrest auch in Sedimentiten. Begleitmineralien sind Rutil, Titanit, Brookit, Ilmenit, Bergkristall, Adular, Albit, Calcit, Chlorit. **Fundorte:** Ostbayern, Thüringer Wald; Wallis/Schweiz; Salzburg, Tirol/Österreich; Norwegen; Ural/Rußland; Colorado/USA; Minas Gerais/Brasilien. **Ähnlich:** Brookit, Titanit.

Perowskit

③ Brennkogel, Hohe Tauern/Österreich; 1:3

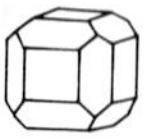

$CaTiO_3$

Strichfarbe weiß bis grau. Mohshärte 5½. Dichte 4,0–4,8. **Merkmale:** Farbe schwarz, rötlichbraun, gelb. Diamant-, Metall-, Fettglanz; undurchsichtig bis durchscheinend. Spaltbarkeit undeutlich; Bruch muschlig bis uneben; spröd. In kochender Schwefelsäure löslich. Kristalle (orthorhombisch) würflig, häufig gestreift; auf- und eingewachsen; mitunter Zwillinge. **Aggregate:** Derb, körnig, feinkristallin, nierig, selten Kristallskelette. Vorkommen in Metamorphiten, Basaltgesteinen, auf Magnetit- und Chromit-Lagerstätten. Begleitmineralien sind Nephelin, Leucit, Melilith, Magnetit, Titanit, Chlorit, Talk, Calcit. **Fundorte:** Eifel; Wallis/Schweiz; Tirol/Österreich; Finnland; Schweden; Südtirol/Italien; Ural, Kola/Rußland; Quebec/Kanada; Colorado/USA; Sao Paulo/Brasilien. **Ähnlich:** Magnetit, Melanit.

Benitoit

④ Kalifornien/USA

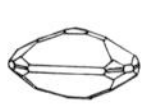

$BaTi[Si_3O_9]$

Strichfarbe weiß. Mohshärte 6½. Dichte 3,7. **Merkmale:** Farbe blaß- bis tiefblau; selten rosa oder farblos. Glasglanz; durchsichtig bis durchscheinend, manchmal trüb-fleckig. Spaltbarkeit undeutlich; Bruch muschlig; spröd. Deutlicher Pleochroismus. Lebhafte blaue Fluoreszenz in ultraviolettem Licht. Kristalle (trigonal) stets dipyramidal; eingewachsen; sehr selten. **Aggregate:** keine. Vorkommen auf Gängen von Glaukophanschiefer. Begleitmineralien sind Natrolith, Neptunit, Anatas, Glaukophan. **Fundorte:** Einzig am Mt. Diablo in San Benito County, Kalifornien/USA. **Ähnlich:** Saphir.

Olivin S. 128, Augit S. 142, Hedenbergit S. 142, Hypersthen S. 166

1

2

3

4

Brookit

① Uri/Schweiz; 1:10

TiO_2

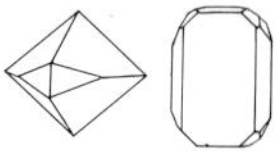

Strichfarbe weiß, gelblich bis bräunlich. Mohshärte 5½–6. Dichte 4,1–4,2. **Merkmale:** Farbe gelblich bis braun, fast schwarz (Arkansit), selten farblos. Diamant-, Metallglanz; durchsichtig bis undurchsichtig. Spaltbarkeit undeutlich; Bruch muschlig, uneben; spröd. Kristalle (orthorhombisch) dünntaflig, prismatisch, dipyramidal, oft vertikal gestreift, meist klein; einzeln aufgewachsen; Pseudomorphosen. **Aggregate:** Eingesprengte Körner. Vorkommen in alpinen Klüften, auf Seifen. Begleitmineralien sind Anatas, Rutil, Titanit, Feldspäte, Quarz, Hämatit. **Fundorte:** Graubünden/Schweiz; Tirol/Österreich; Wales; Ural/Rußland; USA; Brasilien. **Ähnlich:** Anatas.

Scheelit Tungstein

② auf Quarz; Erzgebirge

$Ca[WO_4]$

Strichfarbe weiß. Mohshärte 4½–5. Dichte 5,9–6,1. **Merkmale:** Farbe grauweiß, gelb bis bräunlich, seltener farblos. Fett-, Diamantglanz; durchscheinend. Spaltbarkeit gut; Bruch muschlig, uneben; spröd. Bläulichweiße Fluoreszenz in ultraviolettem Licht. Kristalle (tetragonal) dipyramidal, seltener taflig, oft kantenparallel gestreift; auf- und eingewachsen. **Aggregate:** Derb, körnig, krustig, als Imprägnation. Vorkommen in Pegmatiten, auf Gängen, auf alpinen Klüften und fluviatilen Seifen. Begleitmineralien sind Kassiterit, Wolframit, Fluorit, Quarz. **Fundorte:** Erzgebirge; Cornwall/England; Kaukasus; Namibia; Kalifornien/USA; Brasilien; Tasmanien/Australien. **Ähnlich:** Stolzit, Anglesit, Betafit, Powellit.

Monazit

③ Namibia

$Ce[PO_4]$

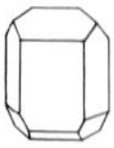

Strichfarbe weiß. Mohshärte 5–5½. Dichte 4,6–5,7. **Merkmale:** Farbe hellgelb bis dunkelbraun, seltener farblos, rot, grün. Glas-, Harz-, Fettglanz; durchsichtig bis undurchsichtig. Spaltbarkeit gut; Bruch muschlig; spröd. Grüne Fluoreszenz in ultraviolettem Licht. Oft radioaktiv. In Schwefelsäure leicht, in Salzsäure schwer löslich. Kristalle (monoklin) dicktaflig, prismatisch; ein- und aufgewachsen; häufig Zwillinge. **Aggregate:** Derb, körnig. Vorkommen in sauren Magmatiten und deren Pegmatiten, in Gneisen, alpinen Klüften, auf Sand- und Geröllseifen. Begleitmineralien sind Ilmenit, Zirkon, Rutil, Anatas, Magnetit, Granat, Quarz, Feldspäte. **Fundorte:** Frankreich; Norwegen; Ural/Rußland; Madagaskar; Indien; Sri Lanka; USA; Brasilien. **Ähnlich:** Euxenit, Fergusonit, Thortveitit, Titanit.

Smithsonit Zinkspat

④ Neu-Mexiko/USA
⑤ Tsumeb/Namibia

$ZnCO_3$

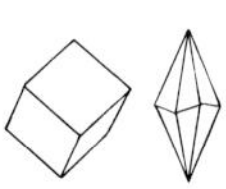

Strichfarbe weiß. Mohshärte 5. Dichte 4,3–4,5. **Merkmale:** Farbe gelblich, braun, grau, grün, bläulich, rötlich, seltener farblos, weiß. Glas-, Perlmutt-, Fettglanz; durchscheinend. Spaltbarkeit vollkommen; Bruch uneben, muschlig; spröd. In warmer Säure leicht löslich. Kristalle (trigonal) rhomboedrisch, skalenoedrisch; häufig Pseudomorphosen. **Aggregate:** Derb, körnig, dicht, nierig, stalaktitisch, gebändert. Vorkommen in der Oxidationszone sulfidischer Blei-Zink-Lagerstätten. Begleitmineralien sind Calcit, Dolomitspat, Zinkblende, Hydrozinkit, Hemimorphit, Malachit, Bleiglanz, Cerussit. **Fundorte:** Rheinland; Sardinien/Italien; Griechenland; Australien; Namibia; Oklahoma/USA. **Ähnlich:** Hydrozinkit, Siderit, Hemimorphit, Chalcedon.

Betafit S. 70, Perowskit S. 108, Andradit S. 126, Olivin S. 128

1

2

3

4

5

Beryll

$Al_2Be_3[Si_6O_{18}]$

① Morganit; Kenia
② Utah/USA
③ Smaragd; Chivor/Kolumbien
④ in Quarz; Brasilien

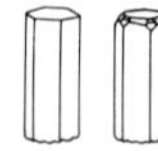

Strichfarbe weiß. Mohshärte 7½–8. Dichte 2,63–2,91. **Merkmale:** Farblos oder sehr verschieden gefärbt. Die durchsichtigen und schönfarbigen für Schmuckzwecke geeignete Varietäten tragen eigene Namen: Goshenit (farblos), Smaragd (grün), Aquamarin (blau), Gold-B. (goldgelb), Heliodor (gelbgrün), Morganit (rosa bis violett). Glasglanz, matt; durchsichtig bis undurchsichtig. Spaltbarkeit undeutlich; Bruch muschlig bis uneben; spröd. Kristalle (hexagonal) kurz- oder langprismatisch, gewöhnlich sechsseitig, pyramidal, vertikal gestreift, selten taflig; ein- und aufgewachsen; nur gelegentlich Zwillinge. **Aggregate:** Derb, stenglig. Vorkommen in Pegmatitgängen granitischer Gesteine, in Glimmerschiefer, auf Seifenlagerstätten. Begleitmineralien sind Quarz, Feldspäte, Calcit, Chrysoberyll, Topas, Apatit, Phenakit, Fluorit, Wolframit, Kassiterit. **Fundorte:** Ostbayern; Tirol/Österreich; Elba/Italien; Ural/Rußland; Tansania; Kenia; Sambia; Madagaskar; Transvaal/Südafrika; Namibia; Kalifornien, Utah/USA; Kolumbien; Bahia/Brasilien; Indien; Sri Lanka; Birma; Südkorea; Westaustralien. **Ähnlich:** Chrysoberyll, Apatit, Spinell, Brasilianit, Turmalin.

Boracit

$Mg_3[Cl|B_7O_{13}]$

⑤ Lüneburg/Niedersachsen

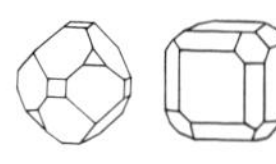

Strichfarbe weiß, hellgrau. Mohshärte 7–7½. Dichte 2,9–3,0. **Merkmale:** Farblos, weiß, grau, gelb bis braun, hellblau, grünlich. Glas-, Diamantglanz; durchsichtig bis durchscheinend. Spaltbarkeit keine; Bruch muschlig; spröd. Flammenfärbung grün. In Salzsäure langsam löslich. Kristalle (kubisch) würflig, tetraedrisch, oktaedrisch, dodekaedrisch; auch feinfasrig (Staßfurtit); stets eingewachsen; häufig Zwillinge. **Aggregate:** Derb, fasrig, knollig, körnig bis dicht. Vorkommen in Salzlagerstätten. Begleitmineralien sind Gipsspat, Anhydritspat, Halit, Carnallit, Sylvin, Kieserit. **Fundorte:** Niedersachsen, Magdeburg; Yorkshire/England; Lothringen/Frankreich; Louisiana, Kalifornien/USA; Bolivien. **Ähnlich:** Halit, Fluorit, Senarmontit.

Cordierit Iolith, Dichroit

$Mg_2Al_3[AlSi_5O_{18}]$

⑥ Kisko/Finnland

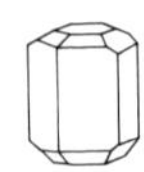

Strichfarbe weiß. Mohshärte 7–7½. Dichte 2,5–2,8. **Merkmale:** Farbe grau, blau bis violett, gelb bis braun, grünlich, auch farblos. Glasglanz, auf Bruchflächen Fettglanz; durchscheinend bis durchsichtig. Spaltbarkeit gut; Bruch muschlig bis uneben; spröd. Sehr starker Pleochroismus, mit bloßem Auge wahrnehmbar. Kristalle (orthorhombisch) kurzsäulig mit sechs- oder zwölfseitigem Umriß und gerundeten Kanten; ein- und aufgewachsen; selten; häufig Zwillinge. **Aggregate:** Derb, körnig, als Einsprenglinge. Vorkommen in Metamorphiten (gesteinsbildend in Cordieritgneis), in Magmatiten, vulkanischen Auswürflingen, als Flußgeröll. Begleitmineralien sind Granat, Turmalin, Spinell, Sillimanit, Andalusit, Quarz, Feldspäte, Glimmer, Magnetkies, Kupferkies. **Fundorte:** Eifel, Bayerischer Wald, Sachsen; Finnland; Schweden; Norwegen; Ural/Rußland; Madagaskar; Sri Lanka; Madras/Indien; Birma; Connecticut/USA; Nordwestkanada; Minas Gerais/Brasilien. **Ähnlich:** Quarz, Nephelin, Saphir.

Tridymit S. 84

1

2

3

4

5

6

Hambergit

① Gilgit/Pakistan; 1:3

$Be_2[(OH,F)|BO_3]$

Strichfarbe weiß. Mohshärte 7½. Dichte 2,36. **Merkmale:** Farblos, weiß, grau. Glasglanz; durchsichtig bis durchscheinend. Spaltbarkeit vollkommen; Bruch muschlig; spröd. Hohe Doppelbrechung. In Salzsäure löslich. Kristalle (orthorhombisch) prismatisch, taflig, längsgestreift, flächenreich; auch Zwillinge. **Aggregate:** keine; nur einzelne Kristalle. Vorkommen in Pegmatiten, auf Seifenlagerstätten. Begleitmineralien sind Feldspäte. **Fundorte:** Norwegen; Madagaskar; Kaschmir/Indien; Kalifornien/USA; Brasilien. **Ähnlich:** Bergkristall, viele farblose Mineralien, Glas.

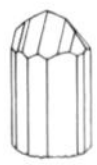

Danburit

② San Louis Potossi/Mexiko

$Ca[Be_2Si_2O_8]$

Strichfarbe weiß. Mohshärte 7–7½. Dichte 2,9–3,0. **Merkmale:** Farblos, gelblich bis dunkelbraun, rosa. Glas-, Fettglanz; durchsichtig bis durchscheinend. Spaltbarkeit undeutlich; Bruch uneben bis muschlig; spröd. Flammenfärbung grün. Kristalle (orthorhombisch) prismatisch, pyramidal, zuweilen längsgestreift; gewöhnlich aufgewachsen. **Aggregate:** Derb, körnig. Vorkommen in Metamorphiten, in vulkanischen Auswürflingen, in marinen Salzlagerstätten, auf alpinen Klüften. Begleitmineralien sind Calcit, Dolomitspat, Quarz, Datolith, Prehnit, Apophyllit, Pyrit. **Fundorte:** Harz; Graubünden/Schweiz; Madagaskar; Ostsibirien/Rußland; Birma; Kiuschu/Japan; Connecticut, New York/USA; Mexiko; Bolivien. **Ähnlich:** Datolith, Topas, Citrin, Colemanit.

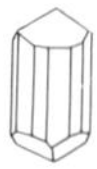

Phenakit

③ Sao Miguel de Piraciala/Brasilien

$Be_2[SiO_4]$

Strichfarbe weiß. Mohshärte 7½–8. Dichte 2,96–3,0. **Merkmale:** Farblos, gelblich, rosa. Glasglanz; durchsichtig. Spaltbarkeit gut; Bruch muschlig; spröd. Kristalle (trigonal) kurzsäulig, taflig-linsenförmig, oft flächenreich, vertikal gestreift; ein- und aufgewachsen; häufig Zwillinge. **Aggregate:** Keine. Vorkommen in Granit und Pegmatiten, in Glimmerschiefer, auf alpinen Klüften. Begleitmineralien sind Beryll, Chrysoberyll, Topas, Turmalin, Quarz, Apatit, Fluorit. **Fundorte:** Fichtelgebirge; Tirol, Salzburg/Österreich; Wallis/Schweiz; Norwegen; Vogesen/Frankreich; Ural, Transbaikalien/Rußland; Namibia; Colorado, Kalifornien/USA; Minas Gerais/Brasilien. **Ähnlich:** Quarz, Topas, Milarit.

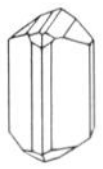

Euklas

④ Brasilien
⑤ Brasilien

$AlBe[OH|SiO_4]$

Strichfarbe weiß. Mohshärte 7½. Dichte 3,0–3,1. **Merkmale:** Farblos, hellgrün, hellblau. Glasglanz; durchsichtig bis durchscheinend. Spaltbarkeit vollkommen; Bruch muschlig; spröd. Schwacher Pleochroismus. Kristalle (monoklin) lang- und kurzprismatisch, längsgestreift, meist flächenreich; eingewachsen; selten. **Aggregate:** Keine. Vorkommen in Pegmatiten, auf alpinen Klüften, auf Seifenlagerstätten. Begleitmineralien sind Beryll, Topas, Turmalin, Quarz, Feldspäte, Muskovit. **Fundorte:** Fichtelgebirge; Tauern/Österreich; Irland; Norwegen; Ural/Rußland; Zaire; Tansania; Sri Lanka; Indien; Minas Gerais/Brasilien; Colorado/USA. **Ähnlich:** Quarz, Aquamarin, Hiddenit, Albit.

Bertrandit S. 86, Turmalin S. 120

1

2

3

4

5

Quarz grobkristallin

SiO_2

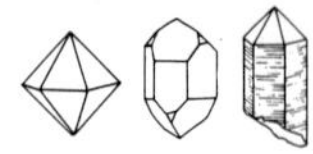

Strichfarbe weiß. Mohshärte 7. Dichte 2,5–2,7. **Merkmale:** Farblos, milchigweiß, grau, auch alle anderen Farben. Glasglanz, auf Bruchflächen Fettglanz; durchsichtig bis undurchsichtig. Spaltbarkeit keine; Bruch muschlig, splittrig; spröd. In Flußsäure löslich. Sehr schlechter Wärmeleiter. Kristalle (trigonal) prismatisch mit sechsseitigem Umriß und pyramidalen, rhomboedrischen Enden, auch dipyramidal (Doppelender); auf Prismenflächen fast immer Horizontalstreifung; ein- und aufgewachsen. Wachstumsanomalien führen mitunter zu eigenartigen Kristallfiguren (Zepterquarz, Kristallskelette, Phantomquarz). Zwillinge weit verbreitet, Pseudomorphosen häufig. **Aggregate:** Derb, körnig, dicht, stenglig, radialstrahlig (Sternquarz), als Kristallgruppen. Vorkommen, teilweise gesteinsbildend, in sauren Magmatiten, Pegmatiten, Metamorphiten, Sanden und Geröll, vornehmlich in Drusen. Begleitmineralien sind Feldspäte, Glimmer, Calcit, Turmalin, Granat, Wolframit, Molybdänglanz, Bleiglanz, Zinkblende, Pyrit.

Bergkristall ⑥ mit Pyrit; Trepca/Serbien
Farblos; meist wasserklar durchsichtig. Kristalle oft allseits gut ausgebildet. Fundorte: Brasilien; Madagaskar; Zentralschweiz; Tirol/Österreich; Toskana/Italien; New York/USA. Ähnlich: Viele farblose Mineralien, Glas.

Rauchquarz ③ Graubünden/Schweiz
Farbe rauchgrau, braun bis schwarz (Morion); durchsichtig. Häufig Einschlüsse von Rutilnadeln. Fundorte: Brasilien; Madagaskar; Zentralschweiz. Ähnlich: Andalusit, Axinit, Sanidin, Vesuvian.

Amethyst ⑤ Rio Grande do Sul/Brasilien
Farbe violett, oft weißlich gestreift und fleckig; durchsichtig. Vorherrschen der Kristallspitzen. Fundorte: Brasilien; Uruguay; Madagaskar. Ähnlich: Beryll, Fluorit, Kunzit, Spinell, Topas, Turmalin, Strengit, Glas.

Citrin ④ gebrannt; Brasilien
Farbe hellgelb bis goldbraun; durchsichtig. Viele Citrine durch Brennen von Rauchquarz oder Amethyst gelbfarbig. Fundorte: Brasilien; Madagaskar; Colorado/USA. Ähnlich: Beryll, Orthoklas, Topas, Turmalin, Danburit.

Rosenquarz ① Minas Gerais/Brasilien
Farbe rosa; gewöhnlich trüb durch feinste Risse. Ganz selten Kristalle; meist derb. Fundorte: Madagaskar; Brasilien. Ähnlich: Turmalin.

Aventurin Aventurinquarz Farbe grün, goldbraun, durch eingelagerten Fuchsit bzw. Hämatitschüppchen metallisch schillernd; durchscheinend bis undurchsichtig. Fundorte: Indien; Brasilien; Rußland. Ähnlich: Sonnenstein.

Prasem Smaragdquarz Farbe lauchgrün durch eingelagerten Aktinolith; durchscheinend; derb. Fundorte: Schottland; Nordcarolina/USA; Westaustralien. Ähnlich: Nephrit, Jadeit.

Blauquarz Saphirquarz Farbe blau; durchscheinend bis undurchsichtig; derb. Fundorte: Brasilien; Südafrika; USA. Ähnlich: Lapislazuli, Dumortierit.

Tigerauge ② Oranje/Südafrika
Farbe goldgelb, goldbraun; undurchsichtig. Entstanden durch Umwandlung von Krokydolith in Quarz unter Beibehalt des stengligen Gefüges. Fundorte: Südafrika; Westaustralien; Birma; Indien; USA.

1

2

3

4

5

6

Quarz feinkristallin, Chalcedon

SiO_2

Strichfarbe weiß. Mohshärte 6½–7. Dichte 2,57–2,64. **Merkmale:** Farbe milchig-weiß, grau, auch alle anderen Farben; oft fleckig. Wachsglanz, matt; durchscheinend bis undurchsichtig. Spaltbarkeit keine; Bruch uneben, splittrig; spröd. In Kalilauge löslich. Keine Kristalle (trigonal), nur kryptokristalline Aggregate von feinsten Fasern oder Körnchen. **Aggregate:** Dicht, traubig, nierig, glaskopfig, stalaktitisch. Vorkommen in Mandelsteinen, auf Erzgängen, in Sedimentiten, als Konkretion und Gerölle. Begleitmineralien sind grobkristalliner Quarz, Opal, Calcit, Chlorit, Serpentin.

Chalcedon i. e. S. ② Streifen-Jaspis; Brasilien
Farbe weißgrau, bläulich; durchscheinend. Natürlicher Chalcedon zeigt keine Bänderung. Blau gestreifte Varietäten sind gefärbte Achate. Fundorte: Brasilien; Uruguay; Madagaskar; Indien. Ähnlich: Opal, Smithsonit.

Karneol Farbe fleisch- bis braunrot; trüb durchscheinend. Fundorte: Indien; Brasilien; Uruguay; Australien; Rumänien. Ähnlich: Opal.

Sarder Farbe rotbraun bis dunkelbraun; durchscheinend. Keine scharfe Abgrenzung zum Karneol. Fundorte: Indien; China; USA. Ähnlich: Opal.

Chrysopras ⑥ Kalifornien/USA
Farbe gelbgrün bis apfelgrün; durchscheinend bis undurchsichtig. Oft rissig und ungleich in der Farbverteilung. Fundorte: Australien; Brasilien; USA; Madagaskar; Südafrika; Indien. Ähnlich: Jadeit, Smithsonit, Variscit.

Heliotrop Blutjaspis Farbe dunkelgrün mit roten Flecken; undurchsichtig. Fundorte: Indien; China; Australien; Brasilien; USA.

Dendritenachat Baumstein ④ Rio Grande do Sul/Brasilien
Farbe weißlichgrau, mit dunkel- oder rötlichbraunen Einlagerungen (Dendriten) von Eisen- und Manganverbindungen; durchscheinend. Fundorte: Brasilien; Indien; USA.

Moosachat ⑤ Kathiavar/Indien
Farblos oder milchig-weiß, mit grünen, braunen oder roten moosartigen Einlagerungen von stengliger Hornblende oder von Eisen- und Manganoxiden; durchscheinend. Fundorte: Indien; China; USA; Rußland.

Achat ① Idar-Oberstein/Rheinland-Pfalz
Alle Farbtöne möglich, bänderartig gestreift; durchscheinend bis undurchsichtig. Im Innern der Achatknolle oft Drusenbildung mit Bergkristall, Amethyst, Rauchquarz, Calcit, Hämatit, Siderit oder Zeolithen. Fundorte: Brasilien; Uruguay; China; Indien; Madagaskar; Mexiko; USA.

Onyx Einfarbiger schwarzer Chalcedon oder zweischichtiger Achat mit schwarzer Grundschicht und weißer Oberlage.

Jaspis ③ Idar-Oberstein/Rheinland-Pfalz
Alle Farbtöne; streifig, gefleckt oder geflammt; undurchsichtig. Feinkörnig-dicht, stets mit Fremdstoffen vermengt. Fundorte: Indien; Rußland; USA.

Holzstein ⑦ Arizona/USA; 1 : ½
Farbe vorwiegend braun, grau, rot; undurchsichtig. Eine Versteinerung in der Zusammensetzung des Chalcedons, eine Pseudomorphose von Chalcedon nach Holz. Fundorte: Arizona/USA; Ägypten; Argentinien.

1

2

3

4

5

6

7

Korund

Al_2O_3

① Rubin in Quarz; Norwegen
② Saphir; Sri Lanka; 1:3

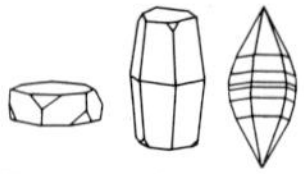

Strichfarbe weiß. Mohshärte 9. Dichte 3,9–4,1. **Merkmale:** Farblos (Leukosaphir), blau (Saphir), rot (Rubin), grau, gelb bis braun, grünlich; oft fleckig und zonar gefärbt. Glasglanz, matt; durchsichtig bis undurchsichtig. Spaltbarkeit keine; Bruch muschlig bis splittrig; spröd. Zuweilen verschieden deutlicher Pleochroismus; mitunter Asterismus. Kristalle (trigonal) prismatisch, dipyramidal, rhomboedrisch, taflig; oft tonnenförmig und horizontal gestreift; gewöhnlich eingewachsen; Zwillinge verbreitet. **Aggregate:** Derb, spätig, grob- bis feinkörnig. Körniges Gemenge von Korund mit Magnetit, Quarz, Hämatit und Ilmenit als Schmirgel bekannt. Vorkommen in Plutoniten und deren Pegmatiten, in Metamorphiten, auf Seifenlagerstätten. Begleitmineralien sind Spinell, Granat, Zirkon, Rutil, Turmalin, Topas, Calcit. **Fundorte:** Tessin/Schweiz; Norwegen; Türkei; Ural/Rußland; Kenia; Tansania; Südafrika; Sri Lanka; Birma; Thailand; Australien; Ontario/Kanada; Montana/USA. **Ähnlich:** Chrysoberyll, Spinell, Benitoit, Almandin, Pyrop.

Chrysoberyll

Al_2BeO_4

③ Madagaskar; 1:3

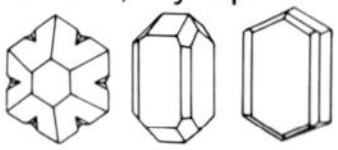

Strichfarbe weiß. Mohshärte 8½. Dichte 3,7. **Merkmale:** Farbe gelb, grüngelb, bräunlich, hell- bis smaragdgrün. Glasglanz, auf Bruchflächen Fettglanz; durchsichtig bis durchscheinend. Spaltbarkeit gut; Bruch muschlig; spröd. Mitunter starker Pleochroismus. Die Varietät Alexandrit bei Tageslicht grün, bei Kunstlicht rot. Zuweilen wogender Lichtschein (Ch.-Katzenauge). Kristalle (orthorhombisch) dicktaflig, kurzsäulig, häufig gestreift; gewöhnlich eingewachsen; verbreitet Zwillinge, Durchwachsungsdrillinge. **Aggregate:** Ansammlung loser Körner. Vorkommen in Granitpegmatiten, Gneis und Glimmerschiefer, auf Seifenlagerstätten. Begleitmineralien sind Beryll, Granat, Turmalin, Spinell, Phenakit. **Fundorte:** Schweden; Ural/Rußland; Simbabwe; Sri Lanka; Birma; Connecticut/USA; Brasilien; Tasmanien/Australien. **Ähnlich:** Brasilianit, Olivin, Beryll, Korund, Spinell.

Turmalin

$(Na,Li,Ca)(Fe,Mg,Mn,Al)_3$
$Al_6[(OH)_4|(BO_3)_3|Si_6O_{18}]$

④ Schörl in Quarz; Minas Gerais/Brasilien
⑤ Kalifornien/USA; 1:½

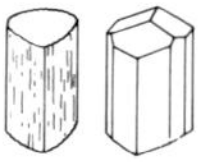

Strichfarbe weiß. Mohshärte 7–7½. Dichte 3,0–3,3. **Merkmale:** Farblos (Achroit), schwarz (Schörl), braun (Dravit), grün (Verdelith), blau (Indigolith), rot (Rubellit), violett (Siberit). Häufig zonar verschieden gefärbt. Glasglanz; durchsichtig bis undurchsichtig. Spaltbarkeit undeutlich; Bruch muschlig bis uneben, splittrig; spröd. Hohe Doppelbrechung. Deutlicher bis starker Pleochroismus. Kristalle (trigonal) prismatisch, meist langgestreckt bis nadlig mit dreieckigem Querschnitt und rundlichen Seiten, vertikal gestreift; ein- und aufgewachsen. **Aggregate:** Stenglig, strahlig, selten derb oder dicht. Vorkommen in sauren Magmatiten und deren Pegmatiten, in Metamorphiten, auf alpinen Klüften und Seifenlagerstätten. Begleitmineralien sind Quarz, Beryll, Topas, Apatit. Fluorit, Feldspäte, Glimmer. **Fundorte:** Harz; Tirol/Österreich; Mähren/Tschechien; Elba/Italien; Cornwall/England; Rußland; Kenia; Tansania; Madagaskar; Mozambique; Namibia; Sri Lanka; New Hampshire/USA; Brasilien; Tasmanien/Australien. **Ähnlich:** Epidot, Neptunit, Rutil, Aktinolith, Smaragd.

Kyanit S. 70, Diaspor S. 98, Klinozoisit S. 102, Sillimanit S. 102

1

2

3

5

4

Strichfarbe

weiß und farblos

Mohshärte 1 2 3 4 5 6 7 8 9 10

Dichte 1 2 3 4 5 6 7

Andalusit

$Al_2[O|SiO_4]$

① Chiastolith; Chile
② in Quarz; Tschechien

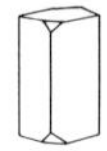

Strichfarbe weiß. Mohshärte 7½ (Chiastolith 5½). Dichte 3,1–3,2. **Merkmale:** Farbe grau, gelb, braun, rot, grün, selten farblos. Glasglanz, matt; durchsichtig bis undurchsichtig. Spaltbarkeit gut; Bruch uneben, splittrig; spröd. Starker Pleochroismus. Kristalle (orthorhombisch) dicksäulig mit fast quadratischem Querschnitt, seltener nadlig. Mitunter kohlige Fremdstoffe so eingelagert, daß im Querschnitt der Kristalle Kreuzform erscheint (Chiastolith, Hohlspat, Kreuzstein). **Aggregate:** Derb, stenglig, strahlig, körnig. Vorkommen in Metamorphiten, als Geröll, auf Seifen, selten in Granitgestein. Begleitmineralien sind Sillimanit, Cordierit, Turmalin, Granat, Quarz. **Fundorte:** Fichtelgebirge; Österreich; Pyrenäen/Frankreich; Elba/Italien; Schweden; Kalifornien/USA; Brasilien. **Ähnlich:** Enstatit, Turmalin, Augit, Hornblende.

Dumortierit

$(Al,Fe)_7[O_3|BO_3|(SiO_4)_3]$

③ in Quarz; Kalifornien/USA

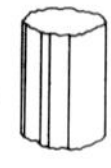

Strichfarbe weiß. Mohshärte 7–8. Dichte 3,3–3,4. **Merkmale:** Farbe blau bis violett, grau, bräunlich, rot. Glas-, Seidenglanz; durchscheinend bis undurchsichtig. Spaltbarkeit gut; Bruch uneben, muschlig; spröd. Starker Pleochroismus. Kristalle (orthorhombisch) dünnsäulig, nadlig; selten. **Aggregate:** Dünnfasrig, strahlig. Vorkommen in Pegmatiten und Metamorphiten. Begleitmineralien sind Turmalin, Cordierit, Kyanit. **Fundorte:** Polen; Lyon/Frankreich; Ural/Rußland; Usbekistan; Madagaskar; Namibia; Nevada/USA; Brasilien. **Ähnlich:** Kyanit, Lapislazuli, Azurith, Sodalith.

Jadeit

$NaAl[Si_2O_6]$

④ angeschliffen; China

Strichfarbe weiß. Mohshärte 6–7. Dichte 3,2–3,4. **Merkmale:** Farbe grün, weiß, gelblich, rötlich, violett, grün mit schwarz (Chloromelanit); häufig gefleckt. Glasglanz, matt; durchscheinend bis undurchsichtig. Spaltbarkeit gut; Bruch uneben, muschlig, splittrig; spröd. Flammenfärbung gelb. Zuweilen weißliche Fluoreszenz in ultraviolettem Licht. Kristalle (monoklin) kurzprismatisch; selten. **Aggregate:** Dicht, feinfasrig bis körnig, verfilzt; außerordentlich zäh. Zusammen mit Nephrit als Jade bezeichnet. Vorkommen in Serpentingestein, als Flußgeröll. Begleitmineralien sind Quarz, Feldspäte, Diopsid. **Fundorte:** Birma; China; Neuguinea; Japan; Kaiifornien/USA; Mexiko. **Ähnlich:** Nephrit, Serpentin, Chalcedon.

Staurolith

$2\,FeO \cdot AlOOH \cdot 4Al_2[O|SiO_4]$

⑤ Bretagne/Frankreich
⑥ mit Kyanit; Tessin/Schweiz

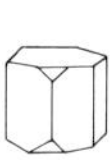

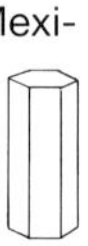

Strichfarbe weiß. Mohshärte 7–7½. Dichte 3,7–3,8. **Merkmale:** Farbe rötlichbraun, schwarzbraun, schwarz. Glasglanz, matt, auf Bruchflächen Fettglanz; durchscheinend bis undurchsichtig. Spaltbarkeit gut; Bruch muschlig, uneben, splittrig; spröd. Kristalle (monoklin) kurz- und langsäulig; stets eingewachsen; Durchkreuzungszwillinge im rechten Winkel oder schiefwinklig von 60°. **Aggregate:** Oft orientierte Verwachsungen mit Kyanit; Ansammlung loser Körner. Vorkommen in Metamorphiten, in Sanden. Begleitmineralien sind Kyanit, Granat, Andalusit, Quarz. **Fundorte:** Tessin/Schweiz; Steiermark/Österreich; Mähren/Tschechien; Bretagne/Frankreich; Schottland; Namibia; Tennessee/USA. **Ähnlich:** Turmalin, Granat.

Kornerupin S. 104, Spodumen S. 104, Euklas S. 114

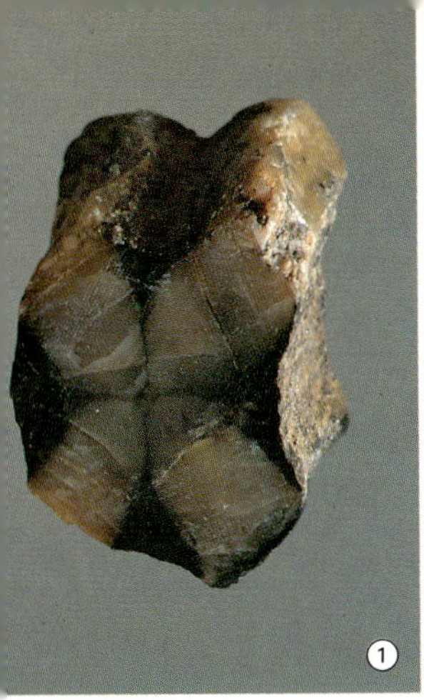
1

2

3

4

5

6

Diamant
C

① Namibia; 1:3
② auf Kimberlit; Südafrika

Strichfarbe weiß. Mohshärte 10. Dichte 3,47–3,55. **Merkmale:** Farbe gelblich, braun bis schwarz, seltener farblos, gelegentlich grün, blau, rötlich. Diamantglanz, matt; durchsichtig bis undurchsichtig. Spaltbarkeit vollkommen; Bruch muschlig, splittrig; spröd. Kristalle (kubisch) oktaedrisch, dodekaedrisch, würflig, stets eingewachsen. **Aggregate:** Radialstrahlig, kugligdicht (Bort, Carbonado). Vorkommen in alten Vulkanschloten (Pipes) mit Kimberlit als Muttergestein, auf Seifenlagerstätten. Begleitmineralien sind Chromit, Pyrop, Spinell, Zirkon, Olivin. **Fundorte:** Südafrika; Namibia; Botswana; Angola; Ghana; Zaire; Rußland; Indien; Indonesien; Brasilien; Venezuela; Westaustralien. **Ähnlich:** Bergkristall, Saphir, Topas, Zirkon.

Topas
$Al_2[F_2|SiO_4]$

③ Minas Gerais/Brasilien; 1:2

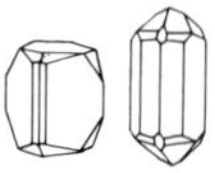

Strichfarbe weiß. Mohshärte 8. Dichte 3,5–3,6. **Merkmale:** Farblos, gelb bis braun, grün, blau, violett, rosa, rot. Glasglanz; durchsichtig bis durchscheinend. Spaltbarkeit vollkommen; Bruch muschlig bis uneben; spröd. Kristalle (orthorhombisch) kurz- oder langsäulig, pyramidal, oft flächenreich und gestreift; meist aufgewachsen. **Aggregate:** Derb, stenglig, strahlig, als Imprägnation. Vorkommen in sauren Magmatiten und deren Pegmatiten, auf Seifenlagerstätten. Begleitmineralien sind Turmalin, Beryll, Fluorit, Kassiterit, Wolframit, Quarz. **Fundorte:** Sachsen; Ural, Transbaikalien/Rußland; Namibia; Sri Lanka; Pakistan; Birma; Utah, Colorado/USA; Mexiko; Minas Gerais/Brasilien. **Ähnlich:** Quarz, Chrysoberyll, Kryolith, Brasilianit, Hemimorphit.

Axinit
$Ca_2(Fe,Mg,Mn)Al_2B[OH|O(Si_2O_7)_2]$

④ mit Chlorit überstaubt; Dauphiné/Frankreich

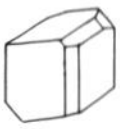

Strichfarbe weiß. Mohshärte 6½–7. Dichte 3,26–3,36. **Merkmale:** Farbe braun, grau, blau, violett, grünlich, seltener gelb, rot. Häufig von grünem Chlorit überstaubt. Glasglanz; durchsichtig bis durchscheinend. Spaltbarkeit gut; Bruch muschlig; spröd. Starker Pleochroismus in ultraviolettem Licht. Kristalle (triklin) taflig, keilförmig, flächenreich, oft gestreift; ein- und aufgewachsen. **Aggregate:** Derb, spätig, stenglig, blättrig, körnig. Vorkommen auf Drusen in Granitgestein, in Kalksilikatgestein, auf alpinen Klüften. Begleitmineralien sind Quarz, Feldspäte, Calcit, Chlorit, Epidot, Prehnit, Turmalin. **Fundorte:** Fichtelgebirge, Harz, Erzgebirge; Schweiz; England; Rußland; Nevada/USA; Australien. **Ähnlich:** Titanit.

Spinell
$MgAl_2O_4$

⑤ Pleonast in Calcit; Madagaskar
⑥ Hunza-Tal/Pakistan; 1:2

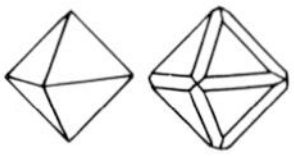

Strichfarbe weiß. Mohshärte 8. Dichte 3,6. **Merkmale:** Farbe gelb bis bräunlich, blau bis violett, rot (Rubin-S.), grün (Chloro-S.), schwarz (Pleonast, Ceylanit), selten farblos. Glasglanz; durchsichtig bis undurchsichtig. Spaltbarkeit undeutlich; Bruch muschlig; spröd. Kristalle (kubisch) oktaedrisch, dodekaedrisch; häufig Zwillinge. **Aggregate:** Eingewachsene Kristalle, abgerollte Körner. Vorkommen in Metamorphiten, Magmatiten, vulkanischen Auswürflingen, auf Seifenlagerstätten. Begleitmineralien sind Zirkon, Granat, Korund, Magnetit, Calcit. **Fundorte:** Odenwald; Vesuv/Italien; Schweden; Ural/Rußland; Sri Lanka; Indien; Thailand; Birma; New York/USA; Brasilien; Australien. **Ähnlich:** Korund, Granat, Zirkon, Beryll.

Olivin S. 128, Zirkon S. 128

1

2

3

4

5

6

Granat

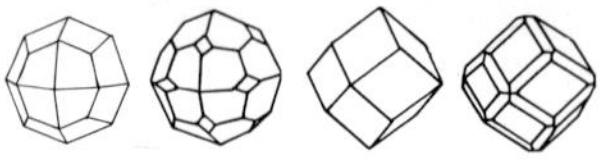

Gruppe verschiedenfarbiger Mineralien mit ähnlicher Kristallstruktur. Strichfarbe weiß. Mohshärte 6½–7½. Dichte 3,40–4,32. **Merkmale:** Alle Farben außer blau. Glas-, Fett-, Harzglanz; durchsichtig bis undurchsichtig. Spaltbarkeit undeutlich; Bruch muschlig bis splittrig; spröd. Kristalle (kubisch) rhombendodekaedrisch, ikositetraedrisch; ein- und aufgewachsen; selten Zwillinge. **Aggregate:** Derb, körnig bis dicht. Vorkommen in Metamorphiten, seltener in Magmatiten, als Geröll, in Sand und auf Seifenlagerstätten. Begleitmineralien sind Quarz, Feldspäte, Glimmer, Calcit, Chlorit, Vesuvian, Magnetit, Chromit, Wollastonit.

Pyrop

② Rodhaugen Sunnmore/Norwegen; 1 : ½

$Mg_3Al_2[SiO_4]_3$ Mohshärte 7–7½. Dichte 3,58–3,91. Farbe blutrot mit bräunlichem Stich, schwarzrot, selten hell- bis dunkelrot, rosenrot (Rhodolith). Immer eingewachsen. Fundorte: Böhmen/Tschechien; Indien; Sri Lanka; Tansania; Südafrika; Australien. Ähnlich: Almandin, Rubin, Spinell.

Almandin

⑧ Zillertal, Tirol/Österreich

$Fe_3Al_2[SiO_4]_3$ Mohshärte 7–7½. Dichte 3,95–4,32. Farbe dunkelrot mit violettem Stich, braunrot, braun, braunschwarz. Immer eingewachsen. Fundorte: Oberpfalz; Tirol/Österreich; Schweden; Norwegen; Ural, Karelien/Rußland; Sri Lanka; Indien; Afghanistan; Alaska/USA; Brasilien. Ähnlich: Pyrop, Spessartin, Rubin, Spinell, Glasimitationen.

Spessartin

③ Madagaskar

$Mn_3Al_2[SiO_4]_3$ Mohshärte 7–7½. Dichte 4,12–4,20. Farbe orange bis braunrot, auch rosa. Fundorte: Spessart; Schweden; Madagaskar; Sri Lanka; Kalifornien/USA; Minas Gerais/Brasilien. Ähnlich: Almandin, Hessonit.

Grossular

① Hessonit; Italien

$Ca_3Al_2[SiO_4]_3$ Mohshärte 7–7½. Dichte 3,59–3,68. Farblos (Leukogranat), gelblich, grün, smaragdgrün (Tsavorit), undurchsichtig grün (Hydrogrossular), bräunlichorange (Hessonit). In heißer Schwefelsäure löslich. Fundorte: Piemont, Elba/Italien; Tansania; Kenia; Südafrika; Sri Lanka; Pakistan; Ostsibirien/Rußland; Kanada; USA; Mexiko. Ähnlich: Demantoid, Smaragd, Jadeit, Vesuvian, Spessartin.

Andradit

④ Stanley Butte, Arizona/USA ⑥ Topazolith; Kalifornien/USA
⑤ Demantoid; Bernina/Italien

$Ca_3Fe_2[SiO_4]_3$ Mohshärte 6½–7½. Dichte 3,7–4,1. Farbe gewöhnlich braun, braunrot bis schwarz (Melanit), auch farblos, grün bis smaragdgrün (Demantoid), gelb, gelbgrün (Topazolith). In heißer Schwefelsäure löslich. Fundorte: Fichtelgebirge; Österreich; Schweiz; Piemont/Italien; Ural/Rußland; Namibia; British Columbia/Kanada; Arkansas/USA. Ähnlich: Grossular, Olivin, Smaragd, Vesuvian, Topas.

Uwarowit

⑦ Ural/Rußland, 1:5

$Ca_3Cr_2[SiO_4]_3$ Mohshärte 7–7½. Dichte 3,40–3,77. Farbe smaragdgrün. In heißer Schwefelsäure löslich. Fundorte: Finnland; Polen; Ural/Rußland; Transvaal/Südafrika; Indien; Tasmanien/Australien; Quebec/Kanada; Oregon/USA. Ähnlich: Grossular, Smaragd, Olivin.

1

2

3

4

5

6

7

8

YAG Diamonair

① mit Facettenschliff; 1:6

$Y_3Al_5O_{12}$

Strichfarbe weiß. Mohshärte 8–8½. Dichte 4,6. **Merkmale:** Farblos, gelb, grün, blau, rot, violett. Diamantglanz; durchsichtig. Spaltbarkeit keine; Bruch muschlig; spröd. Kristalle (kubisch) keine. Ein künstliches Produkt, eine sog. Synthese. Ähnliche Synthesen sind Fabulit, Djevalith, Galliant, Zirkonia. **Ähnlich:** Diamant, Zirkon, Bergkristall, Edelsteinsynthesen.

Olivin Peridot, Chrysolith

② Dreiser Weiher/Eifel

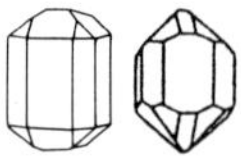

$(Mg,Fe)_2[SiO_4]$

Strichfarbe weiß. Mohshärte 6½–7. Dichte 3,27–4,20. **Merkmale:** Farbe grün, gelblich, braun bis rotbraun, selten farblos. Glasglanz, auf Bruchflächen Fettglanz; durchsichtig bis durchscheinend. Spaltbarkeit undeutlich; Bruch muschlig; spröd. Als Pulver in konzentrierter Schwefelsäure löslich. Kristalle (orthorhombisch) prismatisch, dicktaflig; meist eingewachsen; Zwillinge, Pseudomorphosen. Olivine sind Mischkristalle aus den Mineralien Forsterit (Mg_2SiO_4) und Fayalith (Fe_2SiO_4). **Aggregate:** Derb, körnig, in Knollen. Vorkommen in basischen Magmatiten, in Metamorphiten. Begleitmineralien sind Augit, Hornblende, Feldspäte, Granat, Diopsid, Spinell. **Fundorte:** Eifel; Steiermark/Österreich; Ägypten; Südafrika; Ural/Rußland; Kaukasus; Birma; Arizona/USA. **Ähnlich:** Chrysoberyll, Chondrodit, Willemit.

Kassiterit Cassiterit, Zinnstein

③ Ehrenfriedersdorf/Sachsen

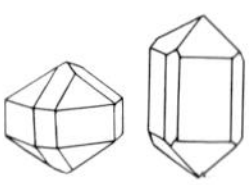

SnO_2

Strichfarbe weiß bis gelblich. Mohshärte 7. Dichte 6,8–7,1. **Merkmale:** Farbe braun bis schwarz, seltener gelb, grau, rötlich, farblos. Glasglanz, auf Bruchflächen Fettglanz; durchscheinend, selten durchsichtig. Spaltbarkeit undeutlich; Bruch muschlig; spröd. Zuweilen deutlicher Pleochroismus. Kristalle (tetragonal) kurzsäulig bis nadlig, mitunter kräftig gestreift; auf- und eingewachsen; Zwillinge, Pseudomorphosen. **Aggregate:** Derb, körnig, radialstrahlig, glaskopfig (Holzzinn), langnadlig (Nadelzinn). Vorkommen in Pegmatiten, auf Gängen, als Imprägnation (Bergzinn), auf Seifenlagerstätten (Seifenzinn). Begleitmineralien sind Quarz, Topas, Fluorit, Wolframit, Zinkblende, Arsenkies, Magnetkies, Pyrit. **Fundorte:** Erzgebirge; England; Nigeria; Malaysia; Indonesien; Australien; Mexiko; Bolivien; Alaska/USA. **Ähnlich:** Rutil, Zinkblende, Wolframit, Titanit.

Zirkon

④ Südtirol/Italien; 1:6

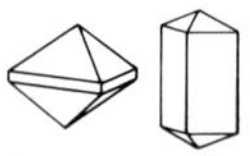

$Zr[SiO_4]$

Strichfarbe weiß. Mohshärte 7–7½. Dichte 3,9–4,8. **Merkmale:** Farbe braun, gelbrot bis rotbraun (Hyazinth), strohgelb (Jargon), rot, grün, blau (Starlit), auch farblos. Diamantglanz, auf Bruchflächen Fettglanz; durchsichtig bis undurchsichtig. Spaltbarkeit undeutlich; Bruch muschlig; spröd. Hohe Doppelbrechung. Teilweise schwacher Pleochroismus. Mitunter gelbliche Fluoreszenz in ultraviolettem Licht. Kristalle (tetragonal)kurzprismatisch, dipyramidal; meist eingewachsen; selten Zwillinge. **Aggregate:** Eingewachsene oder lose Körner. Vorkommen in sauren Magmatiten und Metamorphiten, in Sandstein, auf Seifenlagerstätten. Begleitmineralien sind Spinell, Korund, Granat, Feldspäte, Glimmer. **Fundorte:** Eifel; Österreich; Norwegen; Ural/Rußland; Sri Lanka; Indien; Australien; Florida/USA; Ontario/Kanada; Brasilien. **Ähnlich:** Vesuvian, Rutil, Kassiterit, Spinell.

Korund S. 120, Almandin S. 126, Andradit S. 126, Spessartin S. 126

1

2

3

4

Strichfarbe

grün

Mohshärte

1 2 3 4 5 6 7 8 9 10

Dichte

1 2 3 4 5 6 7

Garnierit

① Riddle, Oregon/USA

$(Ni,Mg)_6[(OH)_8 | Si_4O_{10}]$

Strichfarbe hellgrün. Mohshärte 2–4. Dichte 2,2–2,8. **Merkmale:** Farbe apfelgrün, blaugrün. Fett-, Wachsglanz, matt; undurchsichtig. Spaltbarkeit nicht bestimmbar; Bruch muschlig; spröd. In warmer Salzsäure löslich. Kristalle (monoklin) unbekannt, amorph. **Aggregate:** Derb, stalaktitisch, nierig, blättrig, körnig, erdig, dicht. Vorkommen als Verwitterungsprodukt ultrabasischer Magmatite und von Serpentiniten. Begleitmineralien sind Serpentin, Chlorit, Magnesit, Chalcedon, Opal, Limonit. **Fundorte:** Sachsen, Ural/Rußland; Neukaledonien; Philippinen; Neuseeland; Borneo; Celebes/Indonesien; Oregon/USA; Kuba; Brasilien. **Ähnlich:** Serpentin, Türkis.

Chalkophyllit Kupferglimmer

② Redruth, Cornwall/England; 1:3

$Cu_{18}Al_2[(OH)_9 | SO_4 | AsO_4]_3 \cdot 36\ H_2O$

Strichfarbe hellgrün. Mohshärte 2. Dichte 2,4–2,6. **Merkmale:** Farbe bläulich, hell- bis smaragdgrün. Glasglanz, auf Spaltflächen Perlmutt- oder Diamantglanz; durchsichtig bis durchscheinend. Spaltbarkeit vollkommen; Bruch blättrig; dünne Blättchen biegsam. Hohe Doppelbrechung. In Säure und Ammoniak leicht löslich. Kristalle (trigonal) dünntaflig, meist mit sechsseitigem Umriß; klein. **Aggregate:** Blättrig, rosettenartig, krustig. Vorkommen in Drusen der Oxidationszone von Kupferlagerstätten. Begleitmineralien sind Cuprit, Malachit, Azurit, Tirolit, Devillin. **Fundorte:** Erzgebirge; Tirol/Österreich; Cap Garonne/Frankreich; Rumänien; England; Utah, Nevada/USA; Ural/Rußland; Chile. **Ähnlich:** Autunit, Devillin.

Chrysokoll Kieselkupfer, Kieselmalachit

③ Zacatecas/Mexiko

$Cu_4[(OH)_8 | Si_4O_{10}] \cdot nH_2O$

Strichfarbe grünlichweiß. Mohshärte 2–4. Dichte 1,9–2,3. **Merkmale:** Farbe grünlich, bläulich. Glas-, Wachsglanz, matt; durchscheinend bis undurchsichtig. Spaltbarkeit keine; Bruch muschlig; spröd. In Salzsäure löslich. Flammenfärbung grün. Kristalle (orthorhombisch) selten mikrokristallin, gewöhnlich amorph. **Aggregate:** Derb, traubig, stalaktitisch, krustig, erdig, dicht, als Anflug. Vorkommen in der Oxidationszone von Kupferlagerstätten. Begleitmineralien sind Malachit, Azurit, Cuprit, Dioptas. **Fundorte:** Baden, Erzgebirge; Cornwall/England; Ural/Rußland; Zaire; Arizona, Idaho/USA; Mexiko; Chile. **Ähnlich:** Variscit, Aurichalcit, Türkis, Malachit.

Chlorit

④ Zermatt/Schweiz
⑤ Bayerischer Wald/Bayern

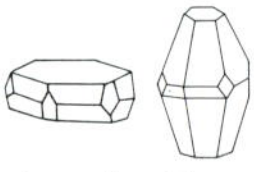

$(Fe,Mg,Al)_6[(OH)_2 | (Si,Al)_4O_{10}]$

Strichfarbe grün bis braun. Mohshärte 2–3. Dichte 2,6–3,3. **Merkmale:** Farbe grün bis grünschwarz, braun, selten rosa, violett, weiß. Glasglanz, auf Spaltflächen Perlmuttglanz, auch matt; durchscheinend, in dünnsten Blättchen durchsichtig. Spaltbarkeit vollkommen; Bruch blättrig; mild, Spaltblättchen unelastisch biegsam. Kristalle (monoklin) dünn- bis dicktaflig, säulig, meist mit sechsseitigem Umriß; Zwillingsbildungen, Pseudomorphosen. **Aggregate:** Derb, schuppig, fasrig, körnig, erdig, dicht, nierig, als Anflug. Vorkommen in Metamorphiten, Sedimentiten, auf Klüften. Begleitmineralien sind Granat, Rutil, Titanit, Diopsid, Vesuvian, Feldspäte, Quarz. **Fundorte:** Rheinpfalz, Sachsen; Tauern/Österreich; Wallis/Schweiz; Cornwall/England; Schweden; Ural/Rußland; Pennsylvania, Massachusetts/USA; Transvaal/Südafrika. **Ähnlich:** Serpentin, Talk, Glimmer, Brucit.

Annabergit S. 44, Tirolit S. 132, Lirokonit S. 206

1

2

3

4

5

Torbernit Kupferuranglimmer

$Cu[UO_2 | PO_4]_2 \cdot 8\text{–}12\ H_2O$

① Poppenreuth, Oberpfalz/Bayern

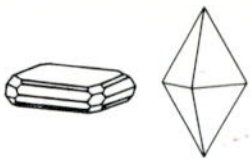

Strichfarbe blaßgrün. Mohshärte 2–2½. Dichte 3,3–3,7. **Merkmale:** Farbe gras- bis smaragdgrün. Glasglanz, auf Spaltflächen Perlmuttglanz; durchscheinend bis durchsichtig. Spaltbarkeit vollkommen; Bruch uneben; spröd bis mild; dünne Blättchen biegsam. In Salpetersäure löslich. Stark radioaktiv. Kristalle (tetragonal) dünn- und dicktaflig, seltener pyramidal, meist klein; gewöhnlich aufgewachsen. **Aggregate:** Schuppig, erdig, pulvrig, als Kruste, Anflug, Kristallrasen. Vorkommen in der Oxidationszone von Uranlagerstätten, auf Gesteinsklüften. Begleitmineralien sind Autunit, Zeunerit, Uranocircit, Pechblende, Fluorit, Baryt, Limonit, Quarz. **Fundorte:** Schwarzwald, Oberpfalz, Erzgebirge; Tschechien; Cornwall/England; Zentralplateau/Frankreich; Portugal; Sardinien/Italien; Zaire; Utah, Nordcarolina/USA; Mexiko; Südaustralien. **Ähnlich:** Autunit, Zeunerit, Uranocircit.

Zeunerit

$Cu[UO_2 | AsO_4]_2 \cdot 8\text{–}12\ H_2O$

② Wheal Edward, Cornwall/England; 1:2

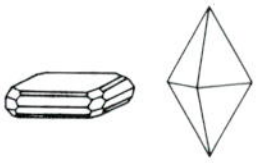

Strichfarbe grün. Mohshärte 2–2½. Dichte 3,4–3,8. **Merkmale:** Farbe smaragdgrün bis gelbgrün. Glasglanz, auf Spaltflächen Perlmuttglanz; durchscheinend bis durchsichtig. Spaltbarkeit vollkommen; Bruch uneben; spröd bis mild. Stark radioaktiv. Kristalle (tetragonal) taflig, seltener pyramidal. **Aggregate:** Blättrig, krustig. Vorkommen in der Oxidationszone uran- und arsenhaltiger Lagerstätten. Begleitmineralien sind Torbernit, Uranocircit, Uranophan, Pechblende, Zinkblende, Bleiglanz, Limonit, Quarz, Baryt, Fluorit, Calcit. **Fundorte:** Schwarzwald, Rheinland-Pfalz, Erzgebirge; Tschechien; Cornwall/England; Utah, Colorado/USA. **Ähnlich:** Torbernit.

Devillin

$CaCu_4[(OH)_6 | SO_4]_2 \cdot 3\ H_2O$

③ Richelsdorf/Hessen; 1:6

Strichfarbe hellgrün. Mohshärte 2½. Dichte 3,13. **Merkmale:** Farbe smaragdgrün bis blaugrün. Glas-, Perlmuttglanz; durchsichtig bis durchscheinend. Spaltbarkeit vollkommen; Bruch muschlig, blättrig; dünne Blättchen biegsam. Kristalle (monoklin) dünntaflig mit sechsseitigem Umriß, auch blättrig, nadlig. **Aggregate:** Derb, krustig, rosettenartig, blättrig, stenglig. Vorkommen in der Oxidationszone von Kupferlagerstätten. Begleitmineralien sind Malachit, Azurit, Tirolit, Calcit, Gipsspat, Quarz. **Fundorte:** Slowakei; Cornwall/England; Korsika/Frankreich; Kasachstan; Pennsylvania/USA. **Ähnlich:** Chalkophyllit.

Tirolit (Tyrolit), Kupferschaum

$Ca_2Cu_9\ [(OH)_{10} | (AsO_4)_4] \cdot 10\ H_2O$

④ Brixlegg, Tirol/Österreich; 1:4

Strichfarbe hellgrün bis blaugrün, auch blau. Mohshärte 1½–2. Dichte 3,0–3,2. **Merkmale:** Farbe hell- bis blaugrün, himmelblau. Glasglanz, auf Spaltflächen Perlmuttglanz; durchscheinend. Spaltbarkeit vollkommen; Bruch blättrig; mild, in dünnen Blättchen elastisch biegsam. In Säure löslich. Kristalle (orthorhombisch) dünntaflig, pseudohexagonal; selten. **Aggregate:** Rosettenartig, strahlig, schuppig, fasrig, derb, krustig, nierig, erdig, dicht, schaumartig. Vorkommen in der Oxidationszone von Kupferlagerstätten. Begleitmineralien sind Chalkophyllit, Brochantit, Malachit, Azurit, Schwazit, Freibergit, Tetraedrit. **Fundorte:** Hessen, Erzgebirge, Thüringen; Tirol/Österreich; Rumänien; Nevada/USA. **Ähnlich:** Azurit, Brochantit.

Annabergit S. 44, Chlorit S. 130, Aurichalcit S. 208, Caledonit S. 208

1

2

3

4

Brochantit

① Mina Rafaola/Chile; 1:6

$Cu_4[(OH)_6 | SO_4]$

Strichfarbe hellgrün. Mohshärte 3½–4. Dichte 3,97. **Merkmale:** Farbe smaragd- bis schwarzgrün. Glasglanz, auf Spaltflächen Perlmuttglanz; durchsichtig bis durchscheinend. Spaltbarkeit vollkommen; Bruch uneben; spröd. In verdünnter Säure löslich. Kristalle (monoklin) kurzprismatisch, nadlig, seltener taflig, vertikal gestreift; klein; aufgewachsen; zuweilen Zwillinge. **Aggregate:** Derb, strahlig, nierig, krustig, körnig, dicht, erdig. Vorkommen in der Oxidationszone von Kupferlagerstätten. Begleitmineralien sind Malachit, Azurit, Atacamit. **Fundorte:** Lahngebiet; Ural/Rußland; Banat/Rumänien; Sardinien/Italien; Spanien; Attika/Griechenland; Algerien; Namibia; Arizona, Neu-Mexiko/USA; Chile. **Ähnlich:** Malachit, Atacamit, Tirolit.

Cronstedtit

② auf Pyrit; Cornwall/England; 1:3

$Fe_4Fe_2[(OH)_8 | Fe_2Si_2O_{10}]$

Strichfarbe dunkelgrün. Mohshärte 3½. Dichte 3,3–3,4. **Merkmale:** Farbe tiefschwarz bis grünschwarz, in dünnen Blättchen tiefgrün. Glasglanz; durchscheinend bis undurchsichtig. Spaltbarkeit vollkommen; Bruch nicht bestimmbar; spröd, dünne Spaltblättchen elastisch biegsam. Kristalle (monoklin) steilpyramidal mit drei- oder sechsseitigem Umriß; selten. **Aggregate:** Radialfasrig, nierig. Vorkommen auf Erzgängen. Begleitmineralien sind Pyrit, Zinkblende, Limonit, Calcit. **Fundorte:** Böhmen; Rumänien; Cornwall/England; Minas Gerais/Brasilien.

Euchroit

③ Slowakei; 1:5

$Cu_2[OH | AsO_4] \cdot 3\ H_2O$

Strichfarbe hellgrün. Mohshärte 3½–4. Dichte 3,34–3,47. **Merkmale:** Farbe smaragdgrün bis lauchgrün. Glasglanz; durchsichtig bis undurchsichtig. Spaltbarkeit undeutlich; Bruch muschlig bis uneben; spröd. In Salz- und Salpetersäure löslich. Kristalle (orthorhombisch) kurzprismatisch, seltener dicktaflig, vertikal gestreift. **Aggregate:** Kristallgruppen in Drusen und Krusten. Vorkommen in der Oxidationszone von Kupferlagerstätten, in Glimmerschiefern. Begleitmineralien sind Olivenit, Malachit, Azurit, Libethenit, Kakoxen. **Fundorte:** Nur Slowakei. **Ähnlich:** Dioptas, Malachit, Olivenit, Libethenit.

Malachit

④ Shaba/Zaire

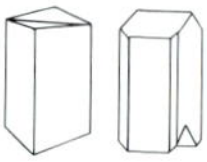

$Cu_2[(OH)_2 | CO_3]$

Strichfarbe grün. Mohshärte 3½–4. Dichte 3,6–4,0. **Merkmale:** Farbe smaragdgrün bis schwarzgrün. Glasglanz, fasrige Aggregate Seidenglanz, auch matt; durchscheinend bis undurchsichtig. Spaltbarkeit vollkommen; Bruch muschlig; spröd. Starker Pleochroismus. In Salzsäure unter Aufbrausen leicht löslich. Kristalle (monoklin) langprismatisch, nadlig, haarförmig; sehr selten; häufig Zwillinge und Pseudomorphosen. **Aggregate:** Büschel nadliger Kristalle, nierig, stalaktitisch, radialfasrig, erdig, dicht, glaskopfig und achatartig gebändert, als Anflug. Vorkommen in der Oxidationszone von Kupferlagerstätten, als Imprägnation in Sandstein. Begleitmineralien sind Azurit, Limonit, Cuprit, Kupferkies, Kupferglanz, Bornit. **Fundorte:** Siegerland, Erzgebirge; Lyon/Frankreich; Cornwall/England; Ural/Rußland; Zaire; Arizona, Neu-Mexiko/USA; Neusüdwales/Australien; Chile. **Ähnlich:** Pseudomalachit, Chrysokoll, Atacamit, Brochantit, Dioptas.

Chlorit S. 130, Chrysokoll S. 130, Garnierit S. 130

1

2

3

4

Atacamit (Atakamit)

$Cu_2(OH)_3Cl$

① La Farola/Chile; 1:4

Strichfarbe apfelgrün. Mohshärte 3–3½. Dichte 3,76. **Merkmale:** Farbe grasgrün bis schwarzgrün. Glas-, Diamantglanz; durchsichtig bis durchscheinend. Spaltbarkeit vollkommen; Bruch muschlig; spröd. Flammenfärbung blaugrün. In Salzsäure und Ammoniak leicht löslich. Kristalle (orthorhombisch) prismatisch, nadlig, seltener taflig, häufig vertikal gestreift. **Aggregate:** Derb, strahlig, blättrig, körnig, dicht, als Anflug. Vorkommen in der Oxidationszone von Kupferlagerstätten, selten als vulkanisches Sublimationsprodukt. Begleitmineralien sind Malachit, Cuprit, Brochantit, Hämatit, Limonit, Gipsspat. **Fundorte:** Sardinien, Vesuv/Italien; Kasachstan; Namibia; Kalifornien, Arizona/USA; Baja California/Mexiko; Peru; Bolivien; Atacama/Chile; Südaustralien. **Ähnlich:** Malachit, Dioptas, Brochantit, Libethenit.

Skorodit

$Fe[AsO_4] \cdot 2\ H_2O$

② Oberwolfach/Schwarzwald; 1:3

Strichfarbe grünlichweiß. Mohshärte 3½–4. Dichte 3,1–3,3. **Merkmale:** Farbe hell- bis dunkelgrün, seltener grau, violett, weiß, farblos. Glas- bis Harzglanz, matt; durchsichtig bis durchscheinend. Spaltbarkeit undeutlich; Bruch splittrig, muschlig bis uneben; spröd. Flammenfärbung blau. In Salzsäure leicht löslich. Beim Anschlagen Knoblauchgeruch. Kristalle (orthorhombisch) dipyramidal, kurzsäulig, taflig; gewöhnlich klein. **Aggregate:** Traubig, krustig, fasrig, körnig, dicht, als Anflug. Vorkommen in der Oxidationszone von arsenhaltigen Buntmetallagerstätten. Begleitmineralien sind Limonit, Arsenkies, Olivenit, Adamin, Pyrit. **Fundorte:** Westerwald, Erzgebirge; England; Ural/Rußland; Usbekistan; Namibia; Ontario/Kanada; Utah, Süddakota/USA; Mexiko; Brasilien. **Ähnlich:** Strengit, Dufrenit.

Libethenit

$Cu_2[OH|PO_4]$

③ Cornwall/England; 1:4

Strichfarbe olivgrün. Mohshärte 4. Dichte 3,8–3,97. **Merkmale:** Farbe lauch-, oliv-, schwarzgrün, oft schwarz angelaufen. Glas-, Fettglanz; durchsichtig bis durchscheinend. Spaltbarkeit undeutlich; Bruch muschlig bis uneben; spröd. Kristalle (orthorhombisch) kurzprismatisch bis oktaederähnlich; aufgewachsen; gewöhnlich klein. **Aggregate:** Radialstrahlig, fasrig, kuglig, nierig, krustig, dicht. Vorkommen in der Oxidationszone von Kupferlagerstätten. Begleitmineralien sind Malachit, Pseudomalachit, Euchroit, Limonit, Quarz. **Fundorte:** Slowakei; Frankreich; Cornwall/England; Ural/Rußland; Shaba/Zaire; Nevada/USA. **Ähnlich:** Malachit, Pseudomalachit, Olivenit, Euchroit.

Dufrenit Grüneisenerz

$Fe_5(PO_4)_3(OH)_5 \cdot 2\ H_2O$

④ Cornwall/England; 1:5

Strichfarbe gelblichgrün. Mohshärte 3½–4½. Dichte 3,1–3,5. **Merkmale:** Farbe lauchgrün, schwarzgrün, zuweilen braun überzogen. Fett-, Glasglanz, matt; durchscheinend bis undurchsichtig. Spaltbarkeit vollkommen; Bruch uneben; spröd. In Salzsäure löslich. Kristalle (monoklin) pseudokubisch, auch dicktaflig; sehr selten und klein. **Aggregate:** Radialfasrig, traubig, glaskopfig (Grüner Glaskopf), krustig, pulvrig. Vorkommen in der Oxidationszone von Eisenerzlagerstätten, in Phosphatpegmatiten. Begleitmineralien sind Limonit, Wavellit, Kakoxen, Strengit. **Fundorte:** Siegerland, Thüringen; England; Portugal; Alabama, Virginia/USA. **Ähnlich:** Skorodit.

Mohshärte 1 2 3 4 5 6 7 8 9 10
Dichte 1 2 3 4 5 6 7

Beudantit S. 138, Pseudomalachit S. 138

1

2

3

4

Olivenit

① Cornwall/England; 1:4

$Cu_2[OH\,|\,AsO_4]$

Strichfarbe olivgrün, auch bräunlich. Mohshärte 3. Dichte 4,3–4,5. **Merkmale:** Farbe grünlichschwarz, olivgrün, braun. Glas-, Seiden-, Diamantglanz; durchscheinend bis undurchsichtig. Spaltbarkeit undeutlich; Bruch muschlig bis uneben; spröd. In Säure und Ammoniak löslich. Kristalle (orthorhombisch) prismatisch bis nadlig, taflig; klein. **Aggregate:** Radialstrahlig, traubig, nierig, fasrig, körnig, erdig. Vorkommen in der Oxidationszone arsenreicher Kupferlagerstätten. Begleitmineralien sind Malachit, Azurit, Arsenkies, Zeunerit. **Fundorte:** Schwarzwald; Tschechien; Var/Frankreich; Cornwall, Cumberland/England; Attika/Griechenland; Ural/Rußland; Namibia; Utah, Nevada/USA; Chile. **Ähnlich:** Adamin, Euchroit, Libethenit.

Pseudomalachit

② Lichtenberg, Franken/Bayern; 1:3

$Cu_5[(OH)_2\,|\,PO_4]_2$

Strichfarbe grün. Mohshärte 4–5. Dichte 4,0–4,3. **Merkmale:** Farbe grün bis schwarzgrün, häufig fleckig. Fettiger Glasglanz; durchscheinend. Spaltbarkeit vollkommen; Bruch muschlig; spröd. Kristalle (monoklin) kurzprismatisch, taflig; sehr klein; Einzelkristalle selten. **Aggregate:** Radialstrahlig, fasrig, traubig, krustig, auch derb, erdig. Vorkommen in der Oxidationszone von Kupferlagerstätten. Begleitmineralien sind Malachit, Azurit, Kupferkies, Cuprit, Tenorit, Chrysokoll, Limonit, Chalcedon. **Fundorte:** Rheinland, Vogtland; Slowakei; Cornwall/England; Portugal; Ural/Rußland; Westaustralien. **Ähnlich:** Malachit, Libethenit.

Mottramit

③ Tsumeb/Namibia; 1:2

$Pb(Cu,Zn)[OH\,|\,VO_4]$

Strichfarbe grün. Mohshärte 3½. Dichte 5,7–6,2. **Merkmale:** Farbe hellgrün, olivgrün bis schwarzgrün. Glas-, Harz-, Diamantglanz; durchsichtig bis undurchsichtig. Spaltbarkeit keine; Bruch muschlig bis uneben; spröd. Kristalle (orthorhombisch) pyramidal, prismatisch, taflig; selten und klein. **Aggregate:** Radialstrahlig, warzig, dendritisch, stalaktitisch, krustig. Vorkommen in der Oxidationszone von Erzlagerstätten. Begleitmineralien sind Descloizit, Vanadinit, Pyromorphit, Mimetesit, Cerussit, Wulfenit, Azurit, Malachit, Calcit. **Fundorte:** Kärnten/Österreich; Cheshire/England; Namibia; Arizona, Montana, Neu-Mexiko/USA; Bolivien; Argentinien. **Ähnlich:** Descloizit, Malachit.

Beudantit

④ Tsumeb/Namibia; 1:5

$PbFe_3[(OH)_6\,|\,SO_4\,|\,AsO_4]$

Strichfarbe grünlich, auch gelblich. Mohshärte 3½–4½. Dichte 4,0–4,3. **Merkmale:** Farbe grün, gelb bis braun, schwarz. Glas-, Harzglanz; durchsichtig bis undurchsichtig. Spaltbarkeit vollkommen; Bruch muschlig bis uneben; spröd. Kristalle (trigonal) rhomboedrisch, pseudowürflig, taflig. **Aggregate:** Derb, krustig, erdig. Vorkommen in der Oxidationszone von Erzlagerstätten. Begleitmineralien sind Mimetesit, Jarosit, Limonit. **Fundorte:** Westerwald; Haute Vienne/Frankreich; Attika/Griechenland; Namibia; Arizona/USA; Sonora/Mexiko; Westaustralien. **Ähnlich:** Jarosit.

Kupferkies S. 158, Millerit S. 160, Uranpecherz S. 174, Carnotit S. 194, Powellit S. 196, Caledonit S. 208, Boleit S. 210

1

2

3

4

Allanit Orthit

① Arriège/Frankreich; 1:10

$Ca(Ce,Th)(Fe,Mg)Al_2[O | OH | SiO_4 | Si_2O_7]$

Strichfarbe grüngrau, bräunlich. Mohshärte 6–6½. Dichte 3,1–4,2. **Merkmale:** Farbe grau bis schwarz, braun, selten gelb. Glas-, Fett-, Harzglanz; undurchsichtig, in dünnen Splittern durchscheinend. Spaltbarkeit undeutlich; Bruch muschlig bis uneben; spröd. Starker Pleochroismus. In Salzsäure löslich. Kristalle (monoklin) dicktaflig, langprismatisch; selten; Zwillinge. **Aggregate:** Derb, körnig, stenglig. Vorkommen in sauren Plutoniten, in Metamorphiten, in vulkanischen Auswürflingen. Begleitmineralien sind Feldspäte, Epidot, Biotit, Monazit, Gadolinit, Quarz. **Fundorte:** Eifel, Sachsen; Schweiz; Norwegen; Schweden; Ural/Rußland; Kalifornien/USA; Queensland/Australien. **Ähnlich:** Fergusonit, Gadolinit, Columbit.

Gadolinit

② Birkeland/Norwegen; 1:2

$Y_2FeBe_2[O | SiO_4]_2$

Strichfarbe grünlichgrau. Mohshärte 6½–7. Dichte 4,0–4,7. **Merkmale:** Farbe grün, braun, schwarz. Glas-, Harz-, Fettglanz; durchsichtig bis undurchsichtig. Spaltbarkeit keine; Bruch muschlig, splittrig; spröd. In Säure löslich. Meist radioaktiv. Kristalle (monoklin) kurzsäulig, dicktaflig; selten. **Aggregate:** Derb, dicht, körnig, erdig. Vorkommen in Granitpegmatiten, auf alpinen Klüften. Begleitmineralien sind Fluorit, Epidot, Titanit, Feldspäte, Quarz. **Fundorte:** Harz; Österreich; Zentralschweiz; Norwegen; Schweden; Grönland; Texas, Arizona/USA. **Ähnlich:** Fergusonit, Allanit.

Ludwigit

③ Brosso, Piemont/Italien; 1:3

$(Mg,Fe)_2Fe[O_2 | BO_3]$

Strichfarbe schwarzgrün, blaugrün, schwarz. Mohshärte 5. Dichte 3,6–4,2. **Merkmale:** Farbe schwarz bis schwarzgrün. Glasglanz, bei fasrigen Aggregaten Seidenglanz; undurchsichtig. Spaltbarkeit vollkommen; Bruch fasrig; spröd. Sehr starker Pleochroismus. In Salzsäure leicht löslich. Kristalle (orthorhombisch) prismatisch, nadlig, fasrig; sehr selten. **Aggregate:** Derb bis dicht, strahlig, feinkörnig, filzig-zäh. Vorkommen in Dolomit- und Kalkstein, auf Magnetitlagerstätten. Begleitmineralien sind Magnetit, Phlogopit, Kassiterit, Quarz. **Fundorte:** Erzgebirge; Rumänien; Schweden; Norwegen; Nevada/USA; Korea. **Ähnlich:** Turmalin, Hedenbergit, Ilvait.

Aktinolith Strahlstein

④ Tirol/Österreich

$Ca_2(Mg,Fe)_5[(OH,F) | Si_4O_{11}]_2$

Strichfarbe grünlich, weiß. Mohshärte 5½–6. Dichte 2,9–3,3. **Merkmale:** Farbe grün, grau, auch weiß, nahezu farblos. Glas-, Seidenglanz; undurchsichtig, in dünnen Splittern durchsichtig. Spaltbarkeit gut; Bruch uneben, splittrig; spröd; in dünnen Blättchen biegsam. Kristalle (monoklin) linealartig prismatisch mit einem Spaltwinkel von etwa 120°, auch nadlig; Zwillinge verbreitet. **Aggregate:** Derb, stenglig, nadlig, strahlig (Amiant), nadlig-filzig (Bergleder), mikrokristallin-verfilzt (Nephrit). Vorkommen in Metamorphiten, auf alpinen Klüften, seltener in Magmatiten. Begleitmineralien sind Talk, Serpentin, Chlorit, Epidot, Glimmer. **Fundorte:** Erzgebirge, Thüringen; Tirol/Österreich; Graubünden/Schweiz; Sondrio/Italien; Baikalseegebiet/Rußland; Turkmenistan; Wyoming/USA; Neuseeland. **Ähnlich:** Jadeit, Epidot, Turmalin, Augit, Ägirin, Turmalin.

Fassait S. 98, Pseudomalachit S. 138, Thortveitit S. 166, Markasit S. 170, Pyrit S. 170

1

2

3

4

Augit

$(Ca,Mg,Fe_2,Ti,Al)_2[(Si,Al)_2O_6]$

① Lochkov/Tschechien; 1:2
② in vulkanischem Tuff; Vesuv/Italien

Strichfarbe grünlich, weiß. Mohshärte 5–6. Dichte 3,2–3,6. **Merkmale:** Farbe lauchgrün bis grünschwarz, pechschwarz, bräunlich, selten fast farblos. Glasglanz; undurchsichtig, kantendurchscheinend. Spaltbarkeit gut; Bruch muschlig bis uneben; spröd. Schwacher Pleochroismus. Kristalle (monoklin) kurzprismatisch mit achtseitigem Umriß und einem Spaltwinkel von etwa 90°, auch dicktaflig und nadlig; häufig Zwillinge, zuweilen Pseudomorphosen. **Aggregate:** Derb, strahlig, körnig bis dicht. Vorkommen als Gemengteil in Magmatiten, seltener in Metamorphiten. Begleitmineralien sind Hornblende, Feldspäte, Biotit, Olivin. **Fundorte:** Eifel; Tschechien; Auvergne/Frankreich; Liparische Inseln/Italien; Ural/Rußland; Ontario/Kanada; Colorado/USA. **Ähnlich:** Hornblende, Turmalin, Aktinolith.

Dioptas

$Cu_6[Si_6O_{18}] \cdot 6\ H_2O$

③ Tsumeb/Namibia; 1:2

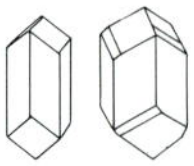

Strichfarbe grün. Mohshärte 5. Dichte 3,3. **Merkmale:** Farbe smaragdgrün bis dunkelgrün. Glasglanz; durchsichtig bis durchscheinend. Spaltbarkeit vollkommen; Bruch muschlig bis uneben; spröd. In Salz-, Salpetersäure und Ammoniak löslich. Kristalle (trigonal) kurzprismatisch. **Aggregate:** Kristallgruppen, als Krusten. Vorkommen in der Oxidationszone von Kupferlagerstätten. Begleitmineralien sind Malachit, Chrysokoll, Azurit, Limonit, Calcit. **Fundorte:** Shaba/Zaire; Namibia; Kasachstan; Arizona, Kalifornien/USA; Chile; Peru. **Ähnlich:** Atacamit, Smaragd, Malachit, Euchroit.

Hornblende

$(Ca,Na,K)_{2-3}(Mg,Fe,Al)_5\ [(OH,F)_2 | (Si,Al)_2Si_6O_{22}]$

④ Schima/Tschechien

Strichfarbe graugrün bis graubraun. Mohshärte 5–6. Dichte 2,9–3,4. **Merkmale:** Farbe grün bis schwarz. Glasglanz, Seidenglanz; undurchsichtig, in dünnen Splittern durchscheinend. Spaltbarkeit vollkommen; Bruch uneben; spröd. Starker Pleochroismus. Kristalle (monoklin) prismatisch, meist kurzsäulig mit sechsseitigem Umriß und einem Spaltwinkel von etwa 120°, auch langsäulig und nadlig; Zwillinge, Pseudomorphosen. **Aggregate:** Derb, stenglig, fasrig, seltener körnig. Vorkommen als Gemengteil in Magmatiten, in Metamorphiten, auf Magnetitlagerstätten. Begleitmineralien sind Augit, Granat, Biotit, Feldspäte, Epidot. **Fundorte:** Eifel, Thüringer Wald; Tschechien; Norwegen; Finnland; Ural/Rußland; Ontario/Kanada; Idaho/USA; Japan. **Ähnlich:** Augit, Turmalin, Epidot, Ägirin, Vesuvian.

Hedenbergit

$CaFe[Si_2O_6]$

⑤ Nordmark/Schweden; 1:½

Strichfarbe grünlich, bräunlich, grau, auch farblos. Mohshärte 5–6. Dichte 3,5–3,6. **Merkmale:** Farbe dunkelgrün, grünschwarz, braunschwarz, schwarz. Glasglanz; durchsichtig bis durchscheinend. Spaltbarkeit gut; Bruch muschlig bis uneben; spröd. Kristalle (monoklin) kurzprismatisch mit fast quadratischem Querschnitt und einem Spaltwinkel von etwa 90°; häufig Zwillinge. **Aggregate:** Derb, spätig, strahlig, stenglig, körnig. Vorkommen in Eisenlagerstätten, in Kalksilikatgestein. Begleitmineralien sind Magnetit, Hämatit, Ilvait, Andradit, Epidot, Calcit, Zinkblende. **Fundorte:** Erzgebirge; Elba, Toskana/Italien; Schweden; Norwegen; Kasachstan; Nigeria; New Jersey/USA; Australien. **Ähnlich:** Ludwigit.

Thorianit S. 174, Uranpecherz S. 174, Ägirin S. 198, Fergusonit S. 202

1

2

3

4

5

Molybdänglanz Molybdänit

MoS_2

① in Quarz; Nevada/USA
② auf Quarz; Australien

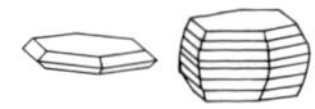

Strichfarbe dunkelgrau. Fein zerriebenes Pulver zeigt schmutziggrüne Strichfarbe. Mohshärte 1–1½. Dichte 4,7–4,8. **Merkmale:** Farbe bleigrau mit violettem Stich. Metallglanz; undurchsichtig. Spaltbarkeit vollkommen; Bruch nicht feststellbar; mild; in dünnen Blättchen unelastisch biegsam. Fühlt sich fettig an; färbt auf Papier ab. In Salpetersäure und Königswasser löslich. Flammenfärbung grünlich. Kristalle (hexagonal) flachtaflig bis blättrig mit sechsseitigem Umriß; selten. **Aggregate:** Derb, blättrig, schuppig, als Imprägnation, körnig, dicht. Vorkommen auf Quarzgängen, Pegmatiten. Begleitmineralien sind Wolframit, Scheelit, Kassiterit, Zinkblende, Arsenkies, Kupferkies, Pyrit, Magnetit, Quarz. **Fundorte:** Erzgebirge; Kärnten/Österreich; Schweden; Norwegen; Cornwall/England; Kaukasus; Quebec/Kanada; Colorado, New Jersey/USA; Queensland/Australien. **Ähnlich:** Graphit, Bleiglanz, Hämatit, Ilmenit, Nagyagit, Tetradymit.

Polybasit

$(Ag,Cu)_{16}Sb_2S_{11}$

③ Yukon Co./Kanada; 1:2

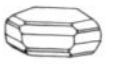

Strichfarbe schwarz bis tiefrot. Mohshärte 1½–2. Dichte 6,0–6,2. **Merkmale:** Farbe eisenschwarz. Metallglanz; undurchsichtig, in dünnen Splittern rot durchscheinend. Spaltbarkeit vollkommen; Bruch uneben; mild. Kristalle (monoklin) dünntaflig mit sechsseitigem Umriß. **Aggregate:** Derb, schuppig, körnig. Vorkommen auf Silbererzgängen. Begleitmineralien sind Stephanit, Pyrargyrit, Proustit, Silberglanz, Bleiglanz. **Fundorte:** Harz, Erzgebirge; Böhmen/Tschechien; Nevada, Colorado/USA; Mexiko; Bolivien; Chile. **Ähnlich:** Stephanit, Silberglanz, Pyrargyrit, Hämatit, Miargyrit.

Covellin Kupferindig

CuS

④ Bor/Serbien

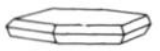

Strichfarbe blauschwarz. Mohshärte 1½–2. Dichte 4,68. **Merkmale:** Farbe blauschwarz. Metall-, Fettglanz, matt; undurchsichtig, in feinsten Blättchen durchscheinend. Spaltbarkeit vollkommen; Bruch muschlig; mild. Flammenfärbung blau. In Salpetersäure löslich. Farbe in Wasser violett, in Öl rot. Kristalle (hexagonal) taflig bis blättrig; selten. **Aggregate:** Derb, spätig, blättrig, feinkörnig, dicht, pulvrig, als Belag oder Kruste. Vorkommen im Verwitterungsbereich von Kupfererzlagerstätten, auch als vulkanisches Sublimationsprodukt. Begleitmineralien sind Kupferkies, Kupferglanz, Bornit, Pyrit. **Fundorte:** Harzvorland; Sardinien/Italien; Serbien; Montana, Alaska/USA; Bolivien; Chile. **Ähnlich:** Bornit.

Boulangerit

$Pb_5Sb_4S_{11}$

⑤ Ramsbeck/Sauerland; 1:4
⑥ Müsen/Westfalen

Strichfarbe schwarz. Mohshärte 2½–3. Dichte 5,8–6,2. **Merkmale:** Farbe bleigrau bis grauschwarz. Metallglanz; undurchsichtig. Spaltbarkeit gut; Bruch uneben; spröd, dünne Fasern biegsam. In warmer Salpeter- oder Salzsäure löslich. Kristalle (monoklin) langprismatisch bis nadlig; sehr selten. **Aggregate:** Derb, feinkörnig, dicht, fasrig, strahlig. Vorkommen auf Bleierzlagerstätten. Begleitmineralien sind Bleiglanz, Zinkblende, Antimonit, Arsenkies, Pyrit, Quarz. **Fundorte:** Sauerland; Ural/Rußland; Böhmen/Tschechien; Serbien; Süddakota/USA. **Ähnlich:** Antimonit, Jamesonit, Bournonit, Tetraedrit, Bleiglanz.

Kupferglanz S. 160, Pyrolusit S. 172, Berthierit S. 190

1

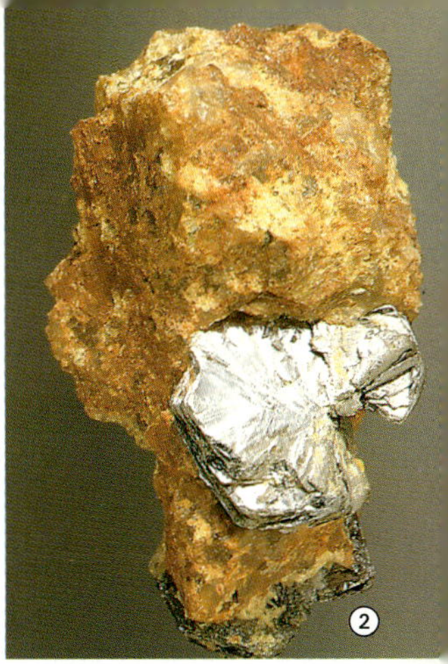
2

3

4

5

6

Jamesonit

$Pb_4FeSb_6S_{14}$

① in Quarz; Neumühle/Thüringen
② mit Pyrit; Zacatecas/Mexiko

Strichfarbe schwarzgrau. Mohshärte 2½. Dichte 5,63. **Merkmale:** Farbe bleigrau, oft bunt angelaufen. Metall-, Seidenglanz; undurchsichtig. Spaltbarkeit gut; Bruch nicht zu erkennen; spröd. Kristalle (monoklin) nadlig bis haarig. **Aggregate:** Radialstrahlig, fasrig, derb, dicht. Vorkommen auf Erzgängen. Begleitmineralien sind Bleiglanz, Bournonit, Zinkblende, Arsenkies. **Fundorte:** Harz, Erzgebirge; Tschechien; Rumänien; Cornwall/England; Utah/USA; Bolivien. **Ähnlich:** Boulangerit, Antimonit.

Bournonit Rädelerz

$PbCuSbS_3$

③ mit Siderit; Horhausen/Siegerland

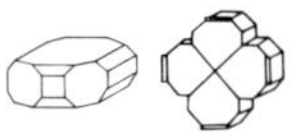

Strichfarbe grau. Mohshärte 2½–3. Dichte 5,7–5,9. **Merkmale:** Farbe stahlgrau bis eisenschwarz. Metallglanz, matt; undurchsichtig. Spaltbarkeit undeutlich; Bruch muschlig; spröd. In Salpetersäure löslich. Kristalle (orthorhombisch) dicktaflig, kurzsäulig; selten; zahnradähnliche Zwillingsbildungen (Rädelerz). **Aggregate:** Derb, spätig, körnig, dicht. Vorkommen auf Bleizinklagerstätten. Begleitmineralien sind Antimonit, Tetraedrit, Bleiglanz, Zinkblende, Kupferkies, Quarz. **Fundorte:** Siegerland, Harz; Kärnten/Österreich; Slowenien; Böhmen/Tschechien; Cornwall/England; Ukraine; Transbaikalien/Rußland; Arkansas, Colorado/USA; Mexiko; Bolivien; Chile. **Ähnlich:** Boulangerit, Tennantit, Freibergit, Schwazit, Tetraedrit.

Graphit

C

④ Trieben, Steiermark/Österreich

Strichfarbe grau bis schwarz. Mohshärte 1. Dichte 2,1–2,3. **Merkmale:** Farbe stahlgrau, dunkelgrau bis schwarz. Metallglanz, matt; undurchsichtig, in dünnsten Blättchen blau durchscheinend. Spaltbarkeit vollkommen; Bruch blättrig, uneben; unelastisch biegsam. Guter Wärmeleiter. Fühlt sich fettig an, färbt beim Anfassen ab. Kristalle (hexagonal) taflig mit sechsseitigem Umriß. **Aggregate:** Blättrig, schuppig, stenglig, feinkörnig bis dicht, erdig. Vorkommen in Pegmatiten, in Metamorphiten, als Nebengemengteil in Magmatiten. Begleitmineralien sind Wollastonit, Granat, Spinell, Calcit. **Fundorte:** Bayerischer Wald; Steiermark/Österreich; Finnland; Ukraine; Mittelsibirien/Rußland; Quebec/Kanada; New York/USA; Mexiko; Madagaskar; Sri Lanka. **Ähnlich:** Molybdänglanz, Nagyagit, Tetradymit.

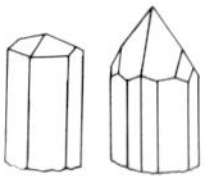

Antimonit Antimonglanz, Stibnit, Grauspießglanz

Sb_2S_3

⑤ Pribram/Tschechien

Strichfarbe grau. Mohshärte 2. Dichte 4,6–4,7. **Merkmale:** Farbe bleigrau bis schwarz, häufig bunt angelaufen. Metallglanz, matt; undurchsichtig. Spaltbarkeit vollkommen; Bruch muschlig; mild, dünnste Blättchen unelastisch biegsam. In Salz-, Salpetersäure und Kalilauge löslich. Schmilzt in der Kerzenflamme mit schwach grünblauer Flammenfärbung. Kristalle (orthorhombisch) säulig, spießig, nadlig; gewöhnlich aufgewachsen. **Aggregate:** Strahlig, nadlig, kuglig, auch derb, dicht filzig. Vorkommen auf Quarzgängen, auf Blei-, Silber- und Zinnoberlagerstätten. Begleitmineralien sind Gold, Zinnober, Realgar, Auripigment, Bleiglanz, Baryt, Quarz. **Fundorte:** Westfalen, Harz; Slowakei; Kärnten/Österreich; Auvergne/Frankreich; Ukraine; China; Japan; Südafrika; Nevada/USA; Bolivien. **Ähnlich:** Wismutglanz, Bleiglanz, Pyrolusit, Manganit, Boulangerit.

1

2

3

4

5

Silberglanz
Ag_2S

① Argentit; Oberschlema/Erzgebirge
② Argentit mit Calcit; Tschechien

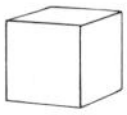
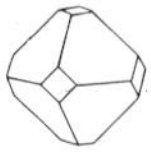

Strichfarbe bleigrau bis schwarz, gewöhnlich glänzend. Mohshärte 2–2½. Dichte 7,2–7,4. **Merkmale:** Farbe bleigrau, gewöhnlich schwarz angelaufen. Auf frischen Flächen Metallglanz, sonst matt; undurchsichtig. Spaltbarkeit undeutlich; Bruch muschlig bis uneben; geschmeidig, schneidbar, formbar. In Säure löslich. Kristalle (kubisch: Argentit, monoklin: Akanthit) würflig, oktaedrisch, prismatisch, taflig, nadlig; Pseudomorphosen verbreitet, auch Zwillinge. **Aggregate:** Derb, körnig, eingesprengt, skelettartig, dendritisch, haarförmig, pulvrig (Silberschwärze). Vorkommen auf Silbererzgängen. Begleitmineralien sind Pyrargyrit, Proustit, Chlorargyrit, Polybasit, Stephanit, gediegen Silber, Bleiglanz, Cerussit, Zinkblende, Fluorit, Baryt, Calcit. **Fundorte:** Erzgebirge; Böhmen/Tschechien; Norwegen; Siebenbürgen/Rumänien; Altai; Nevada, Utah/USA; Mexiko; Bolivien; Peru. **Ähnlich:** Polybasit, Silber, Argyrodit, Stephanit, Kupferglanz, Bleiglanz.

Krennerit
$(Au, Ag)Te_2$

③ Sacaramb/Rumänien; 1:4

Strichfarbe gelblichgrau. Mohshärte 2–3. Dichte 8,6. **Merkmale:** Farbe silberweiß (Weißerz, Weißtellur) bis messinggelb (Gelberz). Metallglanz; undurchsichtig. Spaltbarkeit vollkommen; Bruch uneben. Kristalle (orthorhombisch) kurzprismatisch, längsgestreift; klein und sehr selten. **Aggregate:** Derb, grobspätig, körnig, eingesprengt. Vorkommen auf Goldlagerstätten. Begleitmineralien sind Sylvanit, Calaverit, Nagyagit, Quarz. **Fundorte:** Transsylvanien/Rumänien; Quebec/Kanada; Colorado/USA; Westaustralien. **Ähnlich:** Sylvanit, gediegen Tellur, Calaverit, Pyrit.

Wismutglanz Bismuthinit, Bismuthin
Bi_2S_3

④ mit Pyrit; Vogtland

Strichfarbe bleigrau, glänzend. Mohshärte 2. Dichte 6,8–7,2. **Merkmale:** Farbe bleigrau bis zinnweiß, oft bunt oder gelb angelaufen. Metallglanz; undurchsichtig. Spaltbarkeit vollkommen; Bruch splittrig; mild, dünne Blättchen unelastisch biegsam. Schmilzt in der Kerzenflamme. In warmer Salzsäure leicht löslich. Kristalle (orthorhombisch) säulig, nadlig; selten gut ausgebildet. **Aggregate:** Derb, strahlig, stenglig, blättrig, körnig, eingesprengt. Vorkommen auf Erzgängen, in Pegmatiten, als vulkanisches Exhalationsprodukt. Begleitmineralien sind gediegen Wismut, Kupferkies, Arsenkies, Kassiterit, Wolframit, Quarz. **Fundorte:** Erzgebirge; Rumänien; Cornwall/England; Süddakota, Kalifornien/USA; Mexiko; Bolivien; Peru; Neusüdwales, Queensland/Australien. **Ähnlich:** Antimonit, Emplektit.

Meneghinit
$Pb_{13}CuSb_7S_{24}$

⑤ Bottino/Italien; 1:2

Strichfarbe schwarz. Mohshärte 2½. Dichte 6,3–6,4. **Merkmale:** Farbe bleigrau bis schwarz. Metallglanz; undurchsichtig. Spaltbarkeit vollkommen; Bruch muschlig; spröd. In Salpetersäure löslich. Kristalle (orthorhombisch) langnadlig, vertikal gestreift; selten. **Aggregate:** Derb, körnig bis dicht, fasrig. Vorkommen auf zinkführenden Lagerstätten. Begleitmineralien sind Zinkblende, Bleiglanz, Jamesonit, Boulangerit, Stannin. **Fundorte:** Nordbayern, Erzgebirge; Toskana/Italien; Schweden; Kalifornien/USA; Ontario/Kanada; Neusüdwales/Australien. **Ähnlich:** Antimonit, Jamesonit.

Boulangerit S. 144, Polybasit S. 144, Bleiglanz S. 162

1

2

3

4

5

Sylvanit Schrifterz

$AuAgTe_4$

① Siebenbürgen/Rumänien; 1:8
② gelbliche Kristalle; USA; 1:2

Strichfarbe grau. Mohshärte 1½–2. Dichte 8,0–8,3. **Merkmale:** Farbe stahlgrau bis silberweiß, auch messinggelb, zuweilen gelb angelaufen. Metallglanz; undurchsichtig. Spaltbarkeit vollkommen; Bruch uneben; mild. In Salpetersäure und Königswasser löslich. Kristalle (monoklin) taflig, prismatisch, oft längsgestreift; gewöhnlich klein und selten; mitunter Pseudomorphosen, Zwillinge häufig. **Aggregate:** Kristallskelette ähnlich Schriftzeichen flach angeordnet; auch eingesprengt, als Anflug, seltener derb und körnig. Vorkommen auf Golderzgängen. Begleitmineralien sind Silberglanz, Nagyagit, Calaverit, Krennerit, gediegen Gold, Zinkblende, Pyrit, Tetraedrit, Quarz, Calcit, Fluorit. **Fundorte:** Siebenbürgen/Rumänien; Kalifornien, Colorado/USA; Sumatra, Java/Indonesien; Westaustralien. **Ähnlich:** Krennerit, Calaverit, Nagyagit, Tetraedrit, Tellur.

Emplektit

$CuBiS_2$

③ Mackenheim/Odenwald; 1:2

Strichfarbe schwarz. Mohshärte 2. Dichte 6,38. **Merkmale:** Farbe zinnweiß bis stahlgrau, häufig gelb angelaufen. Metallglanz; undurchsichtig. Spaltbarkeit vollkommen; Bruch uneben bis muschlig; spröd. In Säure löslich. Kristalle (orthorhombisch) prismatisch bis nadlig, längsgestreift; gewöhnlich aufgewachsen; selten. **Aggregate:** Derb, stenglig, körnig, eingesprengt. Vorkommen auf wismuthaltigen Erzgängen. Begleitmineralien sind gediegen Wismut, Skutterudit, Kupferkies, Fluorit, Baryt, Quarz. **Fundorte:** Schwarzwald, Erzgebirge; Böhmen/Tschechien; Norwegen; Colorado/USA; Peru; Chile. **Ähnlich:** Antimonit, Wismutglanz.

Argyrodit

Ag_8GeS_6

④ Colquechara/Bolivien; 1:5

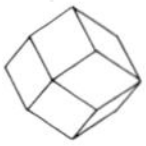

Strichfarbe grauschwarz. Mohshärte 2½. Dichte 6,1–6,3. **Merkmale:** Farbe stahlgrau mit rötlichem Stich, häufig schwarz angelaufen. Metallglanz; undurchsichtig. Spaltbarkeit keine; Bruch muschlig bis uneben; spröd. Kristalle (kubisch) oktaedrisch, rhombendodekaedrisch; gewöhnlich sehr klein; vereinzelt Zwillinge. **Aggregate:** Derb, nierig, traubig, dicht. Vorkommen auf Silbererzgängen. Begleitmineralien sind Argentit, Pyrargyrit, Proustit, Bleiglanz, Zinkblende, Pyrit, Siderit. **Fundorte:** Erzgebirge; Bolivien; Argentinien. **Ähnlich:** Argentit, Germanit.

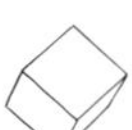

Wismut gediegen

Bi

⑤ Hartenstein/Sachsen; 1:10
⑥ Mackenheim/Odenwald; 1:5

Strichfarbe bleigrau. Mohshärte 2–2½. Dichte 9,7–9,8. **Merkmale:** Farbe silberweiß mit rötlichem Stich, oft bunt oder messinggelb angelaufen. Metallglanz; undurchsichtig. Spaltbarkeit vollkommen; Bruch hakig, uneben; spröd, schneidbar. In Salpetersäure löslich. Kristalle (trigonal) würfelähnlich, selten; Zwillinge mit charakteristischer Streifung. **Aggregate:** Gestrickt, dendritisch, blättrig, körnig, eingesprengt. Vorkommen auf Erzgängen, in Pegmatiten. Begleitmineralien sind Wismutglanz, Nickelin, Chloanthit, Kassiterit, Stannin, Molybdänglanz, Wolframit, Bleiglanz, Arsenkies, Pyrit, Quarz. **Fundorte:** Schwarzwald, Erzgebirge; Böhmen/Tschechien; Cornwall/England; Spanien; Kalifornien, Süddakota/USA; Ontario/Kanada; Bolivien; Neusüdwales, Queensland/Australien. **Ähnlich:** Linneit, Nickelin, Breithauptit.

Bismutit S. 164, Calaverit S. 164

1

2

3

4

5

6

Tellur gediegen

Te

① Hope Mine/USA; 1:2

Strichfarbe grau. Mohshärte 2–2½. Dichte 6,1–6,3. **Merkmale:** Farbe zinnweiß. Metallglanz; undurchsichtig. Spaltbarkeit vollkommen; Bruch uneben; spröd. Flammenfärbung grün. In konzentrierter Schwefelsäure löslich. Kristalle (trigonal) prismatisch; selten und gewöhnlich klein. **Aggregate:** Derb, eingesprengt, stenglig, feinkörnig. Vorkommen auf Golderzgängen. Begleitmineralien sind gediegen Gold, Nagyagit, Sylvanit, Bleiglanz, Pyrit, Quarz. **Fundorte:** Siebenbürgen/Rumänien; Cornwall/England; Colorado, Kalifornien/USA; Sonora/Mexiko; Hokkaido/Japan; Westaustralien. **Ähnlich:** Krennerit, Sylvanit.

Tetradymit Tellurwismut

Bi_2Te_2S

② Schemnitz/Slowakei; 1 : 3

Strichfarbe grau, glänzend. Mohshärte 1½–2. Dichte 7,1–7,9. **Merkmale:** Farbe bleigrau, stahlgrau bis zinnweiß, oft dunkel angelaufen. Auf frischen Spaltflächen Metallglanz, sonst matt; undurchsichtig. Spaltbarkeit vollkommen; Bruch uneben; mild, unelastisch biegsam. Färbt auf Papier ab. Kristalle (trigonal) steilpyramidal, taflig; sehr selten; Vierlingsbildungen charakteristisch. **Aggregate:** Derb, blättrig, auch körnig. Vorkommen auf Goldlagerstätten. Begleitmineralien sind Gold, gediegen Wismut, Wismutglanz, Tetraedrit, Molybdänglanz, Bleiglanz, Kupferkies, Arsenkies, Pyrit, Quarz. **Fundorte:** Karpaten/Rumänien; Slowakei; Schweden; Ural/Rußland; Colorado, Montana/USA; Kanada; Japan; Westaustralien. **Ähnlich:** Molybdänglanz, Graphit.

Nagyagit Blättertellur

$AuPb_5 (Te, Sb)_4S_{5-8}$

③ mit Rhodochrosit;
Nagyag/Rumänien; 1:4

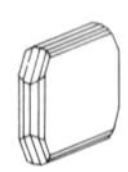

Strichfarbe grauschwarz. Mohshärte 1–1½. Dichte 7,4–7,5. **Merkmale:** Farbe dunkelbleigrau, eisenschwarz. Metallglanz; undurchsichtig. Spaltbarkeit vollkommen; Bruch hakig; mild, dünne Blättchen biegsam. In Salpetersäure und Königswasser löslich. Kristalle (tetragonal) dünntaflig; selten. **Aggregate:** Derb, blättrig, körnig. Vorkommen auf Golderzgängen. Begleitmineralien sind gediegen Gold, Sylvanit, Calaverit, Silberglanz, Tellur, Pyrit, Calcit, Rhodochrosit, Quarz. **Fundorte:** Siebenbürgen/Rumänien; Colorado, Nordcarolina/USA; Kanada; Westaustralien; Neuseeland; Japan. **Ähnlich:** Sylvanit, Molybdänglanz, Graphit.

Stephanit

Ag_5SbS_4

④ Freiberg/Sachsen; 1:3
⑤ mit Silber; Aue/Sachsen

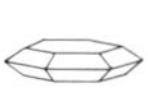

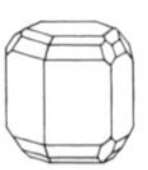

Strichfarbe schwarz, glänzend. Mohshärte 2–2½. Dichte 6,2–6,4. **Merkmale:** Farbe bleigrau bis schwarz, oft schwarz angelaufen. Metallglanz, matt; undurchsichtig. Spaltbarkeit undeutlich; Bruch muschlig bis uneben; spröd. In Salpetersäure löslich. Kristalle (orthorhombisch) kurzprismatisch, dicktaflig; Zwillinge verbreitet. **Aggregate:** Rosettenartig, eingesprengt, selten derb und als Anflug. Vorkommen auf Silbererzgängen. Begleitmineralien sind Silberglanz, Pyrargyrit, Polybasit, gediegen Silber, Bleiglanz, Pyrit, Baryt, Fluorit, Calcit. **Fundorte:** Erzgebirge; Böhmen/Tschechien; Sardinien/Italien; Cornwall/England; Ontario/Kanada; Nevada, Virginia/USA; Mexiko; Peru; Chile. **Ähnlich:** Silberglanz, Polybasit, Miargyrit, Pyrargyrit, Kupferglanz.

1

2

3

4

5

Tetraedrit Antimonfahlerz

$Cu_{12}Sb_4S_{13}$

① Pasto Bueno/Peru

Strichfarbe schwarz, bei starkem Verreiben braun. Mohshärte 3–4½. Dichte 4,6–5,2. **Merkmale:** Farbe stahlgrau bis schwarz mit olivfarbenem Stich. Auf frischen Bruchflächen Metallglanz, sonst matt; undurchsichtig. Spaltbarkeit keine; Bruch muschlig bis uneben; spröd. In Salpetersäure und Königswasser löslich. Kristalle (kubisch) tetraedrisch, selten dodekaedrisch und würflig, oft kantenparallel gestreift; häufig Zwillinge. **Aggregate:** Derb, eingesprengt, körnig bis dicht. Vorkommen auf Blei- und Kupferlagerstätten. Begleitmineralien sind Kupferkies, Bournonit, Bleiglanz, Pyrargyrit, Zinkblende, Arsenkies, Pyrit. **Fundorte:** Harz, Siegerland, Erzgebirge; Tschechien; England; Schweden; Montana/USA; Peru; Bolivien; Namibia. **Ähnlich:** Tennantit, Bournonit, Bleiglanz, Zinkblende, Sylvanit.

Germanit

$Cu_3\,(Ge,Fe)S_4$

② mit blaugrauem Kupferglanz; Kolwezi/Zaire

Strichfarbe schwarz. Mohshärte 3–4. Dichte 4,4–4,6. **Merkmale:** Farbe violettrosa, gewöhnlich dunkelviolett angelaufen. Metallglanz; undurchsichtig. Spaltbarkeit keine; Bruch nicht bestimmbar; spröd. In Salpetersäure löslich. Kristalle (kubisch) mikroskopisch klein. **Aggregate:** Derb, körnig eingesprengt. Vorkommen auf Erzgängen. Begleitmineralien sind Tennantit, Tetraedrit, Zinkblende, Pyrit, Enargit, Kupferglanz, Bleiglanz, Azurit, Malachit. **Fundorte:** Tsumeb/Namibia; Armenien. **Ähnlich:** Argyrodit.

Tennantit Arsenfahlerz

$Cu_{12}As_4S_{13}$

③ Mandeln/Hessen

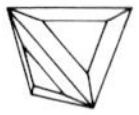

Strichfarbe schwarz, beim Feinreiben rotbraun. Mohshärte 3–4½. Dichte 4,6–5,2. **Merkmale:** Farbe stahlgrau, bleigrau mit olivfarbenem Stich. Auf frischen Bruchflächen Metallglanz, sonst matt; undurchsichtig, in dünnen Schichten rot durchscheinend. Spaltbarkeit keine; Bruch muschlig bis uneben; spröd. In Schwefelsäure löslich. Kristalle (kubisch) tetraedrisch, selten dodekaedrisch und würflig, oft kantenparallel gestreift; häufig Zwillinge. **Aggregate:** Derb, eingesprengt, körnig bis dicht. Vorkommen auf Blei- und Kupferlagerstätten. Begleitmineralien sind Kupferkies, Enargit, Bournonit, Bleiglanz, Zinkblende, Arsenkies, Pyrit. **Fundorte:** Harz, Erzgebirge; Böhmen/Tschechien; Schweden; Montana/USA; Peru; Bolivien; Namibia; Japan; Queensland/Australien. **Ähnlich:** Tetraedrit, Freibergit, Enargit, Bournonit, Bleiglanz, Arsenkies.

Schwazit Hermesit, Quecksilberfahlerz

$(CuHg)_3SbS_4$

④ Schwaz/Tirol
⑤ Rudnany/Slowakei

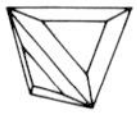

Strichfarbe grau bis schwarz. Mohshärte 3–4½. Dichte 4,6–5,2. **Merkmale:** Farbe dunkelstahlgrau bis schwarz. Auf frischen Bruchflächen Metallglanz, sonst matt; undurchsichtig. Spaltbarkeit keine; Bruch muschlig bis uneben; spröd. In Salpetersäure löslich. Kristalle (kubisch) tetraedrisch, selten dodekaedrisch und würflig; Zwillinge verbreitet. **Aggregate:** Derb, eingesprengt, körnig bis dicht. Vorkommen auf Blei- und Kupferlagerstätten. Begleitmineralien sind Zinnober, Quecksilber, Kupferkies, Bournonit, Bleiglanz, Zinkblende, Arsenkies, Pyrit, Baryt. **Fundorte:** Rheinpfalz; Tirol/Österreich; Tschechien; Cornwall/England; Schweden; Idaho, Montana/USA; Namibia. **Ähnlich:** Tennantit, Tetraedrit, Zinkblende, Bournonit.

Ankerit S. 64, Dolomitspat S. 64, Betafit S. 70, Triphylin S. 70

1

2

3

4

5

Arsen gediegen
As

① Scherbenkobalt; St. Andreasberg/Harz

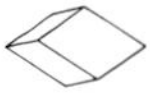

Strichfarbe schwarz. Mohshärte 3–4. Dichte 5,4–5,9. **Merkmale:** Farbe lichtbleigrau bis zinnweiß, gewöhnlich schwarz angelaufen. Auf frischen Bruchflächen Metallglanz, sonst matt; undurchsichtig. Spaltbarkeit vollkommen; Bruch uneben; spröd. Beim Anschlagen Knoblauchgeruch. Kristalle (trigonal) rhomboedrisch, würfelähnlich, nadlig; selten und klein. **Aggregate:** Derb, feinkörnig, nierig, knollig, glaskopfig (Scherbenkobalt). Vorkommen auf Gängen arsenhaltiger Erze, auch in Salzstöcken. Begleitmineralien sind Dyskrasit, Proustit, Antimon, Bleiglanz, Calcit. **Fundorte:** Harz, Erzgebirge; Böhmen/Tschechien; Vogesen/Frankreich; Norwegen; New Jersey/USA; Chile; Westaustralien; Japan. **Ähnlich:** Antimon, Silber.

Tenorit
CuO

② Nickenich/Eifel; 1:4

Strichfarbe schwarz. Mohshärte 3–4. Dichte 5,8–6,4. **Merkmale:** Farbe stahlgrau bis schwarz. Metallglanz, matt; undurchsichtig, in dünnsten Blättchen braun durchscheinend. Spaltbarkeit undeutlich; Bruch muschlig bis uneben; spröd, dünnste Blättchen elastisch biegsam. In Säure leicht löslich. Kristalle (monoklin) taflig mit sechsseitigem Umriß, papierdünn; selten. **Aggregate:** Derb, erdig, feinkörnig, krustig. Vorkommen in der Oxidationszone von Kupferlagerstätten, gelegentlich als vulkanisches Exhalationsprodukt. Begleitmineralien sind Kupferglanz, Cuprit, Malachit, Azurit, Limonit. **Fundorte:** Nordbayern, Erzgebirge; Vesuv/Italien; Shaba/Zaire; Namibia; Tennessee, Michigan/USA; Chile. **Ähnlich:** Pyrolusit.

Pentlandit Eisennickelkies
$(Ni,Fe)_9S_8$

③ Ontario/Kanada

Strichfarbe schwarz. Mohshärte 3½–4½. Dichte 4,5–5,0. **Merkmale:** Farbe bronzegelb. Metallglanz; undurchsichtig. Spaltbarkeit gut; Bruch muschlig; spröd. In Salpetersäure löslich. Kristalle (kubisch) selten, meist unregelmäßig begrenzte Körner. **Aggregate:** Derb, eingesprengt, gewöhnlich mit Magnetkies verwachsen. Vorkommen in basischen Magmatiten. Begleitmineralien sind Magnetkies, Kupferkies, Pyrit, Magnetit, Ilmenit. **Fundorte:** Schwarzwald; Norwegen; Finnland; Kola, Sibirien/Rußland; Südafrika; Ontario/Kanada; Kalifornien/USA. **Ähnlich:** Magnetkies, Cubanit.

Magnetkies Pyrrhotin
FeS

④ mit Siderit; Trepca/Serbien

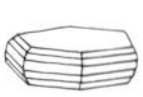

Strichfarbe grauschwarz. Mohshärte 3½–4½. Dichte 4,6–4,7. **Merkmale:** Bronzefarben mit bräunlichem Stich, häufig dunkelbraun angelaufen. Metallglanz, matt; undurchsichtig. Spaltbarkeit keine; Bruch muschlig bis uneben; spröd. Starker Magnetismus. In Säure schwer löslich. Kristalle (hexagonal) gewöhnlich taflig mit sechsseitigem Umriß, vereinzelt prismatisch; selten. **Aggregate:** Derb, eingesprengt, körnig bis dicht, rosettenartig. Vorkommen als Gemengteil in Magmatiten, seltener in Metamorphiten und in Sedimentiten, auf Sulfidlagerstätten. Begleitmineralien sind Kupferkies, Kupferglanz, Pyrit, Arsenkies, Pentlandit, Zinkblende, Bleiglanz. **Fundorte:** Siegerland, Nordbayern, Erzgebirge; Serbien; Schweden; Norwegen; Ural/Rußland; Namibia; Tennessee/USA; Mexiko; Brasilien. **Ähnlich:** Nickelin, Bornit, Cubanit, Kupferkies, Pyrit.

Boulangerit S. 144, Bournonit S. 146, Linneit S. 168, Pyrolusit S. 172

1

2

3

4

Cubanit

$CuFe_2S_3$

① Morro Velho/Brasilien; 1:4

Strichfarbe schwarz. Mohshärte 3½–4. Dichte 4,0–4,2. **Merkmale:** Farbe bronzegelb. Metallglanz; undurchsichtig. Spaltbarkeit undeutlich; Bruch muschlig; spröd. Stark magnetisch. Kristalle (orthorhombisch) säulig, nadlig, längsgestreift; selten; Zwillinge verbreitet. **Aggregate:** Derb. Vorkommen auf Kupferlagerstätten. Begleitmineralien sind Kupferkies, Magnetkies, Pyrit, Siderit, Magnetit. **Fundorte:** Erzgebirge; Tschechien; Schweden; Transvaal/Südafrika; Ontario/Kanada; Alaska/USA; Kuba; Minas Gerais/Brasilien. **Ähnlich:** Magnetkies, Kupferkies, Pyrit, Pentlandit.

Kupferkies Chalkopyrit

$CuFeS_2$

② Siegen/Westfalen

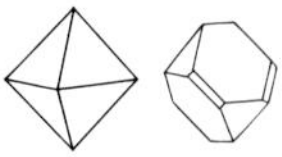

Strichfarbe grünlichschwarz bis schwarz. Mohshärte 3½–4. Dichte 4,1–4,3. **Merkmale:** Farbe messinggelb mit grünlichem Stich, häufig bunt oder schwarz angelaufen. Metallglanz; undurchsichtig. Spaltbarkeit undeutlich; Bruch muschlig bis uneben; spröd. In Salpetersäure löslich. Kristalle (tetragonal) pseudooktaedrisch, pseudotetraedrisch, oft verzerrt mit rauhen Flächen; gewöhnlich aufgewachsen; Zwillingsbildungen. **Aggregate:** Derb, feinkörnig, kristalline Krusten, traubig. Vorkommen in Magmatiten, Pegmatiten, auf Kupferlagerstätten. Begleitmineralien sind Magnetkies, Pyrit, Zinkblende, Bleiglanz, Tetraedrit, Pentlandit. **Fundorte:** Harz, Thüringen; Elsaß/Frankreich; Cornwall, Devonshire/England; Ural/Rußland; Kasachstan; Ontario/Kanada; New York/USA; Transvaal/Südafrika; Namibia; Japan. **Ähnlich:** Gold, Bornit, Pyrit, Markasit, Magnetkies.

Enargit

Cu_3AsS_4

③ Pasto Bueno/Peru; 1:2

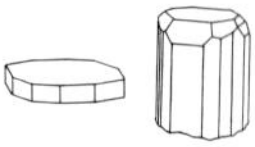

Strichfarbe schwarz. Mohshärte 3–3½. Dichte 4,4–4,5. **Merkmale:** Farbe stahlgrau bis eisenschwarz mit violettem Stich. Metallglanz; undurchsichtig. Spaltbarkeit vollkommen; Bruch uneben; spröd. In Salpetersäure und Königswasser löslich. Kristalle (orthorhombisch) prismatisch, oft längsgestreift, auch taflig; Zwillingsbildungen verbreitet. **Aggregate:** Derb, spätig, strahlig, feinkörnig eingesprengt. Vorkommen auf arsenhaltigen Kupfererzlagerstätten. Begleitmineralien sind Kupferglanz, Kupferkies, Covellin, Bornit, Pyrit, Tennantit. **Fundorte:** Baden; Ungarn; Tirol/Österreich; Serbien; Namibia; Montana, Utah/USA; Chile; Luzon/Philippinen. **Ähnlich:** Tennantit, Freibergit, Zinkblende, Manganit, Arsenkies.

Stannin Stannit, Zinnkies

Cu_2FeSnS_4

④ in Zinnwaldit; Erzgebirge
⑤ Grube San José/Bolivien

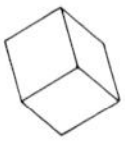

Strichfarbe schwarz. Mohshärte 3–4. Dichte 4,3–4,5. **Merkmale:** Farbe stahlgrau mit olivgrünem Stich. Metallglanz; undurchsichtig. Spaltbarkeit undeutlich; Bruch uneben; spröd. In Salpetersäure löslich. Kristalle (tetragonal) pseudotetraedrisch, pseudowürflig, taflig, selten und gewöhnlich klein; Zwillinge. **Aggregate:** Derb, feinkörnig bis dicht, eingesprengt. Häufig Verwachsungen mit Kupferkies, Zinkblende und Fahlerz. Vorkommen auf Zinnerzlagerstätten. Begleitmineralien sind Zinkblende, Kupferkies, Kassiterit, Wolframit, Arsenkies, Tetraedrit, Bleiglanz, Quarz. **Fundorte:** Erzgebirge; Böhmen/Tschechien; England; Ostsibirien/Rußland; Süddakota/USA; Bolivien; Tasmanien/Australien. **Ähnlich:** Kupferkies, Arsenkies.

Berthierit S. 190, Manganit S. 196

1

2

3

4

5

Strichfarbe

grau und schwarz

Mohshärte 1 2 3 4 5 6 7 8 9 10

Dichte 1 2 3 4 5 6 7

Millerit Haarkies
NiS

① Belmunt, Tarragona/Spanien; 1:3

Strichfarbe grünlichschwarz. Mohshärte 3–3½. Dichte 5,3–5,6. **Merkmale:** Farbe messinggelb, grünlichgrau, bräunlich bis schwärzlich. Metall-, Seidenglanz, matt; undurchsichtig. Spaltbarkeit gut; Bruch uneben; spröd. In Salpetersäure und Königswasser löslich. Kristalle (trigonal) nadlig, haarförmig, häufig gestreift; Zwillinge. **Aggregate:** Strahlig, haarförmig-büschlig, filzig, selten derb oder körnig. Vorkommen auf Nickellagerstätten, als vulkanisches Exhalationsprodukt. Begleitmineralien sind Linneit, Gersdorffit, Pentlandit, Bleiglanz, Zinkblende, Magnetkies, Calcit. **Fundorte:** Siegerland, Erzgebirge, Thüringen; Böhmen/Tschechien; Quebec/Kanada; New York, Pennsylvania/USA. **Ähnlich:** Markasit, Pyrit.

Freibergit Silberfahlerz
$(Ag,Cu)_{12}(Sb,As)_4S_{13}$

② Cavnic/Rumänien; 1:3

Strichfarbe grauschwarz. Mohshärte 3–4½. Dichte 4,6–5,2. **Merkmale:** Farbe bleigrau bis stahlgrau. Auf frischen Bruchflächen Metallglanz, sonst matt; undurchsichtig. Spaltbarkeit keine; Bruch muschlig bis uneben; spröd. In Salpetersäure löslich. Kristalle (kubisch) tetraedrisch, selten dodekaedrisch und würflig. **Aggregate:** Derb, eingesprengt, körnig bis dicht. Vorkommen auf Blei- und Kupferlagerstätten. Begleitmineralien sind Argentit, Silber, Polybasit, Argyrodit, Stephanit. **Fundorte:** Erzgebirge; Böhmen/Tschechien; Idaho/USA. **Ähnlich:** Bournonit, Enargit, Zinkblende.

Bornit Buntkupferkies
Cu_5FeS_4

③ Grube Neue Hardt/Siegerland

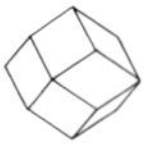

Strichfarbe grauschwarz. Mohshärte 3. Dichte 4,9–5,3. **Merkmale:** Farbe auf frischen Flächen rötlich bis bronzebraun, meist buntfarbig angelaufen. Metallglanz; undurchsichtig. Spaltbarkeit undeutlich; Bruch muschlig; mild. In Salpeter- und konzentrierter Salzsäure löslich. Kristalle (kubisch) würflig, auch pseudooktaedrisch; sehr selten. **Aggregate:** Derb, eingesprengt, körnig bis dicht, als Überzug und Anflug. Vorkommen in Magmatiten, in Gängen, Pegmatiten, alpinen Klüften und als Imprägnation. Begleitmineralien sind Kupferglanz, Kupferkies, Enargit, Pyrit, Malachit, Magnetit, Bleiglanz. **Fundorte:** Siegerland, Thüringen, Sachsen; Schlesien/Polen; Cornwall/England; Transvaal/Südafrika; Namibia; Connecticut, Montana/USA; Chile. **Ähnlich:** Covellin, Magnetkies, Nickelin, Kupferkies.

Kupferglanz Chalkosin
Cu_2S

④ Camborne, Cornwall/England; 1:3

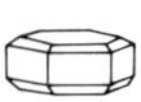

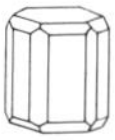

Strichfarbe schwarzgrau. Mohshärte 2½–3. Dichte 5,5–5,8. **Merkmale:** Farbe dunkelbleigrau, gewöhnlich schwarz angelaufen. Auf frischen Flächen Metallglanz, sonst matt; undurchsichtig. Spaltbarkeit undeutlich; Bruch muschlig; mild. In Salpetersäure löslich. Kristalle (orthorhombisch oder hexagonal) dicktaflig, kurzsäulig, auch pyramidal; selten; Zwillingsbildungen und Pseudomorphosen. **Aggregate:** Derb, erdig, eingesprengt, als Anflug. Vorkommen auf Kupfererzgängen, als Imprägnation. Begleitmineralien sind Kupferkies, Enargit, Bornit, Covellin, Malachit, Tetraedrit, Magnetit. **Fundorte:** Siegerland, Thüringen; Böhmen/Tschechien; Schlesien/Polen; Cornwall/England; Sibirien/Rußland; Zaire; Transvaal/Südafrika; Namibia; Montana, Arizona/USA. **Ähnlich:** Silberglanz, Stephanit, Bournonit, Fahlerze.

1

2

3

4

Dyskrasit Antimonsilber
Ag_3Sb

① St. Andreasberg/Harz

Strichfarbe grau. Mohshärte 3½–4. Dichte 9,4–10. **Merkmale:** Farbe silberweiß, cremeweiß, meist grau oder gelbbraun angelaufen. Metallglanz; undurchsichtig. Spaltbarkeit gut; Bruch uneben; mild, schneidbar. In Salpetersäure löslich. Kristalle (orthorhombisch) pyramidal, prismatisch, taflig, häufig längsgestreift. Zwillinge verbreitet. **Aggregate:** Derb, spätig, körnig, blättrig, eingesprengt, als Anflug. Vorkommen auf Erzlagerstätten, insbesondere auf Silbererzgängen. Begleitmineralien sind gediegen Arsen, gediegen Silber, Pyrargyrit, Bleiglanz, Calcit. **Fundorte:** Harz, Schwarzwald; Vogesen/Frankreich; Schweden; Ontario/Kanada; Colorado, Nevada/USA; Chile; Neusüdwales/Australien. **Ähnlich:** Antimon, Silber.

Antimon gediegen
Sb

② Torrington, Neusüdwales/Australien

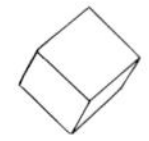

Strichfarbe bleigrau. Mohshårte 3–3½. Dichte 6,6–6,7. **Merkmale:** Farbe zinnweiß, oft grau angelaufen. Metallglanz; undurchsichtig. Spaltbarkeit vollkommen; Bruch uneben; spröd. Flammenfärbung bläulichgrün. In Königswasser löslich. Kristalle (trigonal) dicktaflig, würfelähnlich; selten und gewöhnlich klein. **Aggregate:** Derb, spätig, blättrig, körnig, eingesprengt, nierig. Vorkommen auf Erzgängen. Begleitmineralien sind Antimonit, Arsen, Zinkblende, Bleiglanz, Pyrit, Calcit. **Fundorte:** Harz; Böhmen/Tschechien; Portugal; Sardinien/Italien; Schweden; Quebec/Kanada; Kalifornien/USA; Borneo/Indonesien; Australien. **Ähnlich:** Arsen, Dyskrasit, Silber.

Jordanit
$Pb_4As_2S_7$

③ Binntal/Schweiz; 1:2

Strichfarbe schwarz. Mohshärte 3. Dichte 6,4. **Merkmale:** Farbe bleigrau, zuweilen bunt angelaufen. Metallglanz; undurchsichtig. Spaltbarkeit vollkommen; Bruch uneben bis muschlig; spröd. Kristalle (monoklin) taflig, oft kantengerundet und gestreift, flächenreich, meist klein; Zwillinge und Pseudomorphosen. **Aggregate:** Derb, traubig, kuglig, schalig. Vorkommen auf Bleizinklagerstätten, in Dolomitmarmor. Begleitmineralien sind Zinkblende, Realgar, Bleiglanz, Pyrit, Baryt. **Fundorte:** Baden; Schlesien/Polen; Wallis/Schweiz; Rumänien; Japan. **Ähnlich:** Bleiglanz, Bournonit.

Bleiglanz Galenit
PbS

④ Siegen/Westfalen

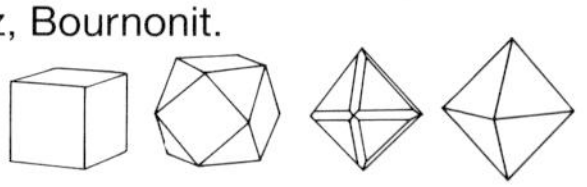

Strichfarbe grauschwarz. Mohshärte 2½–3. Dichte 7,2–7,6. **Merkmale:** Farbe bleigrau mit rötlichem Stich, häufig dunkelgrau und bläulich angelaufen. Auf frischen Flächen starker Metallglanz, sonst matt; undurchsichtig. Spaltbarkeit vollkommen; Bruch muschlig; mild. In Salpetersäure löslich. Kristalle (kubisch) würflig, oktaedrisch, rhombendodekaedrisch; zuweilen kantenparallele Streifung; meist aufgewachsen; häufig Zwillinge, auch Pseudomorphosen. **Aggregate:** Derb, grobspätig, körnig, seltener traubig, fasrig, dendritisch. Vorkommen auf Gängen, Stöcken, Flözen. Begleitmineralien sind Zinkblende, Wurtzit, Kupferkies, Tetraedrit, Bournonit, Proustit, Pyrit, Markasit, Baryt, Quarz, Calcit. **Fundorte:** Harz, Siegerland, Erzgebirge; Serbien; Kärnten/Österreich; Sambia; Kaukasus; Ostsibirien/Rußland; Ontario/Kanada; Idaho, Colorado/USA. **Ähnlich:** Antimonit, Boulangerit, Molybdänglanz, Tetraedrit, Silberglanz, Zinkblende.

Boulangerit S. 144, Krennerit S. 148, Tenorit S. 156

1

2

3

4

Bismutit

① Namibia; 1:3

$Bi_2[O_2|CO_3]$

Strichfarbe grau bis weißlich. Mohshärte 2½–3½. Dichte 6,1–7,7. **Merkmale:** Farbe strohgelb bis braun, grünlich, auch grau bis schwarz, selten blau. Glas-, Perlmuttglanz, matt; durchsichtig bis undurchsichtig. Spaltbarkeit gut; Bruch muschlig bis uneben. Kristalle (tetragonal) mikroskopisch klein. **Aggregate:** Derb, erdig, traubig, radialfasrig, krustig, pulvrig. Vorkommen in der Oxidationszone wismuthaltiger Erzlagerstätten. Begleitmineralien sind Wismutglanz, Wismut, Wolframit. **Fundorte:** Erzgebirge; Cornwall/England; Madagaskar; Colorado, Arizona/USA; Mexiko; Peru; Bolivien; Australien. **Ähnlich:** Greenockit, alle Ocker.

Calaverit

② Cripple Creek, Colorado/USA; 1:5

$AuTe_2$

Strichfarbe gelblichgrau. Mohshärte 2½–3. Dichte 9,3. **Merkmale:** Farbe hellmessinggelb. Metallglanz; undurchsichtig. Spaltbarkeit keine; Bruch muschlig bis uneben; spröd. Flammenfärbung blaugrün. Kristalle (monoklin) säulig, längsgestreift, flächenreich; selten; Zwillinge verbreitet. **Aggregate:** Derb, körnig, eingesprengt, blättrig, dicht. Vorkommen auf Golderzgängen. Begleitmineralien sind Sylvanit, Gold, Nagyagit, Krennerit, Pyrit, Quarz. **Fundorte:** Siebenbürgen/Rumänien; Kalifornien, Colorado/USA; Ontario/Kanada; Mexiko; Westaustralien. **Ähnlich:** Sylvanit, Krennerit, Pyrit.

Platin gediegen

③ Ural/Rußland

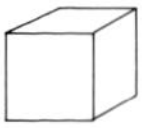

Pt

Strichfarbe stahlgrau bis silberweiß. Mohshärte 4–4½. Dichte 14,0–21,4. **Merkmale:** Stahlgrau bis silberweiß, häufig dunkel angelaufen. Metallglanz; undurchsichtig. Spaltbarkeit keine; Bruch hakig; dehnbar, geschmeidig, hämmerbar. In heißem Königswasser löslich. Zuweilen magnetisch. Kristalle (kubisch) würflig, meist verzerrt; sehr selten. **Aggregate:** Unregelmäßige oder abgerollte Körner, Klumpen (Nuggets), Blättchen, Flitter. Vorkommen in basischen Gesteinen, auf Seifenlagerstätten. Begleitmineralien sind Sperrylith, Gold, Chromit, Magnetit, Ilmenit, Magnetkies. **Fundorte:** Ural, Mittelsibirien/Rußland; Bushveld/Südafrika; Ontario/Kanada; Alaska/USA; Kolumbien; Peru; Neuseeland. **Ähnlich:** Silber, Eisen, Sperrylith.

Eisen gediegen

④ Meteoreisen; Arizona/USA
⑤ Widmannstättensche Figuren; Toluka/Mexiko
⑥ Eisenmeteorit; Arizona/USA

Fe

Strichfarbe stahlgrau, glänzend. Mohshärte 4–5. Dichte 7,3–7,9. **Merkmale:** Farbe stahlgrau bis eisenschwarz. Metallglanz; undurchsichtig. Spaltbarkeit undeutlich; Bruch hakig; dehnbar. Kristalle (kubisch) nicht bekannt. **Aggregate:** Es gibt terrestrisches Eisen und Meteoreisen. Terrestrisch: Derb, eingesprengt, Körner, Schuppen, Klumpen. Meteoreisen: Derb in Körnern, Klumpen, normalerweise mit schwarzer Schmelzkruste; im polierten Anschliff häufig ein Balkengefüge (Widmannstättensche Figuren); stets mit Nickelanteil. Vorkommen von terrestrischem Eisen in vielen Gesteinen akzessorisch. Meteoreisen als Fremdkörper aus dem Weltenraum. Begleitmineralien sind Magnetkies, Graphit, Pentlandit. **Fundorte:** Terrestrisches Eisen in Hessen; Irland; Auvergne/Frankreich; Grönland; Missouri/USA. Meteoreisen in Arizona/USA; Mexiko; Namibia; Sibirien/Rußland. **Ähnlich:** Platin.

Uranpecherz S. 174, Safflorit S. 178

1

2

3

4

5

6

Epidot

$Ca_2(Fe,Al)Al_2[O|OH|SiO_4|Si_2O_7]$

① Baja California/Mexiko
② Valle Magia, Tessin/Schweiz

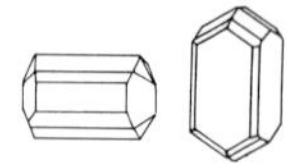

Strichfarbe grau. Mohshärte 6–7. Dichte 3,3–3,5. **Merkmale:** Farbe grün, seltener gelb, grau. Glasglanz; durchsichtig bis undurchsichtig. Spaltbarkeit vollkommen; Bruch muschlig, uneben, splittrig; spröd. Starker Pleochroismus. Kristalle (monoklin) langsäulig, breitstenglig bis nadlig, häufig gestreift und flächenreich; Zwillinge und Pseudomorphosen verbreitet. **Aggregate:** Derb, strahlig, büschlig, nadlig, dicht, als Anflug. Vorkommen in Metamorphiten, Magmatiten, auf Pegmatiten und alpinen Klüften. Begleitmineralien sind Aktinolith, Vesuvian, Augit, Hornblende, Apatit, Quarz, Granat, Feldspäte. **Fundorte:** Salzburg, Tirol/Österreich; Dauphiné/Frankreich; Elba, Piemont/Italien; Norwegen; Ural/Rußland; Michigan, Kalifornien/USA; Mexiko. **Ähnlich:** Aktinolith, Hornblende, Vesuvian, Turmalin, Willemit.

Thortveitit

$(Sc,Y)_2[Si_2O_7]$

③ Hiltvert/Norwegen; 1:2

Strichfarbe hellgrau, graugrün. Mohshärte 6½. Dichte 3,6–3,8. **Merkmale:** Farbe schmutziggrün bis fast schwarz. Glasglanz; durchsichtig bis undurchsichtig. Spaltbarkeit gut; Bruch muschlig bis uneben; spröd. Kristalle (monoklin) langsäulig; stets eingewachsen; häufig Zwillinge. **Aggregate:** Radialstrahlig, rosettenartig. Vorkommen in Granitpegmatiten. Begleitmineralien sind Monazit, Zirkon, Beryll, Euxenit, Fergusonit, Magnetit, Ilmenit, Quarz, Feldspäte. **Fundorte:** Norwegen; Ural/Rußland; Kasachstan; Madagaskar; Japan. **Ähnlich:** Monazit.

Riebeckit

$Na_2Fe_4[OH|Si_4O_{11}]_2$

④ Roßwald, Wallis/Schweiz; 1:2

Strichfarbe blaugrau. Mohshärte 5–6. Dichte 3,0–3,4. **Merkmale:** Farbe blau bis blauschwarz. Glas-, Seidenglanz; durchscheinend bis undurchsichtig. Spaltbarkeit vollkommen; Bruch uneben; spröd. Flammenfärbung gelb. Kristalle (monoklin) langprismatisch, längsgestreift; selten. **Aggregate:** Strahlig, fasrig (Krokydolith-Asbest), stenglig, blättrig, körnig. Vorkommen in sauren Magmatiten, in Schiefer. Begleitmineralien sind Quarz, Orthoklas, Albit, Epidot. Hämatit, Magnetit. **Fundorte:** Korsika/Frankreich; Shetland-Inseln/Schottland; Ukraine; Madagaskar; Südafrika; Rhode Island, Massachusetts/USA; Westaustralien. **Ähnlich:** Turmalin, Amiant.

Hypersthen

$(Fe,Mg)_2[Si_2O_6]$

⑤ Quebec/Kanada

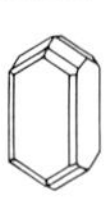

Strichfarbe grau, bräunlich, weißlich. Mohshärte 5–6. Dichte 3,3–3,8. **Merkmale:** Farbe dunkelgrün, dunkelbraun, schwarz, häufig metallisierend, teils mit kupferrotem Schimmer. Glasglanz; durchscheinend bis undurchsichtig. Spaltbarkeit gut; Bruch uneben; spröd. Deutlicher Pleochroismus. Kristalle (orthorhombisch) kurzprismatisch, taflig, meist klein und flächenreich. **Aggregate:** Derb, körnig, blättrig. Vorkommen in basischen Magmatiten, in Gneis und vulkanischen Auswürflingen. Begleitmineralien sind Olivin, Augit, Hornblende, Feldspäte, Diopsid, Magnetkies. **Fundorte:** Eifel, Harz; Rumänien; Zentralmassiv/Frankreich; Baikalseegebiet/Rußland; Labrador/Kanada; Colorado/USA. **Ähnlich:** Enstatit, Diallag, Bronzit.

Betafit S. 70, Triphylin S. 70, Mililith S. 90, Klinozoisit S. 102, Perowskit S. 108, Boracit S. 112, Allanit S. 140, Ludwigit S. 140, Hedenbergit S. 142, Hornblende S. 142, Ilvait S. 172

1

2

3

4

5

Bixbyit Sitaparit

$(Mn,Fe)_2O_3$

① Thomas Range, Utah/USA; 1:4

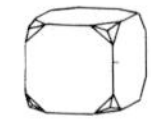

Strichfarbe schwarz. Mohshärte 6–6½. Dichte 4,9–5,0. **Merkmale:** Farbe schwarz mit bronzefarbenem Stich. Metallglanz; undurchsichtig. Spaltbarkeit undeutlich; Bruch uneben; spröd. Kristalle (kubisch) würflig. **Aggregate:** Derb, feinkörnig. Vorkommen in Rhyolith, auf Manganlagerstätten. Begleitmineralien sind Topas, Granat, Manganit, Psilomelan, Hausmannit, Braunit, Hollandit. **Fundorte:** Schweden; Gerona/Spanien; Südafrika; Indien; Utah, Neu-Mexiko/USA; Argentinien. **Ähnlich:** Braunit, Magnetit.

Magnetit Magneteisenerz

Fe_3O_4

② in Chloritschiefer; Tirol/Österreich

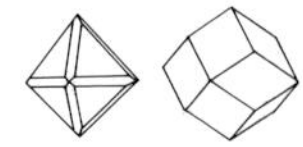

Strichfarbe schwarz. Mohshärte 5½–6½. Dichte 5,2. **Merkmale:** Farbe eisenschwarz. Metallglanz, matt; undurchsichtig. Spaltbarkeit undeutlich; Bruch muschlig; spröd. Starker Magnetismus. Als Pulver in Salzsäure löslich. Kristalle (kubisch) oktaedrisch, rhombendodekaedrisch, selten hexaedrisch, häufig gestreift; ein- und aufgewachsen; Zwillinge und Pseudomorphosen verbreitet. **Aggregate:** Derb, eingesprengt, körnig bis dicht, mitunter schlackig, lose in abgerollten Körnern. Vorkommen in Magmatiten, auf alpinen Klüften, als selbständige Lagerstätten, in Sand und auf Seifen. Begleitmineralien sind Ilmenit, Hämatit, Hedenbergit, Spinell, Granat, Kupferkies, Pyrit, Apatit, Olivin, Calcit. **Fundorte:** Siegerland, Erzgebirge, Thüringen; Schweden; Norwegen; Finnland; Lothringen/Frankreich; Ukraine; Ural/Rußland; Altai; Indien; Transvaal/Südafrika; Michigan; Utah/USA. **Ähnlich:** Chromit, Hämatit, Hausmannit, Ilmenit, Betafit, Descloizit.

Arsenkies Arsenopyrit

FeAsS

③ mit Calcit; Trepca/Serbien

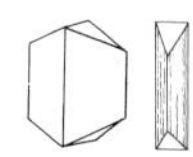

Strichfarbe grau bis schwarz. Mohshärte 5–6. Dichte 5,9–6,2. **Merkmale:** Farbe zinnweiß bis stahlgrau, oft gelblich oder dunkelgrau angelaufen. Metallglanz; undurchsichtig. Spaltbarkeit gut; Bruch uneben; spröd. Beim Anschlagen Knoblauchgeruch. In Salpetersäure löslich. Kristalle (orthorhombisch) säulig, stenglig, oft gestreift; häufig Zwillingsbildungen. **Aggregate:** Derb, strahlig, fasrig, nierig, körnig. Vorkommen auf Erzgängen. Begleitmineralien sind Gold, Kupferkies, Pyrit, Magnetkies, Magnetit, Zinkblende, Apatit, Rutil, Turmalin, Quarz. **Fundorte:** Harz, Nordbayern, Erzgebirge; Tschechien; Cornwall/England; Schweden; Ural, Ostsibirien/Rußland; Transvaal/Südafrika; Kalifornien/USA; Tasmanien/Australien. **Ähnlich:** Tennantit, Löllingit, Pyrit, Markasit, Chloanthit, Skutterudit.

Linneit Kobaltkies

Co_3S_4

④ Stahlberg/Siegerland; 1:4
⑤ Littfeld/Siegerland

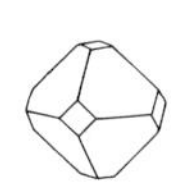

Strichfarbe grauschwarz. Mohshärte 4½–5½. Dichte 4,8–5,8. **Merkmale:** Farbe silberweiß mit rötlichem oder gelblichem Stich, zuweilen stahlgrau, kupferrot oder violettblau angelaufen. Metallglanz; undurchsichtig. Spaltbarkeit undeutlich; Bruch uneben; spröd. In Salpetersäure löslich. Kristalle (kubisch) oktaedrisch; mitunter Zwillinge. **Aggregate:** Derb, körnig, eingesprengt. Vorkommen auf Erzlagerstätten. Begleitmineralien sind Siderit, Tetraedrit, Pyrit, Kobaltglanz, Bleiglanz, Baryt. **Fundorte:** Siegerland; Schweden; Shaba/Zaire; Sambia; Missouri/USA. **Ähnlich:** Kobaltglanz, Nickelin, gediegen Wismut, Skutterudit, Gersdorffit, Ullmannit.

Betafit S. 70, Perowskit S. 108, Allanit S. 140, Ludwigit S. 140

①

②

③

④

⑤

Pyrit Schwefelkies, Eisenkies
FeS_2

① Calais/Frankreich
② Elba/Italien

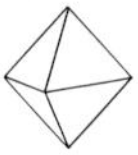
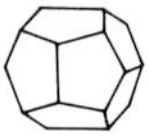

Strichfarbe grünlichschwarz. Mohshärte 6–6½. Dichte 5,0–5,2. **Merkmale:** Farbe messinggelb, goldgelb (Katzengold), häufig bunt angelaufen, zuweilen rostfarbene Verwitterungsrinde. Metallglanz; undurchsichtig. Spaltbarkeit undeutlich; Bruch muschlig; spröd. Flammenfärbung bläulich. In Salpetersäure löslich. Beim Anschlagen Schwefelgeruch und Funkenbildung. Kristalle (kubisch) würflig mit Flächenstreifung, oktaedrisch, pentagondodekaedrisch; ein- und aufgewachsen; häufig Zwillinge und Pseudomorphosen. **Aggregate:** Derb, körnig bis dicht, eingesprengt, radialstrahlig, knollig, nierig, oolithisch. Vorkommen auf selbständigen Lagerstätten, in sulfidischen Erzlagern, als Imprägnation oder Konkretion in Sedimentiten, als Versteinerungsmittel, als Nebengemengteil in Magmatiten. Begleitmineralien sind Magnetkies, Kupferkies, Arsenkies, Zinkblende, Bleiglanz, Quarz, Calcit. **Fundorte:** Westfalen, Harz, Erzgebirge; Piemont; Elba/Italien; Huelva/Spanien; Norwegen; Schweden; Chalkidike/Griechenland; Ural/Rußland; Transvaal/Südafrika; Colorado, Tennessee/USA; Tasmanien/Australien. **Ähnlich:** Markasit, Magnetkies, Kupferkies, Arsenkies, Gold, Millerit.

Markasit
FeS_2

③ Kammkies; Indiana/USA
④ Speerkies; Tschechien

Strichfarbe grünlichschwarz. Mohshärte 6–6½. Dichte 4,8–4,9. **Merkmale:** Farbe messinggelb mit grünlichem Stich, oft bunt angelaufen, zuweilen mit rostfarbener Verwitterungsrinde. Metallglanz; undurchsichtig. Spaltbarkeit gut; Bruch uneben; spröd. Beim Anschlagen Schwefelgeruch und Funkenbildung. In Salzsäure löslich. Kristalle (orthorhombisch) taflig, säulig, nadlig, auf- und eingewachsen, mitunter gestreift. Sehr häufig Zwillingsbildungen, speerspitzenähnlich (Speerkies) und hahnenkammähnlich (Kammkies); auch Pseudomorphosen. **Aggregate:** Als Kristallgruppen, derb, grobstrahlig bis feinfasrig (Strahlkies), dicht (Leberkies), nierig, knollig, krustig, als Anflug. Vorkommen auf Erzgängen in Kalkgestein, als Konkretion in Tongestein und Braunkohle, als Versteinerungsmittel. Begleitmineralien sind Pyrit, Magnetkies, Zinkblende, Bleiglanz. **Fundorte:** Westfalen, Erzgebirge; Böhmen/Tschechien; Champagne/Frankreich; Ural/Rußland; Missouri/USA; Bolivien. **Ähnlich:** Pyrit, Kupferkies, Arsenkies, Magnetkies, Gold.

Ilmenit Titaneisenerz
$FeTiO_3$

⑤ Norwegen

Strichfarbe schwarz mit bräunlichem Stich, fein verrieben dunkelbraun. Mohshärte 5–6. Dichte 4,5–5,0. **Merkmale:** Farbe schwarz mit violettem Stich. Metallglanz, häufig matt angelaufen; undurchsichtig, in dünnsten Blättchen durchscheinend. Spaltbarkeit keine; Bruch muschlig bis uneben; spröd. Zuweilen schwach magnetisch. Lebhafter Pleochroismus. Als Pulver in konzentrierter Salzsäure löslich. Kristalle (trigonal) taflig, rhomboedrisch; ein- und aufgewachsen; häufig Zwillinge. **Aggregate:** Derb, körnig, eingesprengt, lose Körner, als Rosetten (Eisenrose). Vorkommen in Magmatiten, deren Pegmatiten, in Sand und auf Seifen, in alpinen Klüften. Begleitmineralien sind Magnetit, Hämatit, Rutil, Monazit, Apatit, Feldspäte, Quarz. **Fundorte:** Norwegen; Schweden; St. Gotthard/Schweiz; Ural/Rußland; Indien; Natal/Südafrika; Quebec/Kanada; Wyoming, New York/USA; Queensland/Australien. **Ähnlich:** Chromit, Rutil, Hämatit, Magnetit, Columbit.

Columbit S. 176, Kobaltglanz S. 176, Hämatit S. 186, Braunit S. 200

1

2

3

4

5

Ilvait Lievrit

$CaFe_2Fe[OH|O|Si_2O_7]$

① Elba/Italien; 1:3

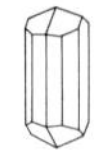

Strichfarbe schwarz mit grünlichem oder bräunlichem Stich. Mohshärte 5½–6. Dichte 3,8–4,1. **Merkmale:** Farbe schwarz mit bräunlichem oder grünlichem Stich. Auf frischen Bruchflächen Glasglanz, sonst Metall- oder Fettglanz; undurchsichtig. Spaltbarkeit gut; Bruch uneben bis muschlig; spröd. Deutlicher Pleochroismus. In Salzsäure leicht löslich. Kristalle (orthorhombisch) langsäulig bis nadlig, vertikal gestreift. **Aggregate:** Derb, strahlig, stenglig, körnig. Vorkommen in Metamorphiten, auf Erzlagerstätten. Begleitmineralien sind Hedenbergit, Granat, Magnetit, Arsenkies, Pyrit. **Fundorte:** Harz; Elba/ Italien; Serbien; Serifos/Griechenland; Ural/Rußland; Idaho/USA. **Ähnlich:** Ludwigit, Turmalin, Aktinolith.

Pyrolusit Weichmanganerz

MnO_2

② Kalifornien/USA

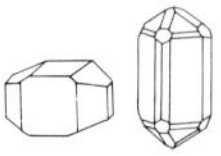

Strichfarbe schwarz. Mohshärte bei Kristallen 6–7, bei derber Ausbildung 2–6. Dichte 4,5–5,0. **Merkmale:** Farbe grau bis schwarz. Metallglanz, matt; undurchsichtig. Spaltbarkeit vollkommen; Bruch uneben, fasrig, erdig; spröd. An den Fingern abfärbend. In Salzsäure löslich. Kristalle (tetragonal) säulig, nadlig; selten; Zwillinge, Pseudomorphosen. **Aggregate:** Derb, strahlig, glaskopfig, krustig, feinkörnig bis dicht, erdig (Wad). Vorkommen in der Oxidationszone von Manganlagerstätten, als selbständige Lager, als Knollen auf Tiefseeböden. Begleitmineralien sind Manganit, Psilomelan, Hausmannit. **Fundorte:** Siegerland, Harz; Ukraine; Südafrika; Arkansas/USA; Brasilien. **Ähnlich:** Manganit, Antimonit, Psilomelan.

Gersdorffit

NiAsS

③ Montana/USA
④ Heimberg/Harz; 1:3

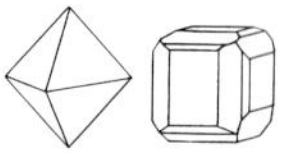

Strichfarbe grauschwarz. Mohshärte 5–5½. Dichte 5,6–6,2. **Merkmale:** Farbe silberweiß bis stahlgrau, gewöhnlich dunkelgrau angelaufen. Metallglanz, matt; undurchsichtig. Spaltbarkeit vollkommen; Bruch uneben; spröd. In Salpetersäure löslich. Kristalle (kubisch) würflig, oktaedrisch; eingewachsen oder auf Drusen; selten und klein. **Aggregate:** Derb, spätig, körnig, eingesprengt. Vorkommen auf Sideritgängen und Silber-Kobalt-Nickel-Lagerstätten. Begleitmineralien sind Siderit, Nickelin, Kupferkies, Bleiglanz, Quarz, Calcit. **Fundorte:** Siegerland, Vogtland; Steiermark, Salzburg/Österreich; Ontario/Kanada; Colorado/USA; Bolivien; Tasmanien/Australien. **Ähnlich:** Ullmannit, Kobaltglanz, Skutterudit, Linneit.

Psilomelan Romanechit, Hartmanganerz

$(Ba,Mn)_3(O,OH)_6Mn_8O_{16}$

⑤ Schwarzer Glaskopf; Raubach/Westerwald

Strichfarbe braunschwarz. Mohshärte 5–6. Dichte 4,4–4,7. **Merkmale:** Farbe schwarz, braunschwarz, grau. Glas-, Metallglanz, matt; undurchsichtig. Spaltbarkeit keine; Bruch muschlig bis uneben; spröd. In Salzsäure löslich. Kristalle (monoklin) unbekannt; feinstkristallin bis amorph. **Aggregate:** Derb, feinkörnig bis dicht, strahlig, dendritisch, nierig, glaskopfig (Schwarzer Glaskopf), erdig. Vorkommen in der Oxidationszone von Manganlagerstätten, als Konkretion in Sedimentiten. Begleitmineralien sind Pyrolusit, Manganit, Hausmannit, Calcit, Baryt. **Fundorte:** Schwarzwald, Siegerland, Erzgebirge; Schweden; Belgien; Saône/Frankreich; Ukraine; Indien; Virginia/USA. **Ähnlich:** Pyrolusit, Hausmannit, Brauner Glaskopf.

Euxenit S. 202, Fergusonit S. 202

1

2

3

4

5

Ullmannit Antimonnickelglanz
NiSbS

① Ramsbeck/ Sauerland; 1:5

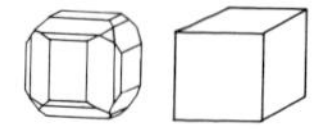

Strichfarbe schwarz. Mohshärte 5–5½. Dichte 6,6–6,7. **Merkmale:** Farbe silberweiß bis stahlgrau, zuweilen bunt angelaufen. Metallglanz; undurchsichtig. Spaltbarkeit vollkommen; Bruch uneben; spröd. Kristalle (kubisch) würflig mit gestreiften Flächen, oktaedrisch, pentagondodekaedrisch; selten. **Aggregate:** Derb, körnig, eingesprengt. Vorkommen auf Erzgängen. Begleitmineralien sind Gersdorffit, Linneit, Zinkblende, Bleiglanz, Siderit, Calcit. **Fundorte:** Siegerland, Harz; Kärnten/Österreich; Sardinien/Italien; Colorado/USA. **Ähnlich:** Gersdorffit, Chloanthit, Linneit.

Sperrylith
$PtAs_2$

② Talnakh, Sibirien/Rußland; 1 : 5

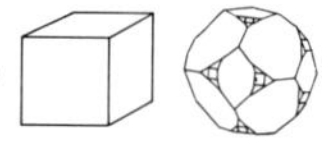

Strichfarbe dunkelgrau bis schwarz. Mohshärte 6–7. Dichte 10,4–10,6. **Merkmale:** Farbe zinnweiß. Starker Metallglanz. Spaltbarkeit undeutlich; Bruch muschlig; spröd. Kristalle (kubisch) würflig, oktaedrisch; gewöhnlich klein und eingewachsen, mitunter flächenreich. **Aggregate:** Lose Körner. Vorkommen auf Sulfidlagerstätten und Seifen. Begleitmineralien sind Kupferkies, Magnetkies, Pentlandit, Nickelin, gediegen Platin, gediegen Gold. **Fundorte:** Transvaal/Südafrika; Ostsibirien/Rußland; Ontario/Kanada; Nordcarolina, Wyoming/USA. **Ähnlich:** Kobaltglanz, Platin.

Thorianit
$(Th,U)O_2$

③ Madagaskar; 1:2

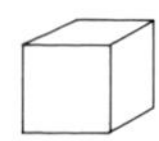

Strichfarbe grau, graugrün bis schwarz. Mohshärte 6½–7. Dichte 9,7–10,0. **Merkmale:** Farbe dunkelgrau, braunschwarz bis schwarz. Metall-, Harzglanz, häufig matt angelaufen; undurchsichtig, in dünnsten Splittern durchscheinend. Spaltbarkeit undeutlich; Bruch muschlig bis uneben; spröd. Meist radioaktiv. In Salpetersäure löslich. Kristalle (kubisch) würflig, eingewachsen; Zwillinge. **Aggregate:** Abgerollte Körner. Vorkommen in Pegmatiten, in Marmor, auf Seifen. Begleitmineralien sind Monazit, Diopsid, Skapolith, Pechblende. **Fundorte:** Südafrika; Madagaskar; Transbaikalien/Rußland; Ontario/Kanada; Pennsylvania/USA. **Ähnlich:** Pechblende.

Uranpecherz Uraninit
UO_2

④ Böhmen/Tschechien

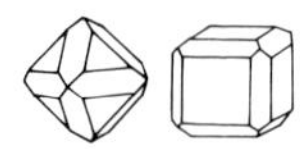

Strichfarbe schwarz, braunschwarz, grünlich. Mohshärte 4–6. Dichte 7,5–10,6. **Merkmale:** Farbe pechschwarz bis grau, zuweilen mit bräunlichem oder grünlichem Stich, bei Verwitterung gelb bis rötlich. Auf frischen Bruchflächen Pech-, Fettglanz, sonst matt; undurchsichtig, nur vereinzelt in dünnsten Splittern braunrot durchscheinend. Spaltbarkeit gut; Bruch muschlig; spröd. Stark radioaktiv. In warmer Salpeter- und Schwefelsäure leicht löslich. Kristalle (kubisch) würflig, oktaedrisch, seltener dodekaedrisch; gelegentlich Zwillinge und Pseudomorphosen. **Aggregate:** Derb (Pechblende), körnig bis dicht, eingesprengt, nierig, traubig, kuglig. Vorkommen in sauren Magmatiten, auf Pegmatiten und Erzgängen, in fossilen Seifen und Sandsteinen. Begleitmineralien sind Fluorit, Apatit, Baryt, Monazit, Zirkon, Feldspäte, Quarz, Pyrit. **Fundorte:** Schwarzwald, Ostbayern, Erzgebirge; Böhmen/Tschechien; Vendée/Frankreich; Shaba/Zaire; Transvaal/Südafrika; Ontario/Kanada; Colorado/USA; Nordterritorium/Australien; Turkmenistan. **Ähnlich:** Betafit, Thorianit, Psilomelan.

Eisen S. 164, Arsenkies S. 168, Gersdorffit S. 172

1

2

3

4

Rammelsbergit

$NiAs_2$

① Bou Azzer/Marokko; 1:3

Strichfarbe grau bis schwarz. Mohshärte 5½–6. Dichte 7,0–7,1. **Merkmale:** Farbe zinnweiß mit rötlichem Stich, meist dunkel angelaufen; zuweilen grüner Überzug (Annabergit). Metallglanz; undurchsichtig. Spaltbarkeit undeutlich; Bruch uneben; spröd. Beim Anschlagen Knoblauchgeruch. Kristalle (orthorhombisch) kurzprismatisch, taflig; klein und selten; häufig Zwillingsbildungen. **Aggregate:** Derb, radialstrahlig, körnig; zuweilen mit Skutterudit verwachsen. Vorkommen auf kobalt- und nickelhaltigen Erzlagerstätten. Begleitmineralien sind Nickelin, Chloanthit, Skutterudit, Maucherit, Löllingit. **Fundorte:** Harzvorland; Wallis/Schweiz; Ontario/Kanada; Michigan/USA. **Ähnlich:** Chloanthit, Safflorit, Skutterudit, Löllingit, Maucherit.

Kobaltglanz Cobaltit, Cobaltin

$CoAsS$

② Tunaberg/Schweden; 1:3

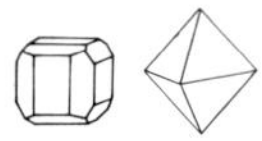

Strichfarbe grauschwarz. Mohshärte 5½. Dichte 6,0–6,4. **Merkmale:** Farbe silberweiß mit rötlichem Stich oder stahlgrau, häufig rötlichgrau angelaufen, mitunter rötlicher Anflug (Erythrin). Metallglanz; undurchsichtig. Spaltbarkeit vollkommen; Bruch muschlig bis uneben; spröd. In heißer Salpetersäure löslich. Kristalle (kubisch) würflig mit gestreiften Flächen, oktaedrisch, dodekaedrisch; stets eingewachsen. **Aggregate:** Derb, körnig, eingesprengt. Vorkommen auf Erzgängen, in metamorphen Lagerstätten. Begleitmineralien sind Magnetkies, Kupferkies, Pyrit, Cubanit, Skutterudit, Linneit, Erythrin. **Fundorte:** Siegerland, Erzgebirge; Schweden; Kaukasus; Ontario/Kanada; Colorado, Idaho/USA; Mexiko; Neusüdwales/Australien. **Ähnlich:** Arsenkies, Gersdorffit, Linneit, Ullmannit.

Columbit

Mischkristall aus Niobit und Tantalit
$(Mn,Fe)Nb_2O_6$ (Niobit); $(Mn,Fe)Ta_2O_6$ (Tantalit)

③ schwarze Kristalle; Oberpfalz/Bayern

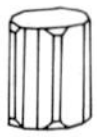

Strichfarbe braunschwarz. Mohshärte 6–6½. Dichte 5,1–8,2. **Merkmale:** Farbe schwarz bis braun. Pech-, Metallglanz; durchscheinend bis undurchsichtig. Spaltbarkeit gut; Bruch muschlig; spröd. Kristalle (orthorhombisch) taflig, säulig, zuweilen gestreift; meist eingewachsen; häufig Zwillinge. **Aggregate:** Derb, eingesprengt, abgerollte Körner. Vorkommen in Granit und Granitpegmatiten, auf Seifen. Begleitmineralien sind Kassiterit, Spodumen, Beryll, Turmalin, Lepidolith, Quarz. **Fundorte:** Ostbayern; Schweden; Norwegen; Ural/Rußland; Nigeria; Namibia; Süddakota/USA; Brasilien; Westaustralien. **Ähnlich:** Wolframit, Ilmenit, Allanit, Euxenit.

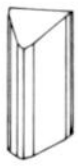

Löllingit

$FeAs_2$

④ in Rhodonit; Australien
⑤ Reichenstein, Schlesien/Polen

Strichfarbe grauschwarz. Mohshärte 5–5½. Dichte 7,1–7,5. **Merkmale:** Silberweiß, häufig grau angelaufen. Metallglanz; undurchsichtig. Spaltbarkeit gut; Bruch uneben; spröd. In Salpetersäure löslich. Kristalle (orthorhombisch) prismatisch, nadlig, meist klein; gewöhnlich eingewachsen. **Aggregate:** Derb, eingesprengt, körnig, stenglig. Vorkommen auf Erzgängen, Pegmatiten, als Imprägnation. Begleitmineralien sind Arsenkies, Chloanthit, Magnetit, Siderit, Bleiglanz, Zinkblende, Pyrit. **Fundorte:** Harz, Erzgebirge; Kärnten/Österreich; Schweden; Sibirien/Rußland; Ontario/Kanada; Süddakota/USA. **Ähnlich:** Arsenkies, Chloanthit, Safflorit.

1

2

3

4

5

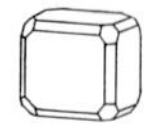

Chloanthit
Nickelskutterudit, Weißnickelkies
$(Ni,Co)As_3$

① Schneeberg/Sachsen

Strichfarbe grauschwarz. Mohshärte 5½–6. Dichte 6,4–6.6. **Merkmale:** Farbe zinnweiß bis stahlgrau, oft dunkelgrau angelaufen; mitunter rötlicher oder grüner Anflug. Metallglanz; undurchsichtig. Spaltbarkeit keine; Bruch uneben; spröd. Beim Anschlagen Arsengeruch. In Salpetersäure löslich. Kristalle (kubisch) würflig mit gekrümmten Flächen, auch oktaedrisch, dodekaedrisch; meist aufgewachsen; Zwillinge verbreitet. **Aggregate:** Derb, eingesprengt, körnig, dicht, nierig. Vorkommen auf Kobaltnickellagerstätten. Begleitmineralien sind Nickelin, Safflorit, Skutterudit, Maucherit, Fluorit, Quarz. **Fundorte:** Schwarzwald, Erzgebirge, Thüringen; Böhmen/Tschechien; Elsaß/Frankreich; Marokko; Ontario/Kanada; New Jersey/USA. **Ähnlich:** Arsenkies, Skutterudit, Safflorit, Löllingit, Rammelsbergit.

Maucherit
$Ni_{11}As_8$

② Zinkwand, Salzburg/Österreich; 1:3

Strichfarbe bräunlich bis grauschwarz. Mohshärte 5. Dichte 8,0. **Merkmale:** Farbe silbergrau mit rötlichem Stich, oft rötlichgrau angelaufen. Metallglanz; undurchsichtig. Spaltbarkeit keine; Bruch uneben; spröd. In konzentrierter Salpetersäure löslich. Kristalle (tetragonal) dünntaflig, spitzpyramidal; klein und selten. **Aggregate:** Derb, blättrig, strahlig, körnig, als Anflug. Vorkommen auf Erzgängen. Begleitmineralien sind Nickelin, Chloanthit, Kobaltglanz, Calcit. **Fundorte:** Thüringen; Steiermark/Österreich; Spanien; Marokko; Ontario/Kanada. **Ähnlich:** Nickelin, Breithauptit, Rammelsbergit.

Safflorit
$CoAs_2$

③ Niederschlema/Sachsen; 1:4

Strichfarbe grauschwarz. Mohshärte 4½–5½. Dichte 6,9–7,3. **Merkmale:** Farbe zinnweiß, gewöhnlich dunkelgrau angelaufen. Metallglanz; undurchsichtig. Spaltbarkeit gut; Bruch uneben bis muschlig; spröd. Beim Anschlagen Knoblauchgeruch. Kristalle (monoklin) prismatisch, taflig; sehr klein und selten; häufig sternförmige Drillinge. **Aggregate:** Derb, radialstrahlig, fasrig, nierig, krustig, feinkörnig bis dicht. Vorkommen auf kobalthaltigen Erzgängen. Begleitmineralien sind Skutterudit, Erythrin, Nickelin, Chloanthit, Rammelsbergit, gediegen Wismut, Silber, Arsen. **Fundorte:** Schwarzwald, Erzgebirge; Böhmen/Tschechien; Ontario/Kanada; Mexiko. **Ähnlich:** Skutterudit, Chloanthit, Rammelsbergit, Arsenkies.

Skutterudit
Speiskobalt, Smaltin
$(Co,Ni)As_3$

④ Schneeberg/Sachsen

Strichfarbe schwarz. Mohshärte 6. Dichte 6,8. **Merkmale:** Farbe zinnweiß bis stahlgrau, zuweilen rötlich angelaufen, auch grünlich (Annabergit) oder rosarot (Erythrin) überkrustet. Metallglanz; undurchsichtig. Spaltbarkeit undeutlich; Bruch muschlig bis uneben; spröd. In Salpetersäure löslich. Kristalle (kubisch) oktaedrisch, häufig mit gekrümmten Flächen. **Aggregate:** Derb, eingesprengt, körnig bis dicht, auch nierig und gestrickt. Vorkommen auf Kobaltnickellagerstätten. Begleitmineralien sind Kobaltglanz, Safflorit, Chloanthit, Rammelsbergit, Nickelin, Wismut, Silber. **Fundorte:** Harz, Schwarzwald, Erzgebirge, östliches Harzvorland; Slowakei; Steiermark/Österreich; Norwegen; Marokko; Ontario/Kanada; Colorado/USA. **Ähnlich:** Arsenkies, Gersdorffit, Chloanthit, Rammelsbergit, Safflorit.

1

2

3

4

Kupfer gediegen

Cu

① Santa Rita/Mexiko; 1:2

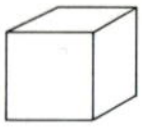
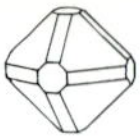

Strichfarbe kupferrot, metallglänzend. Mohshärte 2½–3. Dichte 8,93. **Merkmale:** Farbe kupferrot, bald dunkler anlaufend zu brauner, schwarzer oder grüner Rinde. Metallglanz; undurchsichtig, in dünnsten Schichten grün durchscheinend. Spaltbarkeit keine; Bruch hakig; mild, stark dehnbar. Sehr guter Wärmeleiter. In Salpetersäure leicht löslich. Kristalle (kubisch) würflig, oktaedrisch, stark verzerrt; Zwillinge, Pseudomorphosen. **Aggregate:** Derb, als Körner, Klumpen, Bleche, skelettartig, dendritisch. Vorkommen in der Oxidationszone von Kupferlagerstätten, in Hohlräumen basischer Magmatite, auf Seifen. Begleitmineralien sind Cuprit, Kupferglanz, Malachit, Azurit, Calcit. **Fundorte:** Siegerland, Sachsen; Korsika/Frankreich; Schweden; Sambia; Michigan, Arizona/USA; Ural/Rußland. **Ähnlich:** Silber.

Erythrin Kobaltblüte

$CO_3[AsO_4]_2 \cdot 8\ H_2O$

② Bou Azzer/Marokko

Strichfarbe rosa. Mohshärte 2. Dichte 3,07. **Merkmale:** Farbe pfirsichblütenrot. Glas-, Diamantglanz, auf Spaltflächen Perlmuttglanz; durchsichtig bis durchscheinend. Spaltbarkeit vollkommen; Bruch uneben; mild, in dünnen Blättchen biegsam. Starker Pleochroismus. In Salzsäure löslich. Kristalle (monoklin) prismatisch, nadlig, taflig. **Aggregate:** Nadlig, stenglig, blättrig, kuglig, nierig, erdig, als Anflug, auch derb. Vorkommen in der Oxidationszone kobaltreicher Lagerstätten. Begleitmineralien sind Skutterudit, Kobaltglanz, Annabergit, Malachit, Azurit. **Fundorte:** Schwarzwald, Erzgebirge; Cornwall/England; Aserbaidschan; Marokko; Ontario/Kanada; Idaho/USA; Mexiko. **Ähnlich:** Zinnober.

Proustit Lichtes Rotgültigerz

Ag_3AsS_3

③ Erzgebirge/Sachsen; 1:3

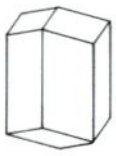

Strichfarbe scharlachrot. Mohshärte 2½. Dichte 5,5–5,7. **Merkmale:** Farbe zinnober- bis scharlachrot, bei Lichteinwirkung bald nachdunkelnd. Diamantglanz; durchscheinend. Spaltbarkeit gut; Bruch muschlig; spröd. In Salpetersäure löslich. Kristalle (trigonal) prismatisch, pyramidal, flächenreich; meist aufgewachsen. **Aggregate:** Derb, dendritisch, als Anflug. Vorkommen auf Erzgängen. Begleitmineralien sind Pyrargyrit, Argentit, Polybasit, Stephanit, Bleiglanz, Rhodochrosit, Pyrit, Calcit, Quarz. **Fundorte:** Schwarzwald, Erzgebirge, Harz; Vogesen/Frankreich; Böhmen; Sardinien/Italien; Ontario/Kanada; Colorado, Nevada/USA; Mexiko; Chile. **Ähnlich:** Pyrargyrit, Miargyrit, Cuprit, Zinnober, Hämatit.

Kermesit Rotspießglanz, Antimonblende

Sb_2S_2O

④ Pribram/Tschechien; 1:10

Strichfarbe rot, bräunlichrot, dünn ausgerieben orangegelb. Mohshärte 1–1½. Dichte 4,7. **Merkmale:** Farbe tiefrot bis violett. Glas- bis Diamantglanz; durchscheinend bis undurchsichtig. Spaltbarkeit vollkommen; Bruch fasrig; mild, schneidbar, dünne Splitter biegsam. Kristalle (monoklin) nadlig, haarförmig; aufgewachsen oder eingesprengt. **Aggregate:** Radialstrahlig, wirrfasrig, als Überzug. Vorkommen in der Oxidationszone antimonitführender Lagerstätten. Begleitmineralien sind Antimonit, Valentinit, Senarmontit, Berthierit. **Fundorte:** Erzgebirge; Ungarn; Mähren/Tschechien; Toskana/Italien; Algerien; Quebec/ Kanada; Kalifornien, Idaho/USA; Sonora/Mexiko.

Polybasit S. 144, Realgar S. 190

1

2

3

4

Strichfarbe

rot und orange

Mohshärte 1 2 3 4 5 6 7 8 9 10

Dichte 1 2 3 4 5 6 7

Pyrargyrit Dunkles Rotgültigerz

Ag_3SbS_3

① Quiruvilca/Peru; 1:2
② Sonora/Mexiko; 1:2

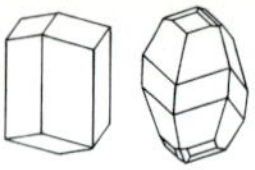

Strichfarbe kirschrot. Mohshärte 2½–3. Dichte 5,8. **Merkmale:** Farbe dunkelrot bis grauschwarz. Metallglanz; durchscheinend. Spaltbarkeit gut; Bruch muschlig bis splittrig; spröd. In Salpetersäure löslich. Kristalle (trigonal) prismatisch, pyramidal, rhomboederähnlich, flächenreich; meist aufgewachsen; Zwillinge und Pseudomorphosen. **Aggregate:** Derb, dendritisch, als Anflug. Vorkommen auf Erzgängen. Begleitmineralien sind Proustit, Argentit, Stephanit, Bleiglanz, Rhodochrosit, Calcit, Quarz. **Fundorte:** Harz, Erzgebirge; Slowakei; Böhmen/Tschechien; Sardinien/Italien; Spanien; Ontario/Kanada; Colorado, Nevada/USA; Mexiko; Bolivien; Peru; Chile. **Ähnlich:** Proustit, Miargyrit, Cuprit, Zinnober, Hämatit.

Krokoit Rotbleierz

$PbCrO_4$

③ Tasmanien/Australien

Strichfarbe orange. Mohshärte 2½–3. Dichte 5,9–6,1. **Merkmale:** Farbe gelblichrot, orange. Diamantglanz; durchscheinend. Spaltbarkeit gut; Bruch muschlig bis uneben; mild. Hohe Doppelbrechung. In Salzsäure löslich. Kristalle (monoklin) langprismatisch mit Parallelstreifung, oft hohl; ebenso nadlig und spießig; formen- und flächenreich; aufgewachsen oder eingesprengt. **Aggregate:** Derb, als Anflug. Vorkommen in der Oxidationszone von Bleilagerstätten. Begleitmineralien sind Bleiglanz, Cerussit, Mimetesit. **Fundorte:** Erzgebirge; Ural/Rußland; Kalifornien, Arizona/USA; Brasilien; Tasmanien/Australien. **Ähnlich:** Realgar, Zinnober, Cuprit, Vanadinit.

Miargyrit Silberantimonglanz

$AgSbS_2$

④ St. Andreasberg/Harz; 1:10

Strichfarbe kirschrot. Mohshärte 2–2½. Dichte 5,2. **Merkmale:** Farbe stahlgrau, bleigrau bis schwarz, Metall-, Diamantglanz; undurchsichtig, in dünnen Splittern rot durchscheinend. Spaltbarkeit undeutlich; Bruch kleinmuschlig bis uneben; spröd. Kristalle (monoklin) dicktaflig, spießig, flächenreich; meist klein; aufgewachsen oder eingesprengt. **Aggregate:** Derb. Vorkommen auf Silbererzgängen. Begleitmineralien sind Pyrargyrit, Proustit, Stephanit, Polybasit, Bleiglanz. **Fundorte:** Harz, Erzgebirge; Tschechien; Spanien; Rumänien; Idaho, Colorado/USA; Mexiko; Bolivien; Chile. **Ähnlich:** Pyrargyrit, Proustit, Stephanit, Polybasit, Freibergit, Tennantit.

Zinnober Cinnabarit

HgS

⑤ mit Quecksilber; Almadén/Spanien

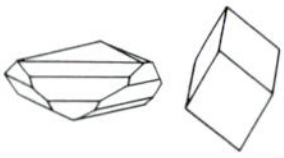

Strichfarbe scharlachrot. Mohshärte 2–2½. Dichte 8,0–8,2. **Merkmale:** Farbe scharlachrot, braunrot, häufig bläulich (Stahlerz) angelaufen. Diamantglanz, matt; undurchsichtig bis durchscheinend. Spaltbarkeit vollkommen; Bruch splittrig; spröd. Hohe Doppelbrechung. In Königswasser löslich. Kristalle (trigonal) prismatisch, dicktaflig, rhomboedrisch, dipyramidal, flächenreich; selten und klein; Zwillinge. **Aggregate:** Derb, körnig, erdig, pulvrig, als Imprägnation. Vorkommen auf Gängen und Hohlräumen von Sedimentiten, an vulkanischen Thermen, selten auf Seifen. Begleitmineralien sind Pyrit, Markasit, Antimonit, Realgar, Bleiglanz, Hämatit, Fluorit, Chalcedon. **Fundorte:** Rheinpfalz; Sierra Morena/Spanien; Serbien; Toskana/Italien; Ukraine; China; Japan; Kalifornien, Texas/USA; Mexiko; Peru. **Ähnlich:** Krokoit, Proustit, Realgar, Cuprit, Hämatit.

1

2

3

4

5

Purpurit

$(Mn,Fe)[PO_4]$

① Sandamab/Namibia

Strichfarbe purpur. Mohshärte 4–4½. Dichte 3,2–3,4. **Merkmale:** Farbe rosa bis purpurrot, häufig braun oder schwarz angelaufen. Glas-, Metallglanz, auf frischen Bruchflächen Seidenglanz, auch matt; durchscheinend bis undurchsichtig. Spaltbarkeit gut; Bruch uneben; spröd. Starker Pleochroismus. Kristalle (orthorhombisch) sehr klein und stets eingewachsen. **Aggregate:** Derb, grobkörnig bis dicht, krustig. Vorkommen in Pegmatiten. Begleitmineral ist Heterosit. **Fundorte:** Schweden; Frankreich; Portugal; Namibia; Kalifornien/USA; Westaustralien. **Ähnlich:** Heterosit.

Heterosit

$(Fe,Mn)[PO_4]$

② Namibia

Strichfarbe braunrot. Mohshärte 4–4½. Dichte 3,2–3,4. **Merkmale:** Farbe rosa bis purpurrot, häufig braun oder schwarz angelaufen. Glasglanz, auf frischen Bruchflächen Seidenglanz, auch matt; durchscheinend bis undurchsichtig. Spaltbarkeit gut; Bruch spätig, uneben; spröd. Starker Pleochroismus. Kristalle (orthorhombisch) sind stets Pseudomorphosen nach Triphylin; eingewachsen. **Aggregate:** Derb, spätig, grobkörnig, krustig. Vorkommen in Pegmatiten. Begleitmineralien sind Purpurit, Triphylin, Vivianit. **Fundorte:** Bayerischer Wald; Limoges/Frankreich; Portugal; Schweden; Namibia; Süddakota/USA; Australien. **Ähnlich:** Purpurit.

Cuprit Rotkupfererz

Cu_2O

③ auf Cerussit; Tsumeb/Namibia

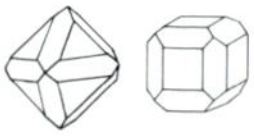

Strichfarbe braunrot. Mohshärte 3½–4. Dichte 5,8–6,2. **Merkmale:** Farbe tiefrot, karminrot, rotbraun, häufig grauschwarz angelaufen. Metallglanz auf Kristall- und frischen Bruchflächen, Aggregate matt; undurchsichtig, in dünnen Splittern durchscheinend. Spaltbarkeit undeutlich; Bruch muschlig bis uneben; spröd. In Salzsäure unter Aufbrausen löslich. Flammenfärbung grün. Kristalle (kubisch) oktaedrisch, dodekaedrisch, seltener würflig, nadlig; meist aufgewachsen, Pseudomorphosen verbreitet. **Aggregate:** Derb, körnig, eingesprengt, dicht pulvrig, haarförmig (Kupferblüte, Chalkotrichit). Zuweilen mit pulvrigem Limonit vermengt (Ziegelerz), auch dichtes Gemenge mit Limonit und Kieselsäure (Kupferpecherz). Vorkommen in der Oxidationszone von Kupferlagerstätten, selten als vulkanisches Exhalationsprodukt. Begleitmineralien sind Kupfer, Malachit, Azurit, Chrysokoll, Tenorit, Limonit. **Fundorte:** Siegerland; Vesuv, Ätna/Italien; Lyon/Frankreich; Cornwall/England; Ural/Rußland; Altai; Arizona/USA; Peru; Chile; Namibia. **Ähnlich:** Proustit, Pyrargyrit, Zinnober, Krokoit, Realgar, Hämatit.

Roselith

$Ca_2(Co,Mg)[AsO_4]_2 \cdot 2\,H_2O$

④ Bou Azzer/Mexiko; 1:5

Strichfarbe rötlich. Mohshärte 3½. Dichte 3,5–3,7. **Merkmale:** Farbe rosa bis rosenrot, dunkelrot. Glasglanz; durchsichtig bis durchscheinend. Spaltbarkeit vollkommen; Bruch uneben; spröd. Kristalle (monoklin) kurzprismatisch, dicktaflig, gewöhnlich klein; Zwillingsbildungen verbreitet. **Aggregate:** Kristallgruppen in Drusen oder kuglig; auch derb, krustig. Vorkommen in der Oxidationszone kobaltreicher Lagerstätten. Begleitmineral ist Erythrin. **Fundorte:** Schwarzwald, Sachsen; Marokko.

Tennantit S. 154, Kupfer S. 180, Krokoit S. 182, Pyrargyrit S. 182, Hauerit S. 192, Zinkit S. 194, Hübnerit S. 204

1

2

3

4

Hämatit
Fe_2O_3

① Eisenglanz; Elba/Italien
② Roteisenerz; Hunsrück/Rheinland-Pfalz
③ Roter Glaskopf; Cumberland/England
④ Eisenrose; Tessin/Schweiz

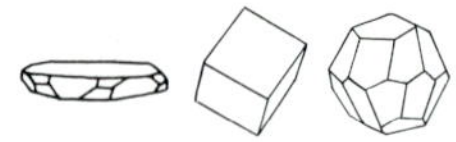

Strichfarbe rot, rotbraun, selten schwarz. Mohshärte 5½–6½. Dichte 5,2–5,3. **Merkmale:** Farbe bei grobkristallinen Arten stahlgrau bis eisenschwarz, oft mit bläulichem Schimmer, Kristallflächen zuweilen bunt angelaufen; feinkörnig-erdige Arten rot bis rotbraun. Auf frischen Bruchflächen Metallglanz, sonst matt; undurchsichtig, in dünnen Schichten rot durchscheinend. Spaltbarkeit keine; Bruch muschlig; spröd. In Salzsäure langsam löslich. Kristalle (trigonal) dipyramidal, würfelähnlich-rhomboedrisch, dick- bis dünntaflig, häufig gestreift; auf- und eingewachsen; Zwillinge und Pseudomorphosen verbreitet. **Aggregate:** Grobkristallin, körnig oder schuppig (Eisenglanz, Specularit); derb, feinkörnigdicht (Roteisenerz, Roteisenstein); dicht und schleifbar als Schmuckstein (Blutstein); radialstrahlig-fasrig mit glatter Oberfläche (Roter Glaskopf); dünnblättrig (Eisenglimmer); rosettenartig-schuppig (Eisenrose); erdig-pulvrig (Roter Eisenocker); erdig-pulvrig und abfärbend (Rötel). Vorkommen als Nebengemengteil in vielen Gesteinen, auf selbständigen Lagerstätten und alpinen Klüften, selten als vulkanisches Sublimationsprodukt. Begleitmineralien sind Magnetit, Pyrit, Siderit, Limonit, Calcit, Quarz. **Fundorte:** Ostbayern, Siegerland, Lahn-Dill-Gebiet, Thüringen, Erzgebirge; Elba/Italien; Auvergne/Frankreich; Rumänien; Schweden; Ukraine; Ural/Rußland; Neufundland/Kanada; Gebiet der Oberen Seen/USA; Minas Gerais/Brasilien; Indien; Südaustralien. **Ähnlich:** Magnetit, Ilmenit, Pyrargyrit, Zinnober, Cuprit.

Lepidokrokit Rubinglimmer
$FeOOH$

⑤ Hartenstein/Sachsen; 1:2

Strichfarbe rötlich, bräunlich. Mohshärte 5. Dichte 4,0. **Merkmale:** Farbe rubinrot, dunkelrot, gelbrot. Diamantglanz; durchscheinend, in dünnen Splittern durchsichtig. Spaltbarkeit vollkommen; Bruch uneben; spröd. Hohe Doppelbrechung. In Salzsäure löslich. Kristalle (orthorhombisch) taflig, nadlig; meist aufgewachsen; selten. **Aggregate:** Kristall-Rosetten, derb, fasrig, schuppig, glaskopfig, erdig, pulvrig. Vorkommen als Bestandteil vieler Böden, in der Oxidationszone sulfidischer Erzlagerstätten, als Gemengteil von Limonit. Begleitmineralien sind Goethit, Hämatit, Pyrolusit, Calcit, Quarz. **Fundorte:** Siegerland; Kärnten/Österreich; Lothringen/Frankreich; Luxemburg; Attika/Griechenland; Krim/Ukraine; Pennsylvania, Kalifornien/USA; Mexiko; Indien; Japan. **Ähnlich:** Goethit, Hämatit, Limonit.

Piemontit
$Ca_2(Mn,Fe)Al_2[O|OH|SiO_4|Si_2O_7]$

⑥ Aostatal/Italien

Strichfarbe kirschrot. Mohshärte 6–6½. Dichte 3,4–3,5. **Merkmale:** Farbe rot, braunrot, rotschwarz bis schwarz. Glasglanz; durchscheinend bis undurchsichtig. Spaltbarkeit vollkommen; Bruch uneben; spröd. Starker Pleochroismus. Kristalle (monoklin) prismatisch, nadlig. **Aggregate:** Derb, strahlig, körnig, dicht. Vorkommen auf Manganlagerstätten, in Schiefergestein, selten in Pegmatiten und Vulkaniten. Begleitmineralien sind Quarz, Glaukophan, Braunit, Rhodonit, Rhodochrosit. **Fundorte:** Piemont/Italien; Graubünden/Schweiz; Bretagne/Frankreich; Schweden; Schottland; Ägypten; Kalifornien, Arizona/USA; Japan; Neuseeland.

Zinkit S. 194, Franklinit S. 200, Hausmannit S. 202, Breithauptit S. 204, Hübnerit S. 204

1

2

3

4

5

6

Strichfarbe

gelb und braun

Uranocircit Bariumuranglimmer

$Ba[UO_2|PO_4]_2 \cdot 8\ H_2O$

① Menzenschwand/Schwarzwald

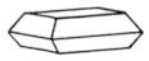

Strichfarbe gelblich. Mohshärte 2½. Dichte 3,5. **Merkmale:** Farbe gelbgrün bis gelb. Glas-, Perlmuttglanz; durchsichtig. Spaltbarkeit vollkommen; Bruch uneben; spröd bis mild, dünne Blättchen biegsam. Gelbgrüne Fluoreszenz in ultraviolettem Licht. Kristalle (tetragonal) dünntaflig mit rechteckigem Umriß, nadlig, pyramidal. **Aggregate:** Blättrig, als Überzug. Vorkommen in der Oxidationszone von Uranlagerstätten, auf Quarzgängen. Begleitmineralien sind Autunit, Torbernit, Quarz. **Fundorte:** Schwarzwald, Ostbayern, Vogtland; Frankreich. **Ähnlich:** Autunit, Torbernit, Carnotit.

Mohshärte 1 2 3 4 5 6 7 8 9 10

Autunit Kalkuranglimmer

$Ca[UO_2|PO_4]_2 \cdot 8\text{–}12\ H_2O$

② auf Quarz; Erzgebirge

Strichfarbe gelblich, farblos. Mohshärte 2–2½. Dichte 3,2. **Merkmale:** Farbe gelb mit grünlichem Stich. Glasglanz, auf Spaltflächen Perlmuttglanz; durchscheinend. Spaltbarkeit vollkommen; Bruch uneben; spröd, dünne Blättchen biegsam. In Salzsäure löslich. Gelbgrüne Fluoreszenz in ultraviolettem Licht. Stark radioaktiv. Kristalle (tetragonal) taflig; meist aufgewachsen. **Aggregate:** Büschlig, krustig, erdig, dicht, als Anflug und Kristallrasen. Vorkommen in der Oxidationszone von Uranlagerstätten, in Klüften granitischer Gesteine. Begleitmineralien sind Torbernit, Uranocircit, Fluorit, Baryt, Quarz. **Fundorte:** Ostbayern, Erzgebirge; Zentralplateau/Frankreich; England; Böhmen/Tschechien; Zaire; Washington/USA; Südaustralien. **Ähnlich:** Torbernit, Uranocircit, Carnotit, Chalkophyllit, Auripigment.

Uranophan Uranotil

$CaH_2[UO_2|SiO_4]_2 \cdot 5\ H_2O$

③ Neu-Mexiko/USA

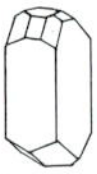

Strichfarbe blaßgelb. Mohshärte 2½. Dichte 3,8–3,9. **Merkmale:** Farbe gelb. Glasglanz, auf Spaltflächen Perlmuttglanz; durchsichtig bis durchscheinend. Spaltbarkeit vollkommen; Bruch muschlig; spröd. In Säure löslich. Kristalle (monoklin) prismatisch, nadlig. **Aggregate:** Radialstrahlig, erdig, nierig, als Anflug. Vorkommen in der Oxidationszone von Uranlagerstätten, auf Pegmatiten. Begleitmineralien sind Torbernit, Autunit, Uranocircit, Uraninit, Fluorit. **Fundorte:** Ostbayern; Tschechien; Zaire; Neu-Mexiko/USA; Kanada; Australien. **Ähnlich:** Schwefel.

Dichte 1 2 3 4 5 6 7

Gold gediegen

Au

④ Nugget; Tipuani/Bolivien; 1:3
⑤ auf Quarz; Kalifornien/USA

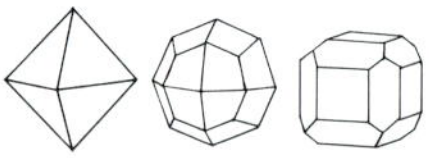

Strichfarbe goldgelb. Mohshärte 2½–3. Dichte 15,5–19,3. **Merkmale:** Farbe gold- bis messinggelb, als Pulver braun (Senfgold). Metallglanz; undurchsichtig, sehr dünne Schichten grün durchscheinend. Spaltbarkeit keine; Bruch hakig; mild, läßt sich mit dem Messer schneiden und zu dünnsten Blättchen hämmern. In Königswasser und Quecksilber löslich. Kristalle (kubisch) oktaedrisch, würflig, dodekaedrisch; häufig Zwillinge. **Aggregate:** Derb, federartig, draht- und moosförmig, dendritisch, als Körner, Klumpen (Nuggets), Anflug. Häufig mit hohem Silberanteil (Elektrum). Vorkommen auf Gängen (Berggold) oder Seifen (Seifengold). Begleitmineralien sind Pyrit, Magnetkies, Kupferkies, Zinkblende, Bleiglanz, Magnetit, Quarz, Turmalin. **Fundorte:** Hohe Tauern/Österreich; Rumänien; Sibirien/Rußland; Altai; Indien; Westaustralien; Transvaal/Südafrika; Britisch Columbia/Kanada; Kalifornien/USA. **Ähnlich:** Pyrit, Kupferkies, Biotit, Markasit.

Ozokerit S. 28, Chlorit S. 130, Krennerit S. 148, Calaverit S. 164

1

2

3

4

5

Strichfarbe

gelb und braun

Mohshärte 1 2 3 4 5 6 7 8 9 10

Dichte 1 2 3 4 5 6 7

Realgar Rauschrot

AsS

① auf Kalkstein; Washington/USA; 1:2

Strichfarbe orangegelb. Mohshärte 1½–2. Dichte 3,5–3,6. **Merkmale:** Farbe rot, orangerot. Diamantglanz, auf Bruchflächen Fettglanz; durchscheinend. Spaltbarkeit gut; Bruch muschlig; mild bis spröd, schneidbar, dünne Blättchen biegsam. In Königswasser und Kalilauge löslich. Flammenfärbung bläulichweiß. Kristalle (monoklin) kurzprismatisch, längsgestreift. **Aggregate:** Derb, blättrig, feinkörnig, als Anflug. Vorkommen auf Ganglagerstätten, in Ton und Kalkgestein, als vulkanisches Sublimationsprodukt. Begleitmineralien sind Auripigment, Antimonit, Pyrit, Zinkblende, Baryt, Calcit. **Fundorte:** Wallis/Schweiz; Makedonien; Siebenbürgen/Rumänien; Böhmen/Tschechien; Kaukasus; Utah, Wyoming/USA; Mexiko. **Ähnlich:** Krokoit, Zinnober, Auripigment, Proustit, Schwefel, Cuprit.

Berthierit

$FeSb_2S_4$

② Herja/Rumänien

Strichfarbe bräunlich, auch grau. Mohshärte 2–3. Dichte 4,6. **Merkmale:** Farbe dunkelstahlgrau, oft bunt angelaufen. Metallglanz; undurchsichtig. Spaltbarkeit undeutlich; Bruch uneben; spröd. Kristalle (orthorhombisch) prismatisch, stenglig, nadlig, haarig, senkrecht gestreift. **Aggregate:** Strahlig, fasrig, körnig bis dicht. Vorkommen auf Antimoniterzgängen. Begleitmineralien sind Antimonit, Quarz, Arsenkies, Pyrit. **Fundorte:** Sachsen; Auvergne/Frankreich; Böhmen/Tschechien; England; Rumänien; Südafrika; Ontario/Kanada; Colorado/USA; Mexiko; Bolivien. **Ähnlich:** Antimonit.

Kalomel (Calomel), Hornquecksilber, Quecksilberhornerz

Hg_2Cl_2

③ mit Zinnober; Nevada/USA

Strichfarbe hellgelb, weiß. Mohshärte 1–2. Dichte 6,4–7,1. **Merkmale:** Farbe grau, gelblich, braun, farblos. Diamantglanz; durchsichtig bis durchscheinend. Spaltbarkeit gut; Bruch muschlig; mild, schneidbar. Hohe Doppelbrechung. In Königswasser löslich. Dunkelrote Fluoreszenz in ultraviolettem Licht. Kristalle (tetragonal) prismatisch, taflig, nadlig, pyramidal, sehr klein. **Aggregate:** Krustig, derb, erdig, hornartig. Vorkommen in der Oxidationszone von Quecksilberlagerstätten. Begleitmineralien sind Zinnober, Quecksilber, Schwazit, Baryt, Quarz. **Fundorte:** Rheinpfalz; Spanien; Serbien; Texas, Kalifornien/USA; Mexiko. **Ähnlich:** Chlorargyrit.

Auripigment Rauschgelb

As_2S_3

④ Khorassan/Iran
⑤ Goyaz/Brasilien

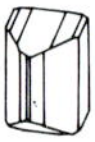

Strichfarbe hellgelb bis orangegelb. Mohshärte 1½–2. Dichte 3,48. **Merkmale:** Farbe zitronengelb bis orangegelb. Diamant-, Fettglanz, auf Spaltflächen Perlmuttglanz; durchsichtig bis durchscheinend. Spaltbarkeit vollkommen; Bruch blättrig; mild, schneidbar, dünne Spaltblättchen unelastisch biegsam. In Salpetersäure, Königswasser und Kalilauge löslich. Kristalle (monoklin) kurzprismatisch, taflig; sehr selten. **Aggregate:** Derb, stenglig, blättrig, nierig, krustig, als Anflug. Vorkommen auf Ganglagerstätten arsenhaltiger Erze, in Ton und Mergelgestein, als vulkanisches Sublimationsprodukt. Begleitmineralien sind Realgar, Antimonit, Pyrit, Zinkblende, Calcit. **Fundorte:** Harz; Makedonien; Ostanatolien/Türkei; Ungarn; Rumänien, Toskana/Italien; Wallis/Schweiz; Kaukasus; Utah, Nevada/USA. **Ähnlich:** Realgar, Schwefel, Greenockit, Autunit.

Kermesit S. 180, Vivianit S. 206

1

2

3

4

5

Kakoxen

① Svappavara/Schweden; 1:4

$Fe_4[OH|PO_4]_3 \cdot 12\,H_2O$

Strichfarbe strohgelb. Mohshärte 3–4. Dichte 2,2–2,4. **Merkmale:** Farbe gelb bis bräunlich, selten grünlich. Seiden-, Glas-, Wachsglanz; durchscheinend. Spaltbarkeit nicht bestimmbar; Bruch fasrig; spröd. In Salzsäure leicht löslich. Flammenfärbung bläulichgrün. Kristalle (hexagonal) prismatisch, nadlig, haarig, zuweilen mit sechsseitigem Umriß, klein. **Aggregate:** Fasrig, büschlig, nierig, als Überzug. Vorkommen in Limonitlagerstätten, auf Pegmatiten. Begleitmineralien sind Hämatit, Limonit, Siderit, Strengit. **Fundorte:** Hessen, Nordbayern, Thüringen; Böhmen/Tschechien; Frankreich; Schweden; Arkansas, Alabama/USA. **Ähnlich:** Alle Ocker.

Jarosit

② Laurion/Griechenland

$KFe_3[(OH)_6|(SO_4)_2]$

Strichfarbe gelb. Mohshärte 3–4. Dichte 2,9–3,3. **Merkmale:** Farbe ockergelb, braun bis schwärzlichbraun. Glas-, Diamantglanz, matt; durchscheinend. Spaltbarkeit gut; Bruch muschlig bis uneben; spröd. Fühlt sich beim Verreiben fettig an. In Säure löslich. Kristalle (trigonal) taflig, rhomboedrisch, sehr klein; zuweilen Pseudomorphosen. **Aggregate:** Derb, schuppig, fasrig, traubig, krustig, körnig, erdig. Vorkommen in der Oxidationszone von Sulfidlagerstätten. Begleitmineralien sind Limonit, Hämatit, Alunit, Quarz. **Fundorte:** Erzgebirge; Spanien; Griechenland; Ural/Rußland; Süddakota/USA; Chile. **Ähnlich:** Limonit, Beudantit, alle Ocker.

Wurtzit

③ Pribram/Tschechien; 1:½
④ Schalenblende; Wiesloch/Baden

ZnS

Strichfarbe hellbraun. Mohshärte 3½–4. Dichte 4,0. **Merkmale:** Farbe hell- bis dunkelbraun. Glas-, Harzglanz; durchscheinend. Spaltbarkeit gut; Bruch uneben; spröd. In Salzsäure löslich. Zuweilen orange Fluoreszenz in ultraviolettem Licht. Kristalle (hexagonal) prismatisch-pyramidal, auch taflig, meist horizontal gesteift; selten und klein; Zwillinge, Vierlinge. **Aggregate:** Derb, krustig, feinfasrig bis dicht. Häufig mit Zinkblende zu gebänderter Schalenblende (Strahlenblende, Leberblende) mit wulstiger Oberfläche verwachsen. Vorkommen auf Gängen, in Sedimentiten. Begleitmineralien sind Zinkblende, Bleiglanz, Pyrit, Siderit, Markasit, Quarz. **Fundorte:** Erzgebirge; Böhmen/Tschechien; Oberschlesien/Polen; Serbien; Montana, Missouri/USA; Bolivien; Peru. **Ähnlich:** Zinkblende.

Hauerit Mangankies

⑤ Sizilien/Italien

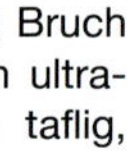

MnS_2

Strichfarbe rötlichbraun. Mohshärte 4. Dichte 3,5. **Merkmale:** Farbe bräunlichrot bis bräunlichschwarz. Metallischer Diamantglanz, matt; undurchsichtig, in dünnen Schichten durchscheinend. Spaltbarkeit vollkommen; Bruch muschlig bis uneben; spröd. In Salzsäure löslich. Kristalle (kubisch) oktaedrisch oder kubooktaedrisch; vorzugsweise eingewachsen. **Aggregate:** Stenglig, kuglig, krustig, körnig bis dicht. Vorkommen in Ton und Gipsstein, auf Salz- und Schwefellagerstätten, auch in Schiefergestein. Begleitmineralien sind Gipsspat, Calcit, Schwefel, Pyrit. **Fundorte:** Slowakei; Sizilien/Italien; Louisiana/USA; Neuseeland.

Ankerit S. 64, Astrophyllit, S. 68, Betafit S. 70, Chlorit S. 130, Dufrenit S. 136, Beudantit S. 138, Heterosit S. 184, Zinkblende S. 194, Limonit S. 198

1

2

3

4

5

Zinkblende Sphalerit, Blende

ZnS

① Trepca/Serbien

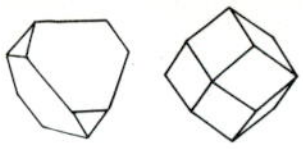

Strichfarbe braun, weiß. Mohshärte 3½–4. Dichte 3,9–4,2. **Merkmale:** Farbe gelb, braun bis schwarz, selten rot, grün. Diamant-, Fett-, Metallglanz; durchsichtig bis durchscheinend. Spaltbarkeit vollkommen; Bruch muschlig; spröd. In Salpetersäure löslich. Auf Strichtafel verrieben entsteht faulig riechender Schwefelwasserstoff. Kristalle (kubisch) tetraedrisch, dodekaedrisch, hexaedrisch, meist verzerrt, oft gestreift; Zwillinge, Pseudomorphosen. **Aggregate:** Derb, spätig, körnig, dicht, strahlig. Teilweise mit Wurtzit zu Schalenblende verwachsen. Vorkommen in Plutoniten, auf Erzgängen, in Schiefergestein, als Versteinerungsmittel. Begleitmineralien sind Bleiglanz, Kupferkies, Magnetkies, Magnetit, Arsenkies, Pyrit, Markasit, Baryt, Fluorit. **Fundorte:** Westfalen, Erzgebirge; Böhmen/Tschechien; Oberschlesien/Polen; Serbien; Ostsibirien/Rußland; Idaho/USA. **Ähnlich:** Bleiglanz, Schwefel, Tennantit, Tetraedrit, Wolframit, Granat.

Zinkit Rotzinkerz

ZnO

② New Jersey/USA; 1:3

Strichfarbe orangegelb. Mohshärte 4–5. Dichte 5,4–5,7. **Merkmale:** Farbe rot bis braunrot. Diamant-, Fettglanz; durchsichtig bis durchscheinend. Spaltbarkeit vollkommen; Bruch muschlig; spröd. In Säure löslich. Kristalle (hexagonal) pyramidal; sehr selten. **Aggregate:** Derb, spätig, körnig, eingesprengt. Vorkommen in Marmor. Begleitmineralien sind Franklinit, Willemit, Calcit, Granat. **Fundorte:** Toskana/Italien; Polen; Spanien; New Jersey, Colorado/USA; Tasmanien/Australien. **Ähnlich:** Rutil, Zinnober.

Carnotit

$K_2[(UO_2)_2 | V_2O_8] \cdot 3\, H_2O$

③ Arizona/USA

Strichfarbe gelblich, grünlich. Mohshärte etwa 4. Dichte 4,5–4,7. **Merkmale:** Farbe kanariengelb bis grünlichgelb. Perlmutt-, Seiden-, Glasglanz, matt; durchscheinend bis undurchsichtig. Spaltbarkeit vollkommen; Bruch blättrig; spröd. Mit Salzsäure betupftes Pulver wird blutrot. In Säure schwer löslich. Stark radioaktiv. Kristalle (monoklin) taflig, blättrig; klein und selten. **Aggregate:** Krustig, nierig, körnig, erdig, als Imprägnation. Vorkommen in Sedimentiten, auf Uranlagerstätten. Begleitmineralien sind Pechblende, Pyrit, Kupferkies, Bornit. **Fundorte:** England; Marokko; Zaire; Usbekistan; Südaustralien; Colorado/USA. **Ähnlich:** Uranocircit, Autunit.

Vanadinit

$Pb_5[Cl | (VO_4)_3]$

④ Mibladen/Marokko

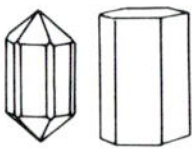

Strichfarbe gelblich, weiß. Mohshärte 3. Dichte 6,5–7,1. **Merkmale:** Farbe gelb, braun, orangerot. Diamant-, Fettglanz; durchscheinend bis undurchsichtig. Spaltbarkeit keine; Bruch muschlig; spröd. In Salpetersäure leicht löslich. Kristalle (hexagonal) kurzsäulig, taflig, pyramidal, zuweilen tonnenförmig; Pseudomorphosen. **Aggregate:** Derb, radialstrahlig, fasrig, nierig, kuglig, als Kristallrasen. Vorkommen in der Oxidationszone von Bleilagerstätten. Begleitmineralien sind Descloizit, Pyromorphit, Wulfenit, Mottramit, Calcit. **Fundorte:** Kärnten/Österreich; Karawanken/Slowenien; Marokko; Sambia; Kasachstan; Arizona/USA; Argentinien; Chihuahua/Mexiko. **Ähnlich:** Pyromorphit, Mimetesit, Apatit, Krokoit, Descloizit.

Betafit S. 70, Beudantit S. 138, Olivenit S. 138, Krennerit S. 148, Tennantit S. 154, Tetraedrit S. 154, Calaverit S. 164, Uranpecherz S. 174

1

2

3

4

Strichfarbe

gelb und braun

Mohshärte 1 2 3 4 5 6 7 8 9 10

Dichte 1 2 3 4 5 6 7

Powellit

① Poona/Indien

$Ca[MoO_4]$

Strichfarbe gelblich bis weiß, grünlich. Mohshärte 3½–4. Dichte 4,2–4,3. **Merkmale:** Farbe grünlichgelb, grau, braun, blau bis schwarzblau. Diamant-, Glas-, Fettglanz; durchsichtig. Spaltbarkeit undeutlich; Bruch uneben; spröd. In Salzsäure löslich. Gelbe bis orange Fluoreszenz in ultraviolettem Licht. Kristalle (tetragonal) dipyramidal, flachtaflig, klein; Pseudomorphosen. **Aggregate:** Derb, schuppig, stenglig, krustig, erdig, als Anflug. Vorkommen in der Oxidationszone von Erzlagerstätten. Begleitmineralien sind Molybdänglanz, Scheelit, Laumontit, Calcit, Quarz. **Fundorte:** Türkei; Marokko; Kaukasus; Michigan/USA. **Ähnlich:** Scheelit, Wulfenit.

Greenockit Cadmiumblende

② Mittenwald/Oberbayern; 1:3

CdS

Strichfarbe gelb. Mohshärte 3–3½. Dichte 4,8–5,0. **Merkmale:** Farbe gelb bis orange, braun. Fettiger Diamantglanz, Harzglanz; durchscheinend. Spaltbarkeit gut; Bruch muschlig; spröd. In Salzsäure löslich. Zuweilen orange Fluoreszenz in ultavioletten Licht. Kristalle (hexagonal) pyramidal, prismatisch, dicktaflig, oft horizontal gestreift; selten und klein; Zwillinge. **Aggregate:** Pulvriger Überzug, Kristallrasen. Vorkommen in der Oxidationszone von zinkblendehaltigen Lagerstätten. Begleitmineralien sind Zinkblende, Smithsonit, Calcit, Natrolith, Quarz. **Fundorte:** Erzgebirge; Böhmen/Tschechien; Schottland; Ural/Rußland; Bolivien; Missouri, Arkansas/USA. **Ähnlich:** Auripigment, Realgar, Wulfenit, alle Ocker.

Manganit

③ Ilfeld/Harz

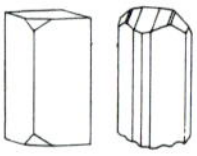

MnOOH

Strichfarbe dunkelbraun, schwarz. Mohshärte 4. Dichte 4,3–4,4. **Merkmale:** Farbe braunschwarz, angewittert stahlgrau. Metallglanz; undurchsichtig, in dünnsten Splittern rot durchscheinend. Spaltbarkeit vollkommen; Bruch uneben; spröd. In Salzsäure löslich. Kristalle (monoklin) prismatisch, vertikal gestreift, selten taflig; Zwillinge, Pseudomorphosen. **Aggregate:** Radial- und wirrstrahlig, erdig, körnig, oolithisch, als Kristallrasen. Vorkommen auf Gängen in Magmatiten, auch sedimentäre Lager. Begleitmineralien sind Baryt, Pyrolusit, Psylomelan, Braunit, Hausmannit, Limonit, Calcit. **Fundorte:** Harz, Thüringer Wald; Cornwall/England; Ukraine; Sardinien/Italien; Vogesen/Frankreich; Neuschottland/Kanada; Kalifornien, Arizona/USA; Indien. **Ähnlich:** Antimonit, Pyrolusit, Goethit, Enargit.

Descloizit

④ Ankas/Namibia; 1:2

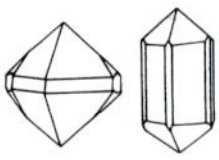

$Pb(Zn,Cu)[OH \mid VO_4]$

Strichfarbe hellbraun. Mohshärte 3½. Dichte 5,5–6,2. **Merkmale:** Farbe braun, braunrot, braunschwarz. Harz-, Diamantglanz, auf Bruchflächen Fettglanz; durchsichtig bis undurchsichtig. Spaltbarkeit keine; Bruch muschlig; spröd. In Säure löslich. Kristalle (orthorhombisch) prismatisch, dipyramidal, taflig. **Aggregate:** Derb, radialstrahlig, traubig, krustig. Vorkommen in der Oxidationszone von Buntmetallagerstätten. Begleitmineralien sind Vanadinit, Pyromorphit, Cerussit, Wulfenit, Limonit, Quarz. **Fundorte:** Rheinpfalz; Kärnten/Österreich; Algerien; Zaire; Sambia; Arizona, Neu-Mexiko/USA; Argentinien. **Ähnlich:** Mottramit, Magnetit, Wulfenit, Vanadinit.

Cuprit S. 184, Gold S. 188, Berthierit S. 190, Limonit S. 198, Hübnerit S. 204

1

2

3

4

Ägirin Akmit

① Eker/Norwegen

$NaFe[Si_2O_6]$

Strichfarbe gelb bis bräunlich, grünlich. Mohshärte 6–6½. Dichte 3,5–3,6. **Merkmale:** Farbe dunkelgrün, grünschwarz, bräunlich. Glas- bis Harzglanz; undurchsichtig bis kantendurchscheinend. Spaltbarkeit gut; Bruch uneben; spröd. Flammenfärbung gelb. Pleochroismus. Kristalle (monoklin) säulig, nadlig, taflig, vertikal gestreift; gewöhnlich eingewachsen; häufig Zwillinge. **Aggregate:** Derb, fasrig, strahlig, körnig. Vorkommen in Magmatiten, deren Pegmatiten, seltener in Metamorphiten. Begleitmineralien sind Arfvedsonit, Feldspäte, Nephelin, Sodalith, Zirkon. **Fundorte:** Norwegen; Schweden; Portugal; Sardinien/Italien; Kola/Rußland; Quebec/Kanada; Arkansas, Montana/USA. **Ähnlich:** Hornblende, Arfvedsonit, Aktinolith.

Neptunit

② Kalifornien/USA; 1:3

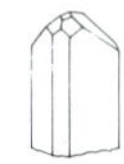

$KNa_2Li(Fe,Mn)_2Ti_2[O|Si_4O_{11}]_2$

Strichfarbe braun. Mohshärte 5½. Dichte 3,2. **Merkmale:** Farbe schwarz bis dunkelbraun, in dünnen Splittern rot. Starker Glasglanz; undurchsichtig bis durchscheinend. Spaltbarkeit vollkommen; Bruch muschlig; spröd. Starker Pleochroismus. Kristalle (monoklin) prismatisch. **Aggregate:** Keine; nur einzelne Kristalle, ein- und aufgewachsen. Vorkommen auf Pegmatiten, in Natrolithgängen. Begleitmineralien sind Benitoit, Natrolith, Ägirin. **Fundorte:** Irland; Kola/Rußland; Grönland; Kanada; Kalifornien/USA. **Ähnlich:** Turmalin.

Goethit Nadeleisenerz

③ Freisen/Saarland; 1:8
④ Samtblende; Chihuahua/Mexiko

FeOOH

Strichfarbe braun bis gelb. Mohshärte 5–5½. Dichte 3,8–4,3. **Merkmale:** Farbe braun bis gelb. Diamant-, Seidenglanz, matt; undurchsichtig, dünne Splitter durchscheinend. Spaltbarkeit vollkommen; Bruch uneben; spröd. In Salzsäure löslich. Kristalle (orthorhombisch) prismatisch, nadlig, taflig, längsgestreift; selten; Pseudomorphosen. **Aggregate:** Derb, strahlig, krustig, dicht, erdig, nadlig (Nadeleisenerz), samtartig (Samtblende). Vorkommen in der Oxidationszone sulfidischer Erzlagerstätten. Begleitmineralien sind Lepidokrokit, Hämatit, Pyrit, Calcit, Quarz. **Fundorte:** Siegerland; Böhmen/Tschechien; England; Lothringen/Frankreich; Krim/Ukraine; Kanada; Alabama/USA; Kuba. **Ähnlich:** Manganit, Lepidokrokit, Hämatit.

Limonit Brauneisenerz

⑤ Ocker; Auerbach, Oberpfalz/Bayern
⑥ Brauner Glaskopf; Westerwald/Hessen

$FeOOH \cdot nH_2O$

Gemenge aus Goethit und Lepidokrokit. Strichfarbe braun. Mohshärte 4–5½. Dichte 2,7–4,3. **Merkmale:** Farbe gelb (Gelbeisenerz, Ocker) bis braun, schwarz (Raseneisenerz). Glas-, Diamantglanz, matt; durchscheinend bis undurchsichtig. Spaltbarkeit nicht bestimmbar; Bruch muschlig, fasrig, uneben; spröd. In Salzsäure löslich. Kristalle (orthorhombisch) kryptokristallin, meist amorphe Ausbildung; häufig Pseudomorphosen. **Aggregate:** Derb, erdig, pulvrig, nierig, knollig (Brauner Glaskopf), bohnenförmig (Bohnerz), oolithisch. Vorkommen in der Oxidationszone von Eisenerzlagerstätten, als Versteinerungsmittel. Begleitmineralien sind Pyrit, Hämatit, Pyrolusit, Psilomelan, Calcit, Quarz. **Fundorte:** Niedersachsen; Lothringen/Frankreich; Luxemburg; Elba/Italien; Ukraine; Ural/Rußland; Utah, Arizona/USA; Kuba; Brasilien; Zaire; Indien. **Ähnlich:** Hämatit, alle Ocker.

Betafit S. 70, Bronzit S. 106, Allanit S. 140, Hedenbergit S. 142, Hornblende S. 142, Hypersthen S. 166, Lepidokrokit S. 186, Pyrochlor S. 200

1

2

3

4

5

6

Strichfarbe

gelb und braun

Mohshärte 1 2 3 4 5 6 7 8 9 10

Dichte 1 2 3 4 5 6 7

Franklinit

① Franklin, New Jersey/USA

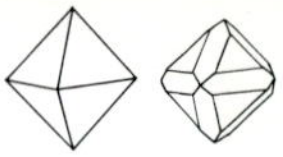

$ZnFe_2O_4$

Strichfarbe rotbraun. Mohshärte 6–6½. Dichte 5,0–5,2. **Merkmale:** Farbe eisenschwarz. Metallglanz; undurchsichtig, in dünnsten Splittern tiefrot durchscheinend. Spaltbarkeit undeutlich; Bruch muschlig bis uneben; spröd. Schwach magnetisch. In Salzsäure löslich. Kristalle (kubisch) oktaedrisch, meist kantengerundet; eingewachsen. **Aggregate:** Derb, körnig bis dicht. Vorkommen in Zinkerzlagerstätten. Begleitmineralien sind Zinkit, Willemit, Calcit, Rhodonit, Granat, Axinit, Magnetit. **Fundorte:** New Jersey/USA. **Ähnlich:** Magnetit, Chromit, Braunit, Hausmannit.

Pyrochlor

② Minas Gerais/Brasilien; 1:3

$(Na,Ca)_2(Nb,Ti,Ta)_2O_6(OH,F,O)$

Strichfarbe blaßgelb bis braun. Mohshärte 5–5½. Dichte 3,5–4,6. **Merkmale:** Farbe hellgelb bis dunkelbraun, rötlich. Glas-, Fett-, Diamantglanz; durchscheinend bis undurchsichtig. Spaltbarkeit gut; Bruch muschlig bis uneben; spröd. Oft radioaktiv. Kristalle (kubisch) oktaedrisch, selten würflig, meist eingewachsen. **Aggregate:** Derb, körnig bis dicht. Vorkommen in Foyait, Karbonatit, Pegmatiten, vulkanischen Auswürflingen. Begleitmineralien sind Zirkon, Feldspäte, Nephelin, Calcit, Biotit, Apatit, Fluorit. **Fundorte:** Eifel; Norwegen; Schweden; Ural, Kola/Rußland; Tansania; Uganda; Grönland; Ontario/Kanada; Colorado/USA. **Ähnlich:** Betafit, Zirkon, Scheelit.

Rutil

③ Namibia; 1:2
④ in Bergkristall; Brasilien

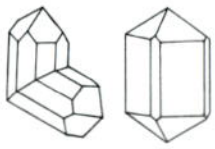

TiO_2

Strichfarbe gelbbraun. Mohshärte 6–6½. Dichte 4,2–4,3. **Merkmale:** Farbe braunrot, rot, gelblich, eisenschwarz (Nigrin). Metallischer Diamantglanz; durchsichtig bis undurchsichtig. Spaltbarkeit gut; Bruch muschlig bis uneben; spröd. Hohe Doppelbrechung. Kristalle (tetragonal) prismatisch, dipyramidal, stenglig, nadlig, dicksäulig, oft vertikal gestreift; ein- und aufgewachsen; Zwillinge, Viellinge, gelegentlich mit netzartigen Verwachsungen (Sagenit). **Aggregate:** Derb, körnig, nadlig; häufig in Quarz eingewachsen. Vorkommen in basischen Magmatiten, Pegmatiten, Metamorphiten, alpinen Klüften, auf Seifen. Begleitmineralien sind Apatit, Hämatit, Brookit, Anatas, Titanit. **Fundorte:** Tirol/Österreich; Südtirol/Italien; Wallis/Schweiz; Norwegen; Ural/Rußland; Virginia/USA; Mexiko; Brasilien; Namibia. **Ähnlich:** Zinkit, Kassiterit, Magnetit, Zirkon, Turmalin.

Braunit

⑤ Langban/Schweden; 1:8

$Mn_7[O_8 | SiO_4]$

Strichfarbe dunkelbraun, schwarzbraun. Mohshärte 6–6½. Dichte 4,7–4,8. **Merkmale:** Farbe schwarz bis braunschwarz. Fettiger Metallglanz; undurchsichtig. Spaltbarkeit gut; Bruch uneben; spröd. In Salzsäure schwer löslich. Kristalle (tetragonal) oktaederähnlich, dipyramidal, gewöhnlich sehr klein; Zwillinge. **Aggregate:** Kristalline Krusten, derb, körnig, dicht. Vorkommen auf Manganlagerstätten. Begleitmineralien sind Hausmannit, Manganit, Pyrolusit, Psilomelan, Magnetit, Baryt, Calcit, Quarz. **Fundorte:** Thüringen; Piemont/Italien; Schweden; Griqualand/Südafrika; Namibia; Kasachstan; Ural/Rußland; Texas, Kalifornien/USA; Minas Gerais/Brasilien; Chile. **Ähnlich:** Hausmannit, Magnetit, Chromit, Franklinit, Bixbyit.

Betafit S. 70, Brookit S. 110, Allanit S. 140, Ilmenit S. 170, Psilomelan S. 172, Columbit S. 176

1

2

3

4

5

Euxenit

$(Y,Ce,U,Ca)(Nb,Ta,Ti)_2O_6$

① Madagaskar; 1:5

Strichfarbe gelblich bis bräunlich, grau. Mohshärte 5½–6½. Dichte 4,3–5,9. **Merkmale:** Farbe schwarz, grünlichbraun, häufig gelblicher Überzug. Metall-, Harz-, Fettglanz; undurchsichtig, in dünnen Splittern durchscheinend. Spaltbarkeit keine; Bruch muschlig; spröd. Radioaktiv. Als Pulver in heißer Salz- oder Schwefelsäure löslich. Kristalle (orthorhombisch) kurzprismatisch, taflig, häufig gestreift; Zwillinge verbreitet. **Aggregate:** Derb, körnig, fächerartig. Vorkommen in Granitpegmatiten, auf Seifen. Begleitmineralien sind Monazit, Ilmenit, Magnetit, Beryll, Zirkon, Gadolinit. **Fundorte:** Hohe Tauern/Österreich; Norwegen; Finnland; Madagaskar; Ontario/Kanada; Nordcarolina/USA. **Ähnlich:** Columbit, Monazit, Fergusonit, Betafit.

Fergusonit

$Y(Nb,Ta)O_4$

② Madagaskar; 1:3

Strichfarbe hellbraun, graugrün. Mohshärte 5–6½. Dichte 4,7–6,3. **Merkmale:** Farbe schwarz bis bräunlich. Glasglanz, matt, auf frischen Bruchflächen Fett-, Metallglanz; undurchsichtig, in dünnen Splittern durchscheinend. Spaltbarkeit keine; Bruch muschlig bis uneben; spröd. Kristalle (tetragonal) prismatisch, dipyramidal; stets eingewachsen. **Aggregate:** Derb, körnig bis dicht. Vorkommen in Granitpegmatiten, auf Seifen. Begleitmineralien sind Monazit, Euxenit, Gadolinit. **Fundorte:** Norwegen; Schweden; Finnland; Ural/Rußland; Tansania; Simbabwe; Madagaskar; Grönland; Texas, Kalifornien/USA; Sri Lanka. **Ähnlich:** Columbit, Gadolinit, Monazit.

Chromit

Chromeisenerz, Chromeisenstein

$FeCr_2O_4$

③ Guleman/Türkei

Strichfarbe braun. Mohshärte 5½. Dichte 4,5–4,8. **Merkmale:** Farbe schwarz bis braunschwarz. Fettiger Metallglanz; undurchsichtig, in dünnsten Splittern braun durchscheinend. Spaltbarkeit keine; Bruch uneben bis muschlig; spröd. Manchmal schwach magnetisch. Kristalle (kubisch) oktaedrisch; selten und klein. **Aggregate:** Derb, körnig, klumpig, dicht, eingesprengt. Vorkommen in Peridotiten, Serpentiniten, auf Platinseifen. Begleitmineralien sind Olivin, Bronzit, Uwarowit, Magnetit, gediegen Platin, Kämmererit. **Fundorte:** Steiermark/Österreich; Schlesien/Polen; Serbien; Türkei; Norwegen; Transvaal/Südafrika; Ural/Rußland; Altai; Kalifornien, Oregon/USA; Neuseeland. **Ähnlich:** Magnetit, Franklinit, Braunit, Ilmenit.

Hausmannit

Mn_3O_4

④ Langban/Schweden

Strichfarbe braun bis rötlich. Mohshärte 5½. Dichte 4,7–4,8. **Merkmale:** Farbe eisenschwarz mit bräunlichem Stich. Metallglanz; undurchsichtig, in dünnen Splittern tiefbraunrot durchscheinend. Spaltbarkeit gut; Bruch uneben; spröd. In Salzsäure löslich. Kristalle (tetragonal) pseudooktaedrisch, pyramidal, oft horizontal gestreift; ein- und aufgewachsen; häufig Zwillingsbildungen, namentlich Fünflinge, Pseudomorphosen. **Aggregate:** Derb, spätig, körnig, dicht. Vorkommen auf Manganlagerstätten. Begleitmineralien sind Braunit, Pyrolusit, Psilomelan, Manganit, Piemontit, Magnetit, Baryt. **Fundorte:** Harz, Thüringer Wald; Graubünden/Schweiz; Schweden; Bulgarien; England; Ural/Rußland; Nevada, Kalifornien/USA; Brasilien; Indien. **Ähnlich:** Braunit, Magnetit, Franklinit, Psilomelan.

Hämatit S. 186, Zinkit S. 194, Goethit S. 198, Limonit S. 198

1

2

3

4

Strichfarbe

gelb und braun

Hübnerit

$MnWO_4$

① Silverton, Kalifornien/USA; 1:7

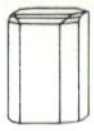

Strichfarbe rötlichbraun. Mohshärte 4–5½. Dichte 7,2–7,3. **Merkmale:** Farbe gelb, rot- bis dunkelbraun, braunschwarz. Metall-, Harzglanz; durchsichtig bis undurchsichtig. Spaltbarkeit vollkommen; Bruch uneben; spröd. Kristalle (monoklin) kurz- bis langsäulig, taflig, vertikal gestreift; selten; Zwillinge und Pseudomorphosen. **Aggregate:** Parallel oder strahlig angeordnete Kristalle. Vorkommen in Pegmatiten, auf Gängen. Begleitmineralien sind Wolframit, Scheelit, Rhodochrosit, Fluorit, Quarz. **Fundorte:** Erzgebirge; Böhmen/Tschechien; Frankreich; Transbaikalien/Rußland; Colorado, Neu-Mexiko, Montana/USA; Peru; Australien. **Ähnlich:** Goethit.

Wolframit

$(Fe,Mn)WO_4$

② Erzgebirge

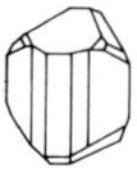

Strichfarbe braun bis schwarz. Mohshärte 5–5½. Dichte 7,1–7,6. **Merkmale:** Farbe dunkelbraun bis schwarz. Metall-, Fettglanz; durchscheinend bis undurchsichtig. Spaltbarkeit vollkommen; Bruch uneben; spröd. In Salzsäure löslich. In konzentrierter Schwefelsäure färbt sich Pulver blau. Kristalle (monoklin) dicktaflig, prismatisch, nadlig, meist vertikal gestreift; auf- und eingewachsen; Zwillinge, Pseudomorphosen. **Aggregate:** Derb, blättrig, strahlig, als Imprägnation. Vorkommen auf Gängen, Pegmatiten, Seifen. Begleitmineralien sind Kassiterit, Zinnwaldit, Molybdänglanz, Fluorit, Apatit, Quarz. **Fundorte:** Erzgebirge; Spanien; Portugal; England; China; Malaysia; Birma; Kanada; Colorado/USA; Bolivien; Queensland/Australien. **Ähnlich:** Zinkblende, Columbit, Kassiterit.

Nickelin

NiAs

Rotnickelkies, Niccolit, Kupfernickel

③ St. Joachimsthal/Tschechien

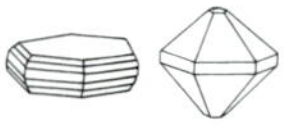

Strichfarbe schwarzbraun. Mohshärte 5–5½. Dichte 7,5–7,8. **Merkmale:** Farbe lichtkupferrot, häufig grauschwarz angelaufen oder grün (Annabergit) überkrustet. Metallglanz, matt; undurchsichtig. Spaltbarkeit keine; Bruch muschlig bis uneben; spröd. Beim Anschlagen Knoblauchgeruch. In Salpetersäure mit grüner Farbe löslich. Kristalle (hexagonal) taflig, pyramidal; sehr selten und klein; gelegentlich Zwillinge. **Aggregate:** Derb, traubig, gestrickt, körnig, dicht, eingesprengt. Vorkommen auf Erzgängen, in Gabbrogestein. Begleitmineralien sind Chloanthit, Skutterudit, Wismut, Silber, Proustit, Arsen, Bleiglanz, Baryt. **Fundorte:** Schwarzwald, Erzgebirge, Harzvorland; Böhmen/Tschechien; Ontario/Kanada; Kalifornien/USA; Japan. **Ähnlich:** Breithauptit, Maucherit, Magnetkies, Linneit, gediegen Wismut.

Breithauptit

NiSb

Antimonnickel

④ St. Andreasberg/Harz; 1:10

Strichfarbe rötlichbraun. Mohshärte 5½. Dichte 7,5–8,5. **Merkmale:** Farbe lichtkupferrot, angelaufen violettblau. Metallglanz; undurchsichtig. Spaltbarkeit keine; Bruch uneben bis muschlig; spröd. In Salpetersäure und Königswasser löslich. Kristalle (hexagonal) dünntaflig, säulig, nadlig; selten; Zwillinge. **Aggregate:** Derb, körnig, blättrig, dendritisch. Vorkommen auf Erzgängen. Begleitmineralien sind Chloanthit, Nickelin, Ullmannit, Pyrargyrit, Silber. **Fundorte:** Harz; Sardinien/Italien; Schweden; Norwegen; Ontario/Kanada. **Ähnlich:** Maucherit, Nickelin, Wismut.

Mohshärte 1 2 3 4 5 6 7 8 9 10

Dichte 1 2 3 4 5 6 7

Kassiterit S. 128, Uranpecherz S. 174, Columbit S. 176, Maucherit S. 178, Fergusonit S. 202

1

2

3

4

Lirokonit Linsenerz

$Cu_2Al[(OH)_4 | AsO_4] \cdot 4\ H_2O$

① Cornwall/England; 1:2

Strichfarbe blau, blaugrün. Mohshärte 2–2½. Dichte 2,9–3,0. **Merkmale:** Farbe himmelblau bis grünlich. Glas-, Fettglanz; durchsichtig bis durchscheinend. Spaltbarkeit undeutlich; Bruch muschlig bis uneben; spröd. In Säure löslich. Kristalle (monoklin) pseudohexagonal, linsenförmig; klein und selten. **Aggregate:** Derb, körnig, krustig. Vorkommen in der Oxidationszone von Kupferlagerstätten. Begleitmineralien sind Azurit, Malachit, Chalkophyllit, Olivenit. **Fundorte:** Sachsen; Tschechien; England; Ural/Rußland; Kalifornien/USA. **Ähnlich:** Azurit, Malachit, Chalkanthit.

Vivianit

$Fe_3[PO_4]_2 \cdot 8\ H_2O$

② Trepca/Serbien

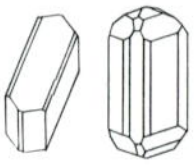

Strichfarbe hellblau, weiß, bräunlich. Mohshärte 1½–2. Dichte 2,6–2,7. **Merkmale:** Farbe weiß, an der Luft blau, schwarz, braun. Glasglanz, auf Spaltflächen Perlmuttglanz; durchsichtig bis durchscheinend. Spaltbarkeit vollkommen; Bruch blättrig, fasrig; mild, in dünnen Blättchen biegsam. Starker Pleochroismus. In Salz- und Salpetersäure leicht löslich. Flammenfärbung blaugrün. Kristalle (monoklin) langprismatisch bis taflig; aufgewachsen; meist klein, selten. **Aggregate:** Radialstrahlig, fasrig, kuglig, nierig, erdig-pulvrig (Blauerde, Blaueisenerde). Vorkommen in sedimentären Erzlagerstätten, auf Pegmatiten, in Ton, Mooren, Braunkohlenlagerstätten, als Imprägnation in Knochen und Zähnen von Fossilien (Odontolith). Begleitmineralien sind Magnetkies, Pyrit, Siderit, Triphylin. **Fundorte:** Ostbayern, Thüringen; Cornwall/England; Serbien; Krim/Ukraine; Colorado/USA; Bolivien; Kamerun. **Ähnlich:** Azurit, Lazulith, Türkis.

Chalkanthit Kupfervitriol

$Cu[SO_4] \cdot 5\ H_2O$

③ Laurion/Griechenland; 1:3

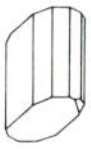

Strichfarbe blau, auch farblos. Mohshärte 2½. Dichte 2,2–2,3. **Merkmale:** Farbe hell- bis dunkelblau, grünlichblau. Glasglanz; durchsichtig bis durchscheinend. Spaltbarkeit undeutlich; Bruch muschlig; spröd. Leicht wasserlöslich. Widerlicher Geschmack. Kristalle (triklin) kurzprismatisch, dicktaflig, formenreich; selten und klein. **Aggregate:** Derb, stalaktitisch, fasrig, krustig, nierig, als Ausblühung, auch körnig, dicht. Vorkommen in der Oxidationszone von Kupferlagerstätten im ariden Klima, in alten Grubenbauen. Begleitmineralien sind Kupferkies, Atacamit, Brochantit, Malachit, Pyrit. **Fundorte:** Harz, Erzgebirge; Slowakei; Spanien; England; Irland; Chile; Kalifornien; Arizona/USA. **Ähnlich:** Azurit, Lirokonit.

Cyanotrichit Lettsomit, Kupfersamterz

$Cu_4Al_2[(OH)_{12} | SO_4] \cdot 2\ H_2O$

④ La Garonne, Var/Frankreich; 1:5

Strichfarbe blau. Mohshärte 1–3, schwer zu bestimmen. Dichte 2,7–2,9. **Merkmale:** Farbe himmelblau bis dunkelblau. Seiden-, Glasglanz; durchsichtig bis durchscheinend. Spaltbarkeit nicht bestimmbar; Bruch uneben. In Säure löslich. Kristalle (orthorhombisch) haarförmig, nadlig, langtaflig; selten. **Aggregate:** Radialstrahlige Büschel, samtartig. Vorkommen in der Oxidationszone von Kupfererzlagerstätten. Begleitmineralien sind Brochantit, Malachit, Azurit, Smithsonit. **Fundorte:** Var/Frankreich; Elba/Italien; Attika/Griechenland; Rumänien; Schottland; Ural/Rußland; Namaqualand/Südafrika; Arizona, Nevada/USA. **Ähnlich:** Azurit, Aurichalcit, Connellit.

Annabergit S. 44, Tirolit S. 132

1

2

3

4

Linarit
$PbCu[(OH)_2 | SO_4]$

① Neu-Mexiko/USA

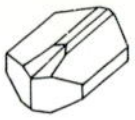

Strichfarbe hellblau. Mohshärte 2½. Dichte 5,3–5,5. **Merkmale:** Farbe azurblau. Glasglanz, Diamantglanz; durchscheinend. Spaltbarkeit vollkommen; Bruch muschlig; spröd. Beim Betupfen mit Salzsäure wird Farbe hellblau bis weiß. In verdünnter Salpetersäure löslich. Kristalle (monoklin) prismatisch, seltener taflig; oft flächenreich und aufgewachsen, gewöhnlich klein; häufig Zwillinge. **Aggregate:** Kristallgruppen und -krusten, auch strahlig, fasrig, verfilzt, erdig, pulvrig. Vorkommen in der Oxidationszone von Kupferbleilagerstätten. Begleitmineralien sind Bleiglanz, Cerussit, Anglesit, Brochantit, Kupferkies, Malachit, Azurit, Calcit. **Fundorte:** Schwarzwald, Harz; Sierra Morena/Spanien; Kärnten/Österreich; Sardinien/Italien; Cumberland/England; Namibia; Arizona, Utah/USA; Argentinien; Neusüdwales/Australien. **Ähnlich:** Azurit, Caledonit, Lapislazuli, Serpierit.

Diaboleit
$Pb_2[Cu(OH)_4Cl_2]$

② Mendip Hills/Wales; 1:2

Strichfarbe blau. Mohshärte 2½. Dichte 5,42. **Merkmale:** Farbe hellblau bis tiefblau. Glasglanz; durchsichtig bis durchscheinend. Spaltbarkeit vollkommen; Bruch muschlig bis blättrig; spröd. Kristalle (tetragonal) taflig, prismatisch, gewöhnlich mit quadratischem Umriß, klein. **Aggregate:** Derb, körnig, blättrig. Vorkommen in der Oxidationszone von Kupferbleilagerstätten. Begleitmineralien sind Boleit, Linarit, Cerussit, Phosgenit. **Fundorte:** Somerset/England; Attika/Griechenland; Arizona/USA. **Ähnlich:** Boleit.

Caledonit
$Pb_5Cu_2[(OH)_6 | CO_3 | (SO_4)_3]$

③ Leadhills/England; 1:12

Strichfarbe blau, auch weiß und grünlich. Mohshärte 2½–3. Dichte 5,6–5,7. **Merkmale:** Farbe blau, hellgrün bis bläulichgrün. Glas-, Fettglanz; durchsichtig bis durchscheinend. Spaltbarkeit vollkommen; Bruch uneben; spröd. Kristalle (orthorhombisch) prismatisch, fasrig, nadlig; selten und klein. **Aggregate:** Büschlig, als Überzug, derb. Vorkommen in der Oxidationszone von Kupferbleilagerstätten. Begleitmineralien sind Anglesit, Leadhillit, Linarit, Malachit, Cerussit. **Fundorte:** Schottland; Cumberland/England; Sardinien/Italien; Rumänien; Ural/Rußland; Namibia; Arizona, Kalifornien/USA; Chile; Japan. **Ähnlich:** Linarit.

Aurichalcit Messingblüte
$(Zn,Cu)_5[(OH)_6 | CO_3]_2$

④ Mapimi, Durango/Mexiko

Strichfarbe hellblau, auch weiß und grünblau. Mohshärte 2. Dichte 3,6–4,2. **Merkmale:** Farbe blaßgrün bis himmelblau, grünlichblau. Perlmutt-, Seidenglanz; durchscheinend. Spaltbarkeit vollkommen; Bruch blättrig; mild. In Säure und Ammoniak löslich. Flammenfärbung grün. Kristalle (orthorhombisch) feinfasrig, nadlig, taflig, undeutlich ausgebildete Flächen; sehr selten und meist klein. **Aggregate:** Blättrig, büschlig, rosettenartig, erdig, dicht, als Kruste, Ausblühung und Anflug. Vorkommen in der Oxidationszone von Buntmetallagerstätten. Begleitmineralien sind Malachit, Azurit, Smithsonit, Zinkblende, Hemimorphit, Kupferkies, Cuprit, Limonit. **Fundorte:** Attika/Griechenland; Sardinien/Italien; Rumänien; Santander/Spanien; Lyon/Frankreich; Altai; Namibia; Arizona, Utah/USA; Mexiko. **Ähnlich:** Chrysokoll, Cyanotrichit.

Annabergit S. 44, Tirolit S. 132, Covellin S. 144

1

2

3

4

Azurit Kupferlasur

① auf Malachit; Arizona/USA

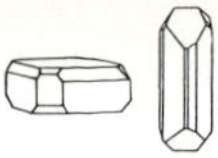

$Cu_3[OH|CO_3]_2$

Strichfarbe hellblau. Mohshärte 3½–4. Dichte 3,7–3,9. **Merkmale:** Farbe tiefblau. Glas-, Diamantglanz; durchsichtig bis nahezu undurchsichtig. Spaltbarkeit undeutlich; Bruch muschlig bis uneben; spröd. In Ammoniak, in Salzsäure unter Aufbrausen löslich. Kristalle (monoklin) meist kurzsäulig bis dicktaflig; ein- und aufgewachsen, oft flächenreich; häufig Pseudomorphosen, selten Zwillinge. **Aggregate:** Derb, strahlig, nierig, stalaktitisch, kuglig, dicht, erdig, als Anflug. Vorkommen in der Oxidationszone von Kupferlagerstätten, in porösen Sandsteinen. Begleitmineralien sind Malachit, Kupferglanz, Cuprit, Enargit, Chrysokoll, Kupferkies, gediegen Kupfer, Cerussit, Anglesit, Limonit, Calcit, Aragonit. **Fundorte:** Eifel, Spessart; Lyon/Frankreich; Cornwall/England; Attika/Griechenland; Sardinien/Italien; Ural/Rußland; Namibia; Arizona, Neu-Mexiko/USA; Chile; Neusüdwales/Australien. **Ähnlich:** Linarit, Vivianit, Lapislazuli, Cyanotrichit, Lirokonit, Chalkanthit, Charoit, Tirolit.

Boleit

② Baja California/Mexiko; 1:4

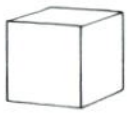

$Pb_{26}Ag_9Cu_{24}(OH)_{48}Cl_{62}$

Strichfarbe blau, auch grünlich. Mohshärte 3–3½. Dichte 5,10. **Merkmale:** Farbe tiefblau. Glasglanz, auf Spaltflächen Perlmuttglanz; durchsichtig bis durchscheinend. Spaltbarkeit vollkommen; Bruch muschlig; spröd. In Salpetersäure löslich. Kristalle (tetragonal) würfel- oder oktaederähnlich; Durchkreuzungszwillinge. **Aggregate:** Nierig, selten. Vorkommen in der Oxidationszone von Kupfererzlagerstätten. Begleitmineralien sind Malachit, Azurit, Diaboleit, Cuprit, Atacamit. **Fundorte:** Baja California/Mexiko; Chile; Arizona/USA; Neusüdwales/Australien. **Ähnlich:** Diaboleit.

Serpierit

③ Bad Ems/Rheinland-Pfalz; 1:4

$Ca(Cu,Zn)_4[(OH)_6|SO_4]_2 \cdot 3\,H_2O$

Strichfarbe bläulich, auch weiß. Mohshärte 3½–4. Dichte 2,5–3,1. **Merkmale:** Farbe himmelblau. Glasglanz, auf Spaltflächen Perlmuttglanz; durchsichtig. Spaltbarkeit vollkommen; Bruch uneben; spröd. In Säure löslich. Kristalle (orthorhombisch) dünntaflig bis nadlig, nur sehr klein. **Aggregate:** Büschlig, krustig, traubig. Vorkommen in der Oxidationszone sulfidischer Lagerstätten. Begleitmineralien sind Smithsonit, Cyanotrichit, Linarit. **Fundorte:** Sauerland, Lahnkreis; Attika/Griechenland; Irland; Kasachstan; Ross-Insel/Antarktis. **Ähnlich:** Linarit.

Connellit

④ Cornwall/England; 1:15

$Cu_{19}[Cl_4(OH)_{32}|SO_4] \cdot 2\,H_2O$

Strichfarbe hellblau. Mohshärte 3. Dichte 3,41. **Merkmale:** Farbe grünlichblau, blaugrün, azurblau. Glasglanz; durchscheinend. Spaltbarkeit nicht bestimmbar; Bruch muschlig; spröd. Kristalle (hexagonal) feinnadlig, in Längsrichtung gestreift. **Aggregate:** Rindenartig, büschlig, filzig. Vorkommen in der Oxidationszone von Kupfererzlagerstätten. Begleitmineralien sind Azurit, Malachit. **Fundorte:** Cornwall/England; Sardinien/Italien; Algerien; Namaqualand/Südafrika; Kalifornien, Arizona, Utah/USA. **Ähnlich:** Cyanotrichit.

Cyanotrichit S. 206, Caledonit S. 208

1

2

3

4

Strichfarbe

blau

Mohshärte 1 2 3 4 5 6 7 8 9 10

Dichte 1 2 3 4 5 6 7

Glaukophan

① Aostatal/Italien; 1:2

$Na_2Mg_3Al_2[OH|Si_4O_{11}]_2$

Strichfarbe graublau. Mohshärte 5½–6½. Dichte 3,0–3,3. **Merkmale:** Farbe blaugrau, lavendelblau, schwarzblau. Glasglanz; durchscheinend. Spaltbarkeit vollkommen; Bruch muschlig bis uneben; spröd. Starker Pleochroismus. Kristalle (monoklin) prismatisch, nadlig; eingewachsen; Endflächen selten gut ausgebildet. **Aggregate:** Derb, stenglig, fasrig, körnig. Vorkommen in Metamorphiten. Begleitmineralien sind Chlorit, Muskovit, Biotit, Paragonit, Klinozoisit, Jadeit, Epidot, Granat, Albit, Calcit, Quarz. **Fundorte:** Piemont/Italien; Wallis/Schweiz; Bretagne/Frankreich; Euböa/Griechenland; Ukraine; Kasachstan; Kalifornien, Colorado/USA; Japan. **Ähnlich:** Kyanit.

Arfvedsonit

② Makedonien; 1 : 2

$Na_3Fe_4Al[OH|Si_4O_{11}]_2$

Strichfarbe graublau, auch farblos. Mohshärte 5–6. Dichte 3,0–3,5. **Merkmale:** Farbe blau- bis grünlichschwarz, schwarz. Glasglanz; undurchsichtig bis durchscheinend. Spaltbarkeit vollkommen; Bruch uneben; spröd. Starker Pleochroismus. Flammenfärbung gelb. Kristalle (monoklin) langsäulig, taflig; selten. **Aggregate:** Derb, stenglig, körnig, eingewachsen. Vorkommen in basischen Plutoniten, seltener in Schiefergestein. Begleitmineralien sind Ägirin, Nephelin, Sodalith, Eudialyt, Zirkon. **Fundorte:** Odenwald; Norwegen; Finnland; Pantelleria/Italien; Ukraine; Kola/Rußland; Grönland; Quebec/Kanada; Colorado, New Hampshire/USA. **Ähnlich:** Ägirin.

Odontolith Zahntürkis

③ Kitzbühel, Tirol/Österreich; 1:½

Gemenge von Apatit, Calcit, organischer Substanz und Vivianit

Strichfarbe blau, weiß. Mohshärte 5. Dichte 3,0–3,5. **Merkmale:** Farbe türkisblau, bei Kunstlicht blaugrau. Wachsglanz; durchscheinend bis undurchsichtig. Spaltbarkeit nicht bestimmbar; Bruch muschlig. Leichtes Schäumen beim Auftropfen von Salzsäure. Kristalle (monoklin) mikrokristallin. Vorkommen als fossile Zahn- und Knochensubstanz ausgestorbener Großtiere der Vorzeit (Mammut, Mastodon, Dinotherium) in Sedimentiten. **Fundorte:** Sibirien/Rußland; Gascogne/Frankreich. Sehr selten geworden. **Ähnlich:** Türkis, gefärbtes Elfenbein.

Lapislazuli Lasurit, Lasurstein

④ Chile; 1:2

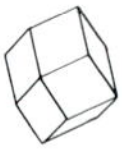

$(Na,Ca)_8[(SO_4,S,Cl)_2|(AlSiO_4)_6]$

Strichfarbe blaßblau. Mohshärte 5–6. Dichte 2,4–2,9. **Merkmale:** Farbe lasurblau, auch grünlich, violett, oft fleckig. Glasglanz, auf Bruchflächen Fettglanz, matt; undurchsichtig, kantendurchscheinend. Spaltbarkeit undeutlich; Bruch muschlig bis uneben; spröd. In Salzsäure mit fauligem Geruch löslich. Weiße Fluoreszenz in ultraviolettem Licht. Kristalle (kubisch) rhombendodekaedrisch, auch oktaedrisch; sehr selten; nur eingewachsen. **Aggregate:** Derb, feinkörnig, dicht; stets Beimengungen, u. a. Pyrit, Sodalith, Calcit, Hauyn. Vorkommen in Kalkgestein, vereinzelt auch in Lava und vulkanischen Auswürflingen. Begleitmineralien sind Skapolith, Enstatit, Augit, Hornblende, Diopsid, Glimmer, Humit. **Fundorte:** Albaner Berge, Vesuv/Italien; Afghanistan; Baikalseegebiet/Rußland; Birma; Pakistan; Labrador/Kanada; Kalifornien, Colorado/USA; Chile; Angola. **Ähnlich:** Sodalith, Hauyn, Lazulith, Azurit, Linarit, Dumortierit.

Ludwigit S. 140, Riebeckit S. 166

1

2

3

4

Glossar

abgerollt Infolge Transports Kanten abgerundet.
akzessorisch Im Gestein untergeordnet vorhanden.
alpine Kluft Offene oder mit Mineralien gefüllte Fuge in silikatischem Gestein.
Anflug Dünnste, manchmal krustenartige Anlagerung von Mineralstaub.
angeschliffen Einseitig geschliffen.
arid Klimagebiet, wo die Verdunstung größer als der Niederschlag ist.
Atoll Ringförmiges Korallenriff.
Ausblühung Krustenartiger Überzug, entstanden durch Auskristallisieren gelöster Stoffe.
Auswürfling Bei Vulkaneruption ausgeschleudertes Gesteinsbruchstück.
Bank Schwelle im Wasser.
basisch Gestein mit einem Kieselsäuregehalt unter 52 %.
Begleitmineralien Siehe Paragenese.
bergfeucht Durch Haft- oder Kapillarwasser feucht.
Bitumen Aus Kohlenwasserstoffen bestehende Masse, insbesondere Erdölprodukte.
Blech Dünnschichtiges Mineral-Aggregat, ähnlich ausgewalztem Blech.
Brennen Erhitzen von Edelsteinen, um Farbe zu verändern.
Buntmetall Schwermetalle und deren Legierungen außer Eisen und Stahl.
Dehydration Entzug von Wasser.
Dendriten Moos- und strauchartige Zeichnung; entstanden durch Auskristallisation von Eisen- und Manganverbindungen.
derb Mineral oder Mineral-Aggregat ohne Kristallflächen, d. h. ohne regelmäßige Begrenzung.
dicht Mineral-Aggregat, dessen Einzelindividuen so klein, daß mit bloßem Auge nicht zu erkennen.
Druse Hohlraum im Gestein mit Kristallansammlung auf den Wänden.
Edelstein Mineral oder Mineral-Aggregat, das sich durch besondere Eigenschaften, wie Härte, Farbe, Glanz oder sonstige Effekte, auszeichnet und deshalb wertvoll ist.
Einsprenglinge Größere, häufig mit typischer Eigengestalt ausgestattete Kristalle in Magmatiten.
Einschluß In einem Mineral oder Gestein eingeschlossener Fremdkörper.
Erz Mineralgemenge mit nutzbarem Metallgehalt; in der Gesteinskunde alle metallischen Mineralien.
Exhalation Gase und Dämpfe vulkanischen Ursprungs.
Facette Angeschliffene, kleine, ebene Fläche bei Edelsteinen.
Fahlerze Gruppe sulfidischer Mineralien mit oliv-grau-gelblichem (d. h. „fahlem") Glanz.
Feldspat Gruppe gesteinsbildender Silikat-Mineralien mit den Untergruppen der Orthoklase und Plagioklase.
Flitter Glänzende Metallplättchen.
Flöz Meist horizontale, relativ geringmächtige Schicht abbauwürdiger Gesteine, Kohle oder Erze.
fluviatil Zum Fluß gehörig, vom Fluß bewirkt.
fossil Vorweltlich, ausgestorben, der Vergangenheit entstammend.
Fossil Überrest, Abdruck, Grabspur oder Versteinerung von Tieren und Pflanzen aus früheren Zeiten.
Fumarole Vulkanische Exhalation verschiedenartiger Gase mit Temperaturen von 200–800 °C.
Galmei Sammelname für karbonatische und silikatische Zinkerze.
Gang Nachträgliche Ausfüllung einer Felsspalte mit Mineralien.
gediegen Metallische Mineralien im elementaren Zustand.
geflammt Flammenartiges Muster.
Gefüge Der äußerlich erkennbare Aufbau eines Gesteins.
Gemenge Gemisch, ohne chemische Bindung.
Gemengteil Mineral als Bestandteil eines Gesteins.

Geode Eine durch Mineralsubstanz ausgefüllte Höhlung im Gestein.
gepulvert Zu Pulver zerrieben.
Geröll Durch Wassertransport abgerundetes Gesteinsbruchstück.
gesteinsbildend Wesentlich am Aufbau eines Gesteins beteiligt.
gestrickt Faden- und musterartig wie bei einer Strickerei.
Glaskopf Nierig-traubiges Mineral-Aggregat mit glatter, glänzender Oberfläche.
Glimmer Gruppe blättriger, silikatischer Mineralien von auffälligem Glanz.
Guano Phosphatreicher Vogelmist auf pazifischen, regenarmen Inseln.
Habitus Gestalt der Kristallausbildung.
hakig Eckig-hakige Bruchstellen, besonders bei metallischen Mineralien.
Hauptgemengteil Mineralien, die im Gestein in großer Menge auftreten.
hygroskopisch Wasseranziehend.
Imprägnation Diffus verteiltes Erz in den Poren eines Gesteins.
intermediär Gestein mit einem Kieselsäuregehalt von 52–65 %.
Kluft Offene oder mit Mineralien gefüllte Gesteinsfuge.
Konkretion Kugliger oder knolliger Körper eines Mineral-Aggregats in Sedimentiten.
Kristallrasen Von Kristallen gleich hoch bewachsene ebene Fläche.
Kruste Dickerer Mineralbelag.
Lager Besondere Gesteinsschicht innerhalb eines Schichtenpakets.
Lagerstätte Natürliche, wirtschaftlich nutzbare Mineralanreicherung.
lagig Schichtartige Lagerung.
Lava Aus einem Vulkan ausfließender glutartiger Gesteinsbrei und das daraus erkaltete Gestein.
Lichtleitereffekt Bildübertragung von einem zum anderen Ende eines Faserbündels bzw. eines Minerals.
Lötrohrprobierkunde Untersuchung von Schmelzreaktionen und Flammenfärbung bei Mineralien mit Hilfe eines Lötrohrs.
Magmatit Aus der glutflüssigen Schmelze des Erdinnern, dem Magma, entstandenes Gestein. Die sich in der Erdkruste bildenden Gesteine heißen Plutonite, jene der Erdoberfläche Vulkanite.
Mandelstein Poröser oder blasenhaltiger Vulkanit, dessen Hohlräume mit Mineralien ausgefüllt sind.
marin Zum Meer gehörig, vom Meer bewirkt.
Matrix Grundmasse eines Gesteins, vor allem bei Vulkaniten.
Metamorphit In der Erdkruste durch Umwandlung anderer Gesteine entstandenes neues Gestein. Bekannte Vertreter: Quarzit, Gneis, Phyllit, Marmor, Schiefer, Serpentinit, Amphibolit.
muglig Mit gewölbter Oberfläche.
Muttergestein Gestein, das nutzbare Mineralien oder Rohstoffe enthält.
Nebengemengteil Mineralien, im Gestein untergeordnet vorhanden.
Nugget Gold- oder Platinklumpen von Seifenlagerstätten.
Ocker Gelb bis braun gefärbtes Gemenge verschiedener Eisenverbindungen.
Oolith Aus kleinen Kügelchen aufgebautes Sedimentgestein.
Oxidationszone Oberflächennaher Bereich einer Erzlagerstätte, wo unter dem Einfluß der Verwitterung Mineralien umgebildet werden.
Paragenese Auf Grund der Entstehung typisch gemeinsames Vorkommen von bestimmten Mineralien.
Pegmatit Magmatit mit großen einzelnen Kristallen.
piezoelektrisch Eigenschaft einiger Kristalle, sich bei mechanischer Deformation elektrisch aufzuladen.
Pipe Vulkanische Durchschlagsröhre, kann Diamanten enthalten.
Pisolith Aus schalenförmigen Kügelchen zusammengesetztes Gestein.
Plutonit Im Bereich der Erdkruste aus Magma entstandenes Gestein. Bekannte Vertreter: Quarzit, Greisen, Granit, Syenit, Foyait, Gabbro, Peridotit.

Pseudomorphose Mineral oder Mineral-Aggregat, das äußerlich eine fremde Kristallgestalt zeigt.
pyroelektrisch Eigenschaft einiger Kristalle, sich bei Wärmezuführung oder Abkühlung elektrisch aufzuladen.
Radioaktivität Eigenschaft einiger Mineralien, Strahlung auszusenden.
rezent Der gegenwärtigen erdgeschichtlichen Zeit entstammend.
Riff Bis dicht unter dem Meeresspiegel aufragender Felsrücken.
Rinde Siehe Kruste.
Salzstock Zwischen anderen Gesteinen pilzartig aufragender Salzkörper.
sauer Gestein mit einem Kieselsäuregehalt über 65 %.
Schmirgel Gemenge von feinkörnigem Korund, Magnetit, Hämatit, Ilmenit und Quarz; Schleifmittel.
Sediment Durch Ablagerung entstandene Gesteinsmasse.
Sedimentit An der Erdoberfläche aus Verwitterungsprodukten entstandenes Gestein. Bekannte Vertreter: Ton, Mergel, Schieferton, Sandstein, Grauwacke, Kalkstein, Dolomitstein, Gipsstein, Bauxit.
Seife Anreicherung von schweren und widerstandsfähigen Mineralien in Lockergestein.
Sinter Mineralische Ausscheidung an Quellen.
spätig Durch viele glatte, oft glitzernde Spaltflächen gekennzeichnete Bruchebene eines Aggregats.
Spalte Breitere Gesteinsfuge.
Spaltwinkel Winkel, unter dem sich die Spaltflächen eines Minerals schneiden.
sphärolithisch Gefüge eines Aggregats mit kugligen oder radialstrahligen Bildungen.
stalaktitisch Zapfenförmig, ähnlich den herabhängenden Tropfsteinen, den Stalaktiten.
Sprödglimmer Gruppe von Glimmern mit merklich höherer Mohshärte, geringerer Spaltbarkeit und größerer Sprödigkeit.
Stalagmit Vom Boden aufwachsender, säulenartiger Tropfstein.
Stock Gesteinsmasse, die das Nebengestein als Fremdkörper meist mit steiler Umgrenzung durchsetzt.
Sublimation Übergang vom gasförmigen in den festen Aggregatzustand.
Synthese Synthetisch hergestellter Kristall.
synthetischer Stein Künstlich hergestellter Kristall, häufig als Edelstein genutzt.
terrestrisch Auf die Landoberfläche bezogen.
Therme Quelle mit Wassertemperaturen von 20–50 °C.
Tracht Gesamtheit der bei einem Kristall auftretenden Formen.
traubig Weintraubenähnliche Form.
Tropfstein Kalkstein, der aus abtropfendem Wasser besonders in Höhlen entsteht.
Tuff Poröses Gestein; entstanden als vulkanisches Auswurfprodukt (vulkanischer Tuff) oder als kalkige Quellausscheidung (Kalktuff).
Überzug Siehe Kruste.
ultrabasisch Gestein mit einem Kieselsäuregehalt unter 45 %.
Uranglimmer Gruppe uranhaltiger Mineralien mit sehr guter Spaltbarkeit, ähnlich den Glimmern.
Versteinerung Abbild eines Tier- oder Pflanzenkörpers der geologischen Vergangenheit; entstanden im Austausch von organischen Bestandteilen durch Mineralsubstanz.
Verwitterung Aufbereitung der Gesteine im Bereich der Erdoberfläche unter Einfluß der Wetterelemente.
Verwitterungsrest Gruppe verschiedenkörniger Sedimentite; entstanden durch mechanische Zertrümmerung unter Einfluß der Wetterelemente.
Vulkanit An der Erdoberfläche aus Magma entstandenes Gestein. Bekannte Vertreter: Rhyolith, Trachyt, Phonolith, Basalt, Kimberlit.
wolkig Wolkenartiges Muster.
Zeolithe Mineralgruppe wasserhaltiger Silikate.

Literatur

CHUDOBA, K. F. und E. J. GÜBELIN (1974): Edelsteinkundliches Handbuch. Bonn

EPPLER, W. F. (1989): Praktische Gemmologie. Stuttgart

LÜSCHEN, H. (1979): Die Namen der Steine. Thun

MEDENBACH, O. und C. SUSSIECK-FORNEFELD (1982): Mineralien. München

MOTTANA, A. CRESPI, R. und G. LIBORIO (1982): Der große BLV Mineralienführer. München

NICKEL, E. (1983/92): Grundwissen in Mineralogie. 3 Bde. Thun

O'DONOGHUE, M. (1977): Enzyklopädie der Minerale und Edelsteine. Freiburg

PHILIPSBORN, H. v. (1967): Tafeln zum Bestimmen der Minerale nach äußeren Kennzeichen. Stuttgart

RAMDOHR, P. und H. STRUNZ (1978): Klockmanns Lehrbuch der Mineralogie. Stuttgart

ROBERTS, W. L., CAMPBELL, T. J. und RAPP, G. R. (1990): Encyclopedia of Minerals. New York

RÖSLER, H. J. (1991): Lehrbuch der Mineralogie. Leipzig

SCHRÖCKE, H. und K.-L. WEINER (1981): Mineralogie. Berlin

SCHUMANN, W. (1993): Edle Steine. München

SCHUMANN, W. (1994): Der neue BLV Steine- und Mineralienführer. München

SCHUMANN, W. (1994): Edelsteine und Schmucksteine. München

SCHUMANN, W. (1994): Steine und Mineralien sammeln. München

STRUNZ, H. (1982): Mineralogische Tabellen. Leipzig

WEISS, S. (1994): Das große Lapis Mineralienverzeichnis. München

Zeitschriften

DER AUFSCHLUSS. Hrsg. Vereinigung der Freunde der Mineralogie und Geologie (VFMG) e. V. Heidelberg

DIE EISENBLÜTE. Fachzeitschrift für österreichische Mineraliensammler. Graz

DER KARINTHIN. Beiblatt der Fachgruppe für Mineralogie und Geologie des Naturwissenschaftlichen Vereins für Kärnten. Klagenfurt

LAPIS. Die aktuelle Monatsschrift für Liebhaber und Sammler von Mineralien und Edelsteinen. München

DER MINERALIENFREUND. Zeitschrift der Urner Mineralienfreunde. Reiden/ Schweiz

DER MINERALIENSAMMLER. Hrsg. Vereinigte Mineraliensammler Österreichs. Linz

THE MINERALOGICAL RECORD. Bowie, Maryland, USA

SCHWEIZER STRAHLER. Offizielles Organ der Schweizerischen Vereinigung der Strahler und Mineraliensammler (SVSM). Bern

Register

Die faszinierende Welt der Steine und Mineralien

Walter Schumann
Edle Steine
Aufwendig gestalteter, kostbar ausgestatteter Band über die phantastische Welt der edlen Steine mit hervorragenden Farbfotos von Roh- und Schmucksteinen sowie Schmuckstücken und Kunstwerken aus den berühmtesten Museen der Welt.

Christine Woodward/ Roger Harding
Edelsteine
Die schönsten Schmucksteine von Diamant bis Topas mit Beispielen von berühmten Juwelen und Informationen zu Gewinnung und Bearbeitung von Edelsteinen.

Walter Schumann
Edelsteine und Schmucksteine
Alle edlen Steine – als Rohsteine und mit verschiedenen Schliffen: Entstehung, Aufbau, Härte, Gewinnung, Bearbeitung.

Walter Schumann
Steine und Mineralien sammeln
Praxisgerechte Informationen, wo und wie man Steine findet, wie man Fundstücke bergen und präparieren kann, wie man eine Sammlung aufbaut und gestaltet.

Helmut Mayr
Fossilien
Bestimmungsmerkmale, Verbreitung, Vorkommen, Entwicklungsgeschichte; Tips zum Sammeln, Bergen, Aufbewahren.

Walter Schumann
Der neue BLV Steine- und Mineralienführer
Mineralien, Gesteine und Meteorite in natürlicher Größe auf brillanten Farbfotos; Aussehen, Eigenschaften, Zusammensetzung, Fundorte, Unterscheidungsmerkmale, Verwendung der Objekte; tabellarischer Bestimmungsschlüssel.